AF261991

HISTOIRE

DE LA DORURE ET DE L'ARGENTURE

ÉLECTRO-CHIMIQUES

HISTOIRE

DE LA DORURE

ET

DE L'ARGENTURE

ÉLECTRO-CHIMIQUES

PAR

CHARLES **CHRISTOFLE.**

J'ai reproduit textuellement et en entier toutes les publications faites par M. de Ruolz pour défendre ce qu'il appelle ses droits. Le lecteur aura sous les yeux tous les documents nécessaires pour se convaincre que l'invention des nouveaux procédés de dorure et d'argenture appartient à MM. Henri et Richard Elkington.

Charles CHRISTOFLE.

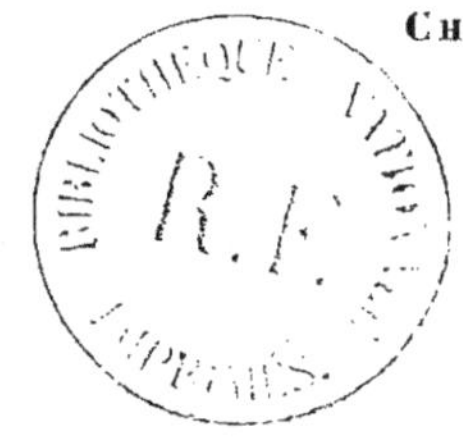

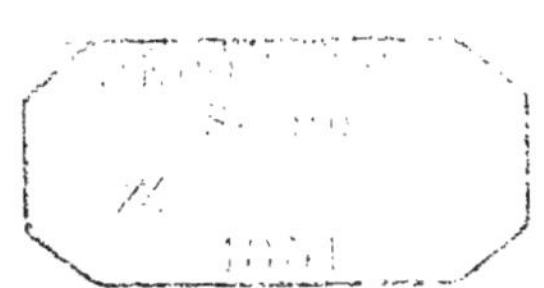

PARIS

IMPRIMERIE D'E. DUVERGER,

RUE DE VERNEUIL, N° 6.

1851

A Messieurs les Membres du Jury
français de l'Exposition universelle de
Londres.

Messieurs,

Lorsqu'un jugement académique plaça sur la
même ligne M. de Ruolz et moi pour l'invention
des nouveaux procédés de dorure et d'argenture
électro-chimiques, je me contentai de la réclamation qui fut faite en mon nom, par mon représentant, M. Truffaut. Mes relations avec M. de
Ruolz me permettaient alors de croire à l'honorabilité de son caractère, quoiqu'il me parût extraordinaire qu'il eût véritablement fait de son
côté la même découverte que moi, et cela quelques mois après la prise de mes brevets et leur

publication dans plusieurs écrits périodiques. Je n'ai pas insisté davantage, sachant bien que justice ne me serait pas refusée au moment où cela deviendrait pour moi une nécessité. Aujourd'hui que j'ai lu les dernières publications de M. de Ruolz et que je puis juger combien est peu loyale sa conduite vis-à-vis de moi et vis-à-vis de mon honorable ami M. Christofle, qui a si bien dirigé en France l'exploitation de la nouvelle invention, il est de mon devoir et de ma dignité de protester contre toutes les assertions qui dénaturent toutes nos relations et de réclamer mes droits dans leur entier.

Puisqu'il a convenu à M. de Ruolz de se livrer à des attaques que rien ne saurait justifier en présence des engagements pris par lui, je ne veux plus consentir à une sorte de partage que, par trop de condescendance, je lui ai accordé dans ma réputation d'inventeur. Je donne la plus entière approbation au Mémoire que M. Christofle a publié ; il contient la vérité exacte, et je pense que vous consentirez à en prendre une complète connaissance.

J'ai trouvé appui constant auprès des Tribunaux français, mieux éclairés sur mes droits que mes juges scientifiques, égarés par des appréciations inexactes.

J'ai toute confiance que la France, représentée par son Jury, n'hésitera pas à réparer l'erreur qui a été commise à mon égard. Je m'en rapporte, Messieurs, à votre équité pour prononcer dans cette occasion solennelle où le monde entier a envoyé ses plus illustres représentants dans les sciences et dans l'industrie, et ce ne sera pas en vain que j'aurai invoqué mon titre d'étranger pour obtenir en France, cette terre classique de la justice et de la loyauté, une réparation qui m'est si légitimement due.

Veuillez agréer, Messieurs, l'assurance de la haute considération de

Votre Serviteur,

Signé : GEORGES-RICHARD ELKINGTON.

DORURE ET ARGENTURE

ÉLECTRO-CHIMIQUES.

A ceux qui, abusés par des documents erronés et incomplets, attribuent à M. DE RUOLZ une part dans les inventions de MM. ELKINGTON.

AVANT-PROPOS.

Il est peut-être habile de se poser comme le défenseur de l'honneur du Gouvernement, de l'Académie des sciences et d'autres corps savants ;

Comme victime de la spoliation indigne des droits sacrés de l'inventeur ;

Comme protecteur des intérêts d'une branche importante de l'industrie nationale.

Il est peut-être commode de s'abriter derrière tous ces motifs respectables pour se livrer à une attaque déloyale contre un ancien associé, violer audacieusement des traités dont on ne peut plus rien attendre, et chercher à tirer un nouveau parti d'une invention qu'on n'a pas faite et dont on a pourtant recueilli argent, honneurs et réputation.

Mais l'exposition simple, HONNÊTE de la vérité, suffira pour mettre fin à une exploitation trop prolongée de la crédulité publique.

M. de Ruolz nous y force; nous allons montrer qu'il n'a été que le contrefacteur de MM. Elkington, et dévoiler les intrigues à l'aide desquelles il est parvenu jusqu'ici à se parer de la gloire d'une découverte qui ne lui appartient pas, et à s'approprier des récompenses et des bénéfices illégitimes.

Nous ne voulons pas fatiguer l'attention de nos lecteurs en les astreignant à suivre pas à pas toutes les attaques, toutes les insinuations que s'est permises notre adversaire dans les libelles qu'il a publiés contre nous. Mais il est un point dont nous devons encore dire quelques mots avant d'entrer en matière.

M. de Ruolz prétend que, il y a dix ans, nous avons été trop heureux de nous « assurer, par « des traités, l'exploitation privilégiée des décou- « vertes brevetées qu'il avait faites antérieure- « ment dans les arts de la dorure, de l'argenture, « du zincage et des autres branches de la galva-

« noplastie. » Avons-nous besoin de faire remarquer que, probablement, il s'était fait breveter dans l'espoir de rencontrer un acheteur de ses prétendues découvertes, et que si quelqu'un a dû se trouver heureux dans cette circonstance, c'est bien lui qui nous vendait très cher des brevets qui se sont trouvés n'être d'aucune valeur quant à la dorure et à l'argenture? Pour la dorure et l'argenture, en effet, ils sont primés par ceux de MM. Elkington; nous avons eu en vain l'espoir de tirer parti des procédés de platinage, de plombage, zincage, etc., qui y sont décrits.

Après avoir touché les sommes considérables que nous avons versées entre ses mains ou entre les mains de ses nombreux créanciers, M. de Ruolz trouve bon, en nous gratifiant de ses injures, d'ajouter qu'il va dévoiler le secret de notre conduite.

« Je n'avais cru, dit-il, devoir assigner qu'une
« durée de dix ans aux brevets pris, à partir de
« 1840, par moi, ou au nom d'un premier ces-
« sionnaire (M. Chappée), et par lui cédés en 1842
« à M. Christofle; mais M. Christofle a voulu
« jouir d'un privilége plus durable, et il s'est fait
« céder d'autres brevets, pour d'autres procédés
« de dorure et d'argenture, par deux étrangers,
« MM. Henri et Georges-Richard Elkington, de
« Birmingham. » M. de Ruolz veut ainsi tâcher de faire croire qu'il n'a pas été notre cessionnaire,

mais qu'il y a eu entre nous deux un intermédiaire, M. Chappée ; de telle sorte qu'il n'aurait
existé aucun lien direct entre lui et nous. Il avait
déjà vendu ses procédés, et on nous aurait cédé
une propriété qui n'était plus à lui, sans qu'il
intervînt. Outre ce premier achat, et pour avoir
un privilége plus durable, nous aurions voulu,
affirme-t-il, nous rendre propriétaire des brevets de MM. Elkington.

Quand il en serait ainsi, nous ne voyons pas
en quoi nous aurions dépassé notre droit ; nous
dirons même qu'il eût été de notre devoir de
chef d'une usine importante d'agir de façon à
rendre notre position plus stable et à en assurer
la prospérité. Mais nous démontrerons plus loin,
par des pièces authentiques, que M. de Ruolz a
été, en compagnie de M. Chappée, notre vendeur
direct, et qu'en outre, étant ainsi notre associé,
il a acheté lui-même, en payant d'une portion de
sa part dans nos bénéfices, les brevets de MM. Elkington. M. de Ruolz a donc incontestablement
reconnu autrefois les droits antérieurs de MM. Elkington, qu'il trouve bon de nier aujourd'hui
pour s'associer aux contrefacteurs des véritables
inventeurs des procédés de dorure et d'argenture
électro-chimiques.

Cette réponse faite pour dégager notre position personnelle de ce débat, et pour remettre
M. de Ruolz à sa place, nous allons démontrer :

1° Que MM. Elkington ont réellement fait une découverte fondamentale dans l'art de la dorure des métaux, et qu'ils ont doté non-seulement la France, mais le monde entier d'une industrie nouvelle;

2° Que M. de Ruolz doit être rangé parmi tous les prétendus perfectionneurs ou inventeurs à la suite qui sont venus essayer de prendre quelque part aux bénéfices de l'invention considérable de MM. Elkington;

3° Que tant que les brevets de MM. Elkington ne seront pas tombés dans le domaine public, nul n'aura le droit de se livrer, pour la dorure ou pour l'argenture électro-chimiques, à l'usage de procédés dans lesquels on emploierait des liqueurs contenant des sels alcalins de potasse ou de soude, prussiates ou autres, combinés avec l'or ou avec l'argent;

4° Que cette prétention de notre part a été constamment admise par les Tribunaux de tous les degrés, qui, pour motiver leurs jugements et leurs arrêts, se sont, depuis 1845, basés constamment et uniquement sur les brevets de MM. Elkington;

5° Qu'enfin tous les arguments aujourd'hui employés par M. de Ruolz reçoivent un éclatant démenti, soit de ses écrits, soit de ses actes antérieurs.

Nous prions le lecteur de nous pardonner les expressions vives qui ont pu échapper à notre légitime indignation. Nous protestons à l'avance contre toute induction qui tendrait à voir dans notre pensée la plus légère attaque personnelle contre les hommes éminents de la science qui ont eu à s'occuper des questions soulevées par la découverte de la dorure et de l'argenture élec_tro-chimiques.

DÉCOUVERTE DE MM. ELKINGTON.

Nous allons successivement examiner les faits qui déterminent les inventions dues à MM. Henri et Georges-Richard Elkington pour la dorure et pour l'argenture.

1° DORURE.

Avant 1836, on n'employait, pour placer l'or à la surface des objets de toute nature que l'on veut parer de sa belle couleur et de son inaltérabilité, que des procédés d'application au pinceau. Sur le bois, la pierre, le marbre, etc., le pinceau applique encore des feuilles d'or à l'aide d'un mordant oléagineux. Sur la porcelaine, le verre, les poteries, le pinceau applique l'or avec un mordant fusible qui par la chaleur incruste le métal d'une manière stable à la surface des pièces. Enfin, le pinceau appliquait autrefois l'amalgame d'or sur le bronze et l'argent, puis la chaleur chassait le mercure de l'amalgame, et l'or restait pour donner aux objets d'un métal moins précieux tout l'aspect des objets en or massif. C'est à ce dernier procédé que M. Henri Elkington a substitué, le 11 octobre 1836, l'immersion dans un bain alcalin d'or fait principalement avec du chlorure d'or et du bicarbonate de potasse, et le 29 septembre 1840, la dorure galvanique à l'aide de dissolutions d'or combinées avec le prussiate de potasse ou tous autres prussiates solubles, ou tous les sels susceptibles de fournir avec de l'or des sels doubles.

L'invention de la dorure par immersion n'est plus en discussion aujourd'hui, quoique M. Sainte-Preuve, dans la brochure qu'il a publiée (document n° 15) pour préparer des arguments scientifiques aux avocats de nos adversaires, soit revenu citer, comme n'ayant pas encore été discutées, trois ou quatre recettes anciennes qui n'ont pu jamais donner lieu à une application industrielle. Les Tribunaux ont prononcé sur ce point, et c'est en vain que M. Sainte-Preuve viendra essayer de faire prendre le change aux personnes qui ne sont pas versées dans les sciences chimiques et physiques en disant : *L'immersion a été presque partout pratiquée dans des bains où prenaient place des sels de potasse, de soude et d'ammoniaque,* et en ne remarquant pas que dans chacun des bains cités, les alcalis n'entraient que saturés d'acides énergiques, ayant la propriété d'agir d'une manière fatale sur les objets qu'on y trempait. Nous ne pensons pas devoir nous arrêter sur ce point déjà tant de fois éclairé par les expertises et sur lequel, dans le procès Roseleur, MM. Barral, Chevallier et Henry ont conclu de la manière suivante :

« M. Elkington a eu complétement raison de
« dire : *Avant moi, personne n'a eu l'idée de dorer*
« *à l'aide de substances chimiques et alcalines.*

« Nous pensons qu'il est tout à fait juste de
« reconnaître que la dorure par immersion n'a
« été réellement pratiquée industriellement que
« depuis M. Elkington, parce que le premier il a
« donné un procédé réellement efficient pour
« effectuer cette opération. »

Nous ne dirons rien non plus des reproches relatifs à des vices de rédaction que M. Sainte-Preuve relève dans les brevets de M. H. Elkington, afin d'en réclamer la déchéance. Bonne justice a été faite par les Tribunaux de cette mauvaise guerre de mots que les contrefacteurs, à bout d'arguments, entreprennent toujours pour tâcher de s'emparer du fond d'une découverte, à l'aide d'un prétendu défaut dans la forme.

Nous arrivons à la dorure galvanique. Avant M. H. Elkington avait-on doré industriellement à l'aide de la pile dans des dissolutions alcalines ? Évidemment non. Ni Brugnatelli, ni M. de La Rive n'avaient pu parvenir à asseoir une exploitation sur leurs essais incomplets. En établissant ce fait, nous ne diminuons nullement l'impor-

tance des travaux de ces deux grands physiciens.
C'est une belle idée que d'avoir cherché à employer l'électricité pour appliquer les métaux
les uns sur les autres. Cette idée appartient à
Brugnatelli, incontestablement, et MM. Sainte-
Preuve et de Ruolz se trompent en se figurant que
jusqu'à la publication de leurs dernières brochu-
res cette circonstance était inconnue des Tribunaux qui ont prononcé sur la validité des brevets
de M. H. Elkington. MM. Sainte-Preuve et de Ruolz
n'ont pas cité, en effet, une seule ligne qui ne fût
parfaitement connue et qui n'eût été discutée par
les experts et les autres savants qui se sont occupés de l'historique de l'invention de M. H. Elkington. Dans leur Supplément de Rapport d'expertise pour l'affaire Roseleur, MM. Barral, Chevallier et Henry ont démontré que l'ammoniure
d'or dont se servait Brugnatelli ne pouvait donner
une dorure commerciale, et que beaucoup de
chimistes ou d'industriels italiens ont vainement
cherché à perfectionner son procédé en essayant
successivement de combiner avec l'ammoniure
d'or à peine soluble dans l'eau pure :

Gagliardo : un alcali, l'ammoniaque ;

Selmi : un sel neutre, le chlorhydrate d'ammoniaque ;

Georgini : un acide, l'acide chlorhydrique ;

C'est-à-dire toutes les classes de corps possibles.

Quant à M. de La Rive, il n'est parvenu à dorer

que du platine, à l'aide d'une dissolution de chlorure d'or dans l'eau, dorage, comme il le dit
lui-même, d'une bien mince utilité.

Après la publication des recherches de M. de
La Rive, un chimiste de Francfort sur le Mein,
M. Bœttger, a tenté, à son tour, d'améliorer le
procédé du savant physicien de Genève par deux
moyens : 1° en changeant l'appareil galvanique ;
2° en employant une dissolution de chlorure
double d'or et de sodium que M. H. Elkington
avait déjà appliquée à l'art de la dorure dans son
brevet du 27 novembre 1837.

Ainsi, rien de pratique n'était encore obtenu
dans l'industrie de la dorure galvanique lorsque
M. H. Elkington a pris son brevet du 29 septembre 1840. C'est ce que constatent MM. Pelouze
et Frémy dans leur *Cours de chimie générale ;*
ces savants, dont personne ne conteste l'autorité,
s'expriment ainsi [1] : « Brugnatelli, dès 1800, a
« essayé de dorer l'argent, en décomposant par
« la pile de l'ammoniure d'or ; au commence-
« ment de 1840, M. de La Rive chercha à dorer
« par la pile en se servant du chlorure d'or.

« MM. Perrot, Bœttger, Smée, etc., s'occupè-
« rent de la même question ; enfin M. Elkington
« ouvrit le premier une voie nouvelle à cette in-
« dustrie en employant les sels doubles d'or et
« de potasse ou de soude.

(1) Tome II, page 702.

« M. de Ruolz et plusieurs autres chimistes
« ont ajouté diverses autres liqueurs aurifères à
« la dissolution employée par M. Elkington. »

Ailleurs (Document n° 18), MM. Pelouze et
Frémy ont été non moins explicites dans une
Note qui leur est commune avec MM. Balard,
Cahours, Payen et Péligot.

Mais ce point n'est plus même sérieusement
discuté; M. de Ruolz qui prétend, soit dit en passant, avoir été rencontré par M. H. Elkington,
venu plus de huit mois avant lui, cherche seulement à diminuer l'importance de l'invention
de ce dernier en la limitant à l'application du
cyanure de potassium à l'art de la dorure.

Voyons donc les termes dont M. H. Elkington
s'est servi; nous citerons en entier et textuellement son brevet du 29 septembre 1840, délivré
le 8 décembre suivant, et pris en addition au
brevet de 15 ans obtenu en 1836. Toutes ces dates
sont importantes, et il est nécessaire qu'on lise
tous les détails dans lesquels entre M. H. Elkington pour avoir une idée exacte de l'importance
et de l'étendue de son invention.

Voici comment s'exprime M. H. Elkington:

«Les perfectionnements dont il s'agit ont pour
« objet de couvrir d'or certains métaux à l'aide
« d'un courant galvanique. Au lieu d'employer
« une solution de chloride d'or, comme je l'ai in-
« diqué dans mes précédents brevets, je fais

« usage d'un oxyde d'or préparé par les moyens
« connus, ou de l'or divisé que je fais dissoudre
« dans une solution de prussiate de potasse ou
« de soude; pour 31 grammes 25 centigrammes
« d'or converti en oxyde, j'emploie 5 hecto-
« grammes de prussiate de potasse dissous dans
« 4 litres d'eau que je fais bouillir pendant une
« demi-heure; après ce laps de temps, la mixture
« est prête à servir : il est nécessaire que les ob-
« jets à dorer soient préalablement bien nettoyés
« et purgés de toutes leurs impuretés. On les
« plonge alors dans la mixture bouillante, et
« quelques secondes après ils sont couverts
« d'or. Si on désire obtenir une couche d'or plus
« épaisse, on doit se servir de la solution à froid,
« c'est-à-dire qu'après avoir été bouillie, on la
« laisse refroidir, et alors les objets seront re-
« vêtus d'une plus grande quantité d'or, au moyen
« d'un courant galvanique.

« Les moyens de produire et d'appliquer les
« courants galvaniques sont de plusieurs sortes ;
« le plus simple est celui dont je fais usage. J'em-
« ploie deux cylindres concentriques fermés par
« le bas; celui de l'extérieur est verni, et celui de
« l'intérieur ne l'est pas : il est composé d'une
« substance poreuse. Dans l'espace qui sépare
« les deux cylindres, on verse une solution de
« chlorure de sodium ou autre agent chimique
« excitant, dans lequel on plonge un morceau de

« zinc de forme cylindrique ou autre forme, et
« auquel est soudé un fil de laiton ou de cuivre
« qui correspond dans le vase intérieur contenant
« la solution d'or. Après que les objets à dorer
« ont été nettoyés et attachés ensemble, on les
« place dans la solution d'or pour en être recou-
« verts, en les mettant en contact avec le fil de
« métal ; ils doivent être remués dans la so-
« lution tout le temps que dure l'opération.
« Sa durée dépend de l'épaisseur d'or qu'on dé-
« sire donner aux objets ; cela dépend encore
« de la puissance du courant galvanique, de la
« quantité des objets agités, ou de la proportion
« d'or contenue dans la solution. Je préfère
« que la solution soit très saturée d'or, et à cet
« effet j'y ajoute une portion d'oxyde d'or non
« dissous.

« Au lieu de la solution d'or ci-dessus indiquée,
« je me sers quelquefois d'une solution de pro-
« toxyde d'or dissous avec les muriates de soude
« ou de potasse ; mais les résultats ne sont pas
« aussi avantageux qu'avec la solution d'or ob-
« tenue avec du prussiate de potasse. En général
« j'ai remarqué que les sels à double base, et
« plus particulièrement ceux connus sous le nom
« de sels haloïdes, sont aussi susceptibles de dis-
« soudre l'or ; ils font également partie du droit
« privatif que je réclame ; mais, je le répète, dans
« la pratique, j'ai trouvé qu'il était préférable

« d'employer la solution d'or obtenue du prus-
« siate de potasse.

« Je réclame l'emploi des oxydes d'or ou de
« l'or métallique dissous dans le prussiate de
« potasse ou de tous autres prussiates solubles
« pour couvrir les métaux, ou avec quelques-
« uns des sels sus-indiqués, combinés avec les
« oxydes d'or.

« Je réclame également l'application d'un cou-
« rant galvanique pour dorer les métaux avec
« quelque solution convenable d'or, excepté le
« chloride d'or, qui est peu propre à cet usage.

« Je fais observer que, par solutions convena-
« bles, j'entends celles dans lesquelles les sub-
« stances alcalines, terreuses, ou autres sels sont
« combinés avec l'or.

« Enfin je réclame l'application du courant
« galvanique pour couvrir les métaux avec de
« l'or, soit que les objets qui subissent l'opéra-
« tion soient d'un seul métal ou composés, c'est-
« à-dire revêtus d'une couche d'un autre métal,
« soit enfin de toute matière revêtue également
« d'une couche de métal. »

A cette description, qui est celle d'un industriel et non pas d'un savant, qu'opposent M. de
Ruolz et son défenseur, M. Sainte-Preuve ? Ils
prétendent que M. H. Elkington, en disant *prussiate de potasse ou tous autres prussiates solubles,*
n'a voulu dire que prussiate simple ou cyanure de

potassium. Ils disent qu'il est vrai qu'on désignait dans les arts, au moment où le brevet a été pris, sous le nom de prussiate de potasse, trois sels différents : prussiate jaune (cyanoferrure ou ferrocyanure de potassium), prussiate rouge (cyanoferride ou ferricyanure de potassium), et prussiate simple ou cyanure de potassium. Mais ils prétendent que pour M. H. Elkington, malgré qu'il ait dit : *tous prussiates solubles*, le mot prussiate a eu la singulière vertu de perdre toute généralité et de signifier uniquement cyanure de potassium.

M. de Ruolz s'empare, pour appuyer sa thèse singulière, d'une phrase du Rapport fait par M. Dumas à l'Académie des sciences, ainsi conçue:

« Le mandataire de M. Elkington, prié de s'ex-
« pliquer sur ce point (quel prussiate prendre ?),
« nous a dit que le brevet entendait parler du
« prussiate simple, du cyanure de potassium. En
« effet, lorsqu'il a exécuté devant nous ses pro-
« cédés, c'est le cyanure simple de potassium
« qu'il a mis en usage[1]. »

M. de Ruolz altère cette phrase en partie, et en tire les conséquences suivantes. : «En pré-
« sence de ce tribunal scientifique et artistique
« (la Commission de l'Académie), il ne pouvait
« y avoir ni hésitation ni surprise. MM. Elking-
« ton, Wright, Truffaut (ces deux derniers

[1] Comptes rendus de l'Académie des sciences, t. XIII, p. 1005

« étaient représentants de MM. Elkington), ques-
« tionnés loyalement, ont répondu loyalement ; et
« d'ailleurs, s'ils avaient eu à retirer un seul mot
« de leurs déclarations, ils l'eussent fait dans les
« longs intervalles de temps qui séparèrent les
« séances successives de la Commission et dans
« l'intervalle plus long encore qui s'écoula de-
« puis le dépôt du Rapport de la Commis-
« sion des arts insalubres (29 novembre 1841),
« jusqu'à la distribution des prix décernés à
« M. Elkington et à moi (19 décembre 1842).
« On le voit, treize mois environ s'écoulèrent, et
« pas un mot de rétractation relativement à leurs
« cyanures simples, pas un mot de réclamation
« pour ces ferrocyanures ou pour ces autres com-
« binaisons salines.

« Et cependant le premier Rapport où se trou-
« vait si clairement expliquée la différence de ces
« bains de cyanure et de ferrocyanure, où la part
« de chacun de nous était si nettement tranchée,
« ce Rapport avait été imprimé dans le Compte
« rendu officiel des séances de l'Académie, après
« avoir été lu en présence du public et des ré-
« dacteurs de journaux à qui l'Académie des
« sciences ouvre depuis vingt ans ses portes ; et
« ce Rapport imprimé en novembre 1841 avait
« été analysé, commenté par les journaux ; de
« sorte que les amis eux-mêmes de MM. Elking-
« ton, que leurs conseillers auraient pu les aver-

« tir qu'on les dépouillait d'une partie de leurs
« biens, si ces amis, si ces conseillers, si les com-
« patriotes de MM. Elkington, n'avaient reconnu,
« avec eux, si tout le monde enfin, à Londres, à
« Birmingham comme à Paris, n'avait reconnu
« que les ferrocyanures m'appartenaient. » M. de
Ruolz triomphe ainsi, durant trois pages (*Voir* Document n° 16), d'un prétendu consentement tacite
de MM. Elkington; il y revient à plusieurs reprises;
M. Saint-Preuve s'appuie également sur le même
argument qui lui paraît d'une très grande force.
Eh bien! les *Comptes rendus* de l'Académie constatent qu'à la date du 13 décembre 1841, quinze
jours après la lecture du Rapport de M. Dumas,
c'est-à-dire immédiatement après la publication
de ce Rapport, M. Truffaut a réclamé vivement.
Voici la mention des *Comptes rendus*[1] : « M. Truf-
« faut adresse diverses réclamations relatives à
« une partie du Rapport fait au nom d'une com-
« mission par M. Dumas, dans la séance du
« 29 novembre, sur de nouveaux procédés in-
« troduits dans l'art du doreur par MM. Elking-
« ton et de Ruolz.

« Après avoir entendu la réponse de M. Du-
« mas, et sur sa proposition, l'Académie renvoie
« la Note de M. Truffaut à la Commission au
« nom de laquelle le Rapport a été fait. »

____

(1) Tome XIII, page 1103.

Il est vrai que M. Dumas n'a pas rectifié l'erreur dans laquelle il était tombé dans son appréciation du mot *prussiate*, du brevet de M. H. Elkington, mais il avait déclaré, très sagement du
reste, que les questions de brevet n'étaient pas de
la compétence de l'Académie. Nous reproduisons textuellement à la fin de ce Mémoire (Document n° 1) la lettre de M. Truffaut à l'Académie; nous nous contentons d'en extraire, pour
le moment, le passage suivant :

« Les termes généraux dont M. Elkington s'est
« servi dans ses brevets indiquent assez qu'il
« s'est réservé la faculté d'employer toute espèce
« de cyanure soluble dans ses manipulations. »

Nous ajouterons maintenant que le texte des
brevets est notre propriété, que personne n'a
le droit, pas même M. H. Elkington, qui nous a
cédé cette propriété, de le restreindre ou de l'interpréter contre ses termes formels.

Mais l'invention de M. H. Elkington n'embrasse
pas seulement l'application à la dorure des prussiates solubles; il a entendu réclamer l'emploi
de tous les sels alcalins, dissolvant l'or à l'état
de sels doubles. La discussion grammaticale,
longue et pénible, à laquelle se livrent sur ce
point MM. de Ruolz et Sainte-Preuve, ne peut
rien changer à l'autorité de la chose jugée, et de
l'opinion déjà tant de fois exprimée des experts,
MM. Barral, Chevallier et Henry, et du monde

savant tout entier, représenté par ses plus illustres membres, MM. Balard, Payen, Pelouze,
Frémy, Péligot (*Voir* Documents n⁰ˢ 17 et 18). Il
est établi, pour tout le monde, que la description
de M. H. Elkington étant donnée, substituer dans
son bain tel ou tel sel de potasse ou de soude à
l'emploi d'un prussiate, c'est substituer un équivalent à un autre sans rien changer à l'invention fondamentale.

Nous aurons plus loin l'occasion de montrer
combien cette conséquence est rigoureuse. Pour
le moment, il nous suffit d'avoir précisé les inventions de M. Henri Elkington sur la dorure, et
d'avoir montré leur importance et leur généralité. Nous passons à l'exposition de l'invention
de M. Georges-Richard Elkington relative à l'argenture.

2° ARGENTURE.

Avant 1840, on connaissait trois procédés pour
argenter : le procédé du plaqué, celui de l'argenture à la feuille, celui enfin de l'argenture au
pouce ou du bouillitoire, qui consistait en un
blanchiment plutôt qu'en une argenture au
trempé. Le procédé du plaqué et celui de l'argenture à la feuille ont pour principe une espèce
de soudure de l'argent et du cuivre, à l'aide de
la chaleur et d'une pression mécanique. L'argenture au bouillitoire se fait en trempant les objets

dans une dissolution incomplète de chlorure
d'argent dans du chlorure de sodium, ou en frottant les objets avec une pâte formée du mélange
de ces sels et de quelques autres.

Par son procédé décrit en son brevet d'importation de quinze ans, demandé le 29 septembre
1840 et délivré le 28 décembre suivant, M. Georges-Richard Elkington a fait une révolution dans
l'art de l'argenture. Nous reproduisons le texte
de cette description, car il répond formellement
à toutes les prétentions de M. de Ruolz, qui a toujours soin de ne soutenir sa discussion que de citations tronquées.

« Mon procédé consiste, dit M. R. Elkington, à
« appliquer l'argent sur certains métaux, à l'aide
« de solutions d'argent ou d'un courant galvani-
« que, en opérant de la manière suivante :

« On fait dissoudre 155 grammes de chlorure
« d'argent dans un mélange d'un kilogramme et
« demi de prussiate de potasse et de 9 litres d'eau;
« on agite le liquide et on fait bouillir jusqu'à sa-
« turation complète.

« Les pièces à plaquer, décapées au préalable
« par les moyens connus, sont plongées dans la
« solution; s'il ne faut qu'une mince couche d'ar-
« gent, comme pour l'argenture ordinaire, on
« fait chauffer ou bouillir la solution. La couche
« se produisant de quelques secondes à une mi-
« nute, il est inutile d'employer une batterie gal-

« vanique; mais si la couche doit être plus épaisse,
« comme pour les objets plaqués, on emploie la
« solution froide et on fait adhérer cette couche
« à l'aide d'un courant galvanique, comme je vais
« l'expliquer.

« On connaît plusieurs procédés pour produire
« un courant galvanique. Le plus simple est celui
« obtenu par le contact d'un barreau de zinc ou
« autre métal électro-positif. On peut aussi em-
« ployer un diaphragme membraneux ou poreux,
« de manière que la solution d'argent occupe une
« face et un fluide dissimilaire l'autre; toutefois
« le moyen le plus approprié à la nature de mon
« procédé est la batterie galvanique dont on se
« sert pour les expériences de physique. Celle
« que je préfère se compose de deux cylindres con-
« centriques fermés à leur fond, l'intérieur de
« terre poreuse non vernie, et l'extérieur de po-
« terie vernie. L'intervalle entre les deux cylin-
« dres est rempli d'une solution de chlorure de
« sodium dans laquelle on plonge un barreau
« de zinc; un fil de cuivre, soudé à ce barreau,
« est recourbé et plongé dans le cylindre inté-
« rieur, contenant une solution d'argent; la pièce
« à argenter, bien décapée, est placée dans la so-
« lution après avoir été mise en contact avec le
« fil de cuivre; ce contact est maintenu pendant
« tout le temps qu'agit la solution d'argent.

« L'épaisseur de la couche d'argent dépendra

« de la durée de l'immersion et du soin de main-
« tenir constamment la pièce en contact avec le
« fil de cuivre de la batterie; elle dépendra aussi
« de l'énergie du courant galvanique et de la pro
« portion d'argent contenue dans la solution.

« Les pièces, pendant ce procédé, affectent gé-
« néralement un aspect mat ou cristallin qui aug-
« mente avec l'épaisseur de la couche d'argent
« déposée. Quand on veut obtenir une surface
« brillante, on brunit avec une brosse en fil mé-
« tallique, moyen bien connu. Si, au contraire,
« on veut produire une surface mate, on fait
« bouillir la pièce dans l'acide sulfurique ou mu-
« riatique étendu. Il est nécessaire d'ajouter, de
« temps en temps, une nouvelle quantité de chlo-
« rure d'argent, afin de remplacer la solution qui
« s'épuise, en évitant tout contact de la pièce avec
« du chlorure non dissous.

« On pourrait remplacer le chlorure d'argent
« par tout autre sel d'argent insoluble dans l'eau
« avec une solution de prussiate de potasse ou de
« soude. Je me sers quelquefois d'une solution
« d'iodure d'argent dans l'hydrate de potasse ou
« de soude, ou d'une solution de chlorure d'ar-
« gent dans l'ammoniaque pure; mais ces agents
« ne sont pas aussi utiles, dans la pratique, que
« la solution d'argent dans le prussiate de potasse.

« D'autres solutions d'argent, à l'aide d'un cou-
« rant galvanique, peuvent être également em-

« ployées, telles que les solutions d'argent am-
« moniacal, ou les solutions de chlorure d'argent
« dans le muriate de potasse ou de soude ; mais
« comme ils sont d'un usage difficile dans la pra-
« tique, je ne les recommande pas.

« Le procédé que je viens d'indiquer s'appli-
« que plus particulièrement au placage du cuivre
« ou de ses alliages, tels que le laiton ou l'argent
« d'Allemagne ; mais on peut aussi plaquer par
« le même moyen le fer, après l'avoir décapé
« avec soin et y avoir appliqué la couche d'ar-
« gent à l'aide de la batterie galvanique, ou bien
« plaquer le fer, en le couvrant d'abord d'une
« lame de cuivre, et appliquant sur cette lame
« une couche d'argent par le moyen indiqué.

« Je réclame l'emploi d'une solution d'argent
« dans du prussiate de potasse ou autres prus-
« siates solubles, pour argenter les métaux, et
« l'application d'un courant galvanique avec une
« solution d'argent quelconque, soit comme sim-
« ple solution dans un acide, ou combiné avec
« des sels, à l'exception du nitrate d'argent qui
« est connu, mais peu en usage. »

Qu'objecte-t-on pour atténuer l'importance de
l'invention de M. Georges-Richard Elkington ?
On dit (c'est M. Sainte-Preuve, le porte-voix de
M. de Ruolz, qui parle, *Document* n° 15) :

« Bœttger a décrit, dès juillet 1840, l'argenture
« à la pile dans un bain alcalin.

25

« Brugnatelli ayant parlé de la *réduction des*
« *oxydes dissous* en général, et l'ayant pratiquée
« à l'aide d'une pile distincte, l'argenture ainsi
« effectuée est, depuis 1800, dans le domaine
« public. »

C'est toujours le même abus des interprétations
erronées et des flagrantes altérations des textes.

Ainsi dans les nombreux passages où Brugnatelli a décrit ses essais de réduction des oxydes
métalliques dissous à l'aide de la pile, ce physicien n'a mentionné qu'une fois une sorte d'argenture en ces termes[1] : « J'ai vu souvent l'ar-
« gent se déposer sur le platine, ou sur l'or, et
« les argenter parfaitement.... » Rien de plus que
ces simples mots, et on prétend y voir la découverte de M. R. Elkington, à qui on conteste d'avoir
suffisamment décrit son procédé: de telle sorte
que celui qui ne donne pas la composition de la
liqueur qu'il a employée et qui ne mentionne
pas qu'il ait seulement argenté des produits industriels (car on n'a pas probablement la prétention de faire croire à quelqu'un que l'argenture de l'or ou du platine soit utile dans le commerce), celui-là est inventeur ; mais quant à celui
qui est entré dans les plus minutieux détails de
ses manipulations et qui livre tous les jours au
commerce une masse considérable de produits

(1) *Recolta di Memorie*, etc. Pavie, 1808.

que le consommateur se hâte d'acheter, pour celui-là, il n'a rien fait. Telle est la manière de raisonner de M. Sainte-Preuve.

Ajouterons-nous maintenant, avec MM. Barral, Chevallier et Henry, dans leur Supplément de Rapport pour l'affaire Roseleur, qu'il est tellement vrai que Brugnatelli n'a jamais pensé à l'argenture, que dans les nombreux essais entrepris en Italie pour tirer parti de ses expériences, personne n'a jamais tenté seulement d'argenter?

Nous arrivons à M. Bœttger. Après de nombreux essais, ce chimiste a donné cette conclusion : « Pour argenter le cuivre et le laiton, ce qu'il y « a de plus avantageux, c'est d'employer une so- « lution de nitrate double d'argent et d'ammo- « niaque avec un petit excès d'ammoniaque [1]. » Peut-on sérieusement traduire cette phrase par ces mots : Pour argenter, prendre un bain alcalin?

Cependant M. Sainte-Preuve n'hésite pas à imprimer ces mots : « Les bains d'argent ammo- « niacaux, potassiques et sodiques ont été em- « ployés par Brugnatelli et par nos pères. » Puis M. de Ruolz s'écrie à chaque instant : « M. Sainte-Preuve a démontré dans son Mémoire... Je renvoie au savant Mémoire de M. Sainte-Preuve, etc., etc. »

_____

(1) *L'Ami industriel de Francfort*, juillet et août 1840 ; congrès d'Erlangen, du 18 au 25 septembre 1840.

Ces deux Messieurs s'appuient ainsi l'un sur l'autre, pour tâcher sans doute de masquer la faiblesse de leur argumentation.

Il nous reste sur l'argenture un seul point à éclaircir : M. R. Elkington s'est-il borné, comme le prétend M. de Ruolz, à l'emploi du cyanure simple de potassium, quoiqu'il ait dit qu'il réclamait comme sa propriété l'emploi de tous les prussiates solubles? Le fait sur lequel se fonde M. de Ruolz pour prétendre que le cyanoferrure jaune de potassium n'a pas pu être breveté par M. R. Elkington consiste dans l'apparition bien connue d'un précipité blanc, bleuissant à l'air, que fournit le cyanoferrure de potassium versé dans les solutions neutres d'argent. M. de Ruolz triomphe de ce que M. R. Elkington n'a pas dit que, dans ce cas, il fallait filtrer la liqueur. N'en est-il pas moins constant que dans un bain de prussiate de potasse jaune, préparé suivant les prescriptions du brevet de M. R. Elkington, on obtient une très belle argenture par immersion, et une argenture par la pile à une épaisseur illimitée? Admettons cependant que M. de Ruolz ait fait cette addition, utile ou non, au procédé de M. R. Elkington; en quoi cela diminue-t-il l'invention de ce dernier? Est-il permis de le dépouiller de sa découverte, parce que quelqu'un y serait venu ajouter un détail? La loi n'a-t-elle pas prévu ce cas, et n'a-t-elle pas pris la précaution de défendre à celui qui fait une addition ou un perfectionnement à une invention déjà brevetée, de se servir de cette addition ou de ce perfectionnement, tant que le premier brevet subsiste ou que son possesseur ne consent pas à en permettre l'emploi? Cela peut-il nous empêcher de conclure, avec les savants experts qui ont élucidé toutes ces questions et ont mis les Tribunaux en état de prononcer déjà tant de fois contre les contrefacteurs : « M. R. Elkington est le premier « qui ait obtenu des objets argentés à épaisseur, « et il a ainsi créé de nouveaux produits in-« dustriels.»

C'est maintenant le lieu de discuter les brevets de M. de Ruolz et de chercher leur valeur propre, indépendamment des engagements commerciaux qu'il a contractés avec nous et qu'il cherche à briser déloyalement.

II.

EXAMEN DES BREVETS
DE M. DE RUOLZ.

C'est le 19 décembre 1840 seulement que M. de
Ruolz a demandé son premier brevet d'invention
qui lui a été délivré le 15 février 1841. Ce brevet
a pour titre : « Brevet d'invention et de perfec-
« tionnement de dix ans, demandé par M. de
« Ruolz, pour un procédé de dorure sans mer-
« cure, de l'argent, de l'orfévrerie et de la bijou-
« terie, d'argent et spécialement des objets les
« plus délicats, tels que le filigrane d'argent. »
Dans ce brevet, M. de Ruolz, qui mentionne très
nettement le brevet de M. H. Elkington de 1836
pour la dorure par immersion et qui conseille
même de substituer au bain qui s'y trouve décrit
l'emploi de l'aurate de potasse, sel dont M. Frémy
a démontré récemment l'inefficacité absolue dans
la dorure *au trempé*[1], M. de Ruolz, disons-nous,
ne brevète que l'idée de recouvrir l'argent d'une
couche de cuivre à l'aide de la décomposition
par un courant galvanique d'une dissolution de
sulfate de cuivre. Il s'exprime ainsi :

« Conclusions : — Sans avoir la prétention de

(1) *Annales de chimie et de physique*, 3ᵉ série, t. XXI, p. 485.

« regarder comme une découverte la simplifica-
« tion du procédé anglais, en y substituant l'au-
« rate potassique, nous nous bornons à constater
« ces deux points :

« 1° Jusqu'à présent dore-t-on l'argent sans
« mercure, en luidonnant la couleur convenable?
« Existe-t-il une maison quelconque dorant pour
« le commerce l'argent par immersion ? Non.

« Notre procédé crée donc une industrie nou-
« velle.

« 2° Enfin, nous réclamons positivement comme
« notre propriété exclusive le procédé consistant
« à couvrir l'argent d'une pellicule très mince de
« cuivre qui le rend susceptible d'être doré par
« tous les procédés quels qu'ils soient, qui con-
« viennent à ce dernier métal. »

A cette époque du 19 décembre 1840, M. de
Ruolz n'avait donc inventé aucun procédé de dorure ou d'argenture à l'aide de bains alcalins
composés de prussiates ou d'autres sels. En disant à la Commission de l'Académie des sciences
que, selon les expressions du Rapporteur, M. Dumas : « Tandis que M. Elkington sollicitait une
« addition à ses brevets, M. de Ruolz, de son
« côté, prenait un brevet d'invention pour le
« même objet», M. de Ruolz induisait cet illustre
corps savant dans une erreur grave. Dès le 29 septembre précédent, c'est-à-dire plus de deux mois
et demi avant que M. de Ruolz s'inscrivît pour

un brevet, MM. Henri et Richard Elkington avaient pris, le premier une addition à ses brevets, datant de 1836, sur la dorure par immersion; le second, un brevet principal de quinze ans pour l'argenture. Dans ces brevets, la dorure et l'argenture à l'aide de la pile et des prussiates et autres sels alcalins se trouvent décrites. Le brevet d'addition de dorure a été délivré à M. Henri Elkington le 8 décembre, c'est-à-dire onze jours avant que M. de Ruolz prît date par le dépôt de sa spécification portant uniquement sur le cuivrage de l'argent afin de mettre ce dernier métal en état de recevoir la dorure par les procédés alors connus.

Si M. de Ruolz avait dit à la Commission de l'Académie que le 19 décembre 1840 il ne savait que déposer du cuivre sur de l'argent, M. Dumas ne l'eût certainement pas gratifié d'une simultanéité fausse avec M. Henri Elkington.

Il est bon d'ajouter aussi que le brevet pour l'argenture n'a été délivré à M. Richard Elkington que le 28 décembre 1840; de telle sorte que M. de Ruolz n'avait pu avoir communication de ce dernier brevet en prenant son brevet principal. Aussi M. de Ruolz ne parle-t-il d'argenture qu'au mois de juin 1841 dans un brevet d'addition demandé à la date du 17 du même mois et délivré le 11 octobre suivant.

Mais alors, depuis la fin de septembre 1840,

huit mois onze jours s'étaient écoulés, et pendant plus de cinq mois les brevets de MM. Elkington avaient pu être consultés par tout le monde dans les bureaux du ministère de l'agriculture et du commerce. Voyons donc quels sont les procédés que M. de Ruolz décrit à cette dernière date :

« Dorure. — Je dissous 6 parties de cyanure « de potassium dans 100 parties d'eau distillée, « et j'y introduis une partie de cyanure d'or ré- « cemment préparé, bien lavé et bien porphy- « risé, dont je facilite la dissolution en y ajoutant « de l'acide hydrocyanique au quart, à raison de « 24 gouttes de cet acide par chaque gramme de « cyanure d'or employé; je renferme le tout dans « un flacon bouché à l'émeri que j'ai soin de re- « muer fréquemment en le maintenant à une « température qui ne doit pas être supérieure à « 25 degrés, ni inférieure à 15 degrés. Au bout « de 48 ou 100 heures, la dissolution est com- « plète; il ne reste plus qu'à la filtrer avant de « l'employer. L'habitude peut seule déterminer « l'énergie à donner au courant, relativement à « l'étendue de la surface que présente l'objet ou « la collection d'objets à dorer; le mieux est d'a- « voir à sa disposition une forte pile, dont on « supprime au besoin le nombre d'éléments con- « venable.

« Argenture. — Il était probable que le cyanure « d'argent offrirait pour l'argenture des résul-

« tats analogues ; c'est ce qui est arrivé. Les pro-
« portions de la dissolution à employer sont les
« mêmes que celles données plus haut pour l'or ;
« seulement il n'est pas nécessaire d'ajouter au-
« tant d'acide hydrocyanique ; dix gouttes par
« gramme de cyanure d'argent suffisent. »

On le voit, à la différence près des proportions,
cette invention de M. de Ruolz est la copie presque textuelle de celle brevetée par MM. Elkington, au mois de septembre 1840. M. de Ruolz
n'emploie pas assez de cyanure de potassium ;
alors il corrige ce défaut par une addition d'acide
prussique, singulière manière d'avoir un procédé
salubre et digne du prix Montyon. Mais il vient
bientôt à résipiscence, et le 27 août 1841, il prend
un nouveau brevet dans lequel il dit :

« Je suis parvenu à améliorer ainsi qu'il suit
« le procédé décrit dans mon brevet d'addition
« du 21 juin dernier.

« Je supprime l'emploi de l'acide hydrocyani-
« que dans la préparation des dissolutions d'or
« et d'argent.

« Les proportions se trouvent maintenant éta-
« blies ainsi :

« Pour le dorage :

« Eau distillée. . . . . . . 100 parties.
« Cyanure d'or.   1
« *Id*.   de potassium.   10

« Pour l'argenture :

« Eau distillée. . . . . . 100 parties.

« Cyanure d'argent. . . . 1

« *Id.* de potassium. 10. »

Or, quelles sont les substances indiquées le 29 septembre 1840 par M. Henri Elkington pour la dorure (*Voir* Document n° 2 bis) ?

Eau. . . . . 1000 grammes.

Or converti en oxyde . 31,25

Prussiate de potasse . . 500.

Si nous convertissons ces nombres de manière à les ramener aux proportions employées pour 100 parties d'eau, nombre pris pour base par M. de Ruolz, nous trouvons :

Eau. . . . . 100 parties.

Or converti en oxyde. . . . 0,781

Prussiate de potasse.. . . . 12,5.

Quelles sont aussi les substances indiquées le 29 septembre 1840 par M. Richard Elkington :

Eau. . . . . , 9000 grammes.

Chlorure d'argent . . . 155

Prussiate de potasse . . 1500.

Si nous formulons ces proportions, en les rapportant à 100 parties d'eau, nous trouvons :

Eau . . . . 100 parties.

Chlorure d'argent 1,72

Prussiate de potasse . . . . 16,67.

Pour tous les chimistes, pour tous les hommes de l'art, il y a identité évidente entre les nombres et les substances soit de MM. Elkington, soit de M. de Ruolz.

Nous pourrions nous arrêter là, et dire, dès à présent, que M. de Ruolz n'a été qu'un contrefacteur. Nous ne devrions pas avoir besoin de répondre à ce reproche qu'il nous a adressé dans une lettre à l'Assemblée législative (Document n° 12), de vouloir attribuer à un étranger le mérite d'une invention nationale, comme si l'industrie française avait besoin de se mettre à contrefaire et à piller les nations voisines. Non; la France est trop riche d'inventions et de découvertes incontestables pour qu'elle cherche à subir le déshonneur de dépouiller frauduleusement d'une invention un étranger qui est venu s'abriter sous ses lois en prenant un brevet.

Mais nous avons à remplir un devoir à l'égard du public; nous avons à montrer que l'Académie des sciences n'a pas connu la vérité lorsqu'elle a couronné M. de Ruolz, que nous-même nous avons été trompé lorsque nous avons traité avec lui.

On l'a vu, M. Dumas a cru, sur la parole de M. de Ruolz, que les bains de ce dernier avaient été décrits au mois de décembre 1840, alors que les brevets de MM. Elkington n'étaient pas encore ou étaient à peine publiés. M. de Ruolz avoue et à la fois cherche à pallier sa déloyale manœuvre dans les termes suivants [1] : « L'Académie qui nous a « jugés, M. Elkington et moi, sur nos expériences « et sur la rédaction de nos brevets, a constaté « un fait évident quand elle a dit que chacun de « nous avait travaillé de son côté : MM. Elking- « ton qui avaient eux-mêmes donné à l'Académie « la date de décembre 1840 comme celle de leurs « brevets sur les cyanures, moi dont les pre- « miers brevets remontaient au 19 du même « mois. » C'est très habile de rejeter sur MM. Elkington le rapprochement des dates dont vous avez tiré un si habile parti en disant que M. H. Elkington lui-même, auprès de l'Académie des sciences, n'a pris date pour son invention que du jour de la délivrance de son brevet de do- rure galvanique, 8 décembre 1840, quand la date légale et réelle de cette invention est du 29 septembre 1840.

Eh bien, admettons pour un instant que MM. El- kington aient eux-mêmes mal indiqué les dates de leurs brevets ; la condamnation de M. de Ruolz n'en résulterait pas moins des faits précédents ; nous lui dirions : « Vous avez laissé entendre que vos brevets sur les cyanures remontaient au 19 décembre 1840, tandis qu'ils ne sont que de juin et d'août 1841. Ainsi, vous profitiez de ce que

---

[1] (Voir Document n° 16) la brochure de M. de Ruolz.

MM. Elkington, consultés sur la date de leurs brevets, donnaient celle de leur délivrance par le ministère au mois de décembre, au lieu de songer à donner celle du mois de septembre, époque à laquelle la loi fait remonter leur invention, puisque alors la spécification de leurs procédés était déposée. Dès ce moment, nous pouvons donc dire : « M. de Ruolz, vous êtes jugé par tous ceux qui connaîtront ce subterfuge. »

Maintenant nous ajouterons que, aussitôt la publication faite du Rapport de M. Dumas, M. Truffaut, représentant de MM. Elkington, s'est hâté de réclamer en leur nom devant l'Académie, ainsi que le constate le *Compte rendu* officiel des séances; seulement, et nous le comprenons, il devait être pénible pour cet illustre corps d'entrer dans l'examen des détails d'une pareille intrigue. La réclamation de M. Truffaut n'a donc été que mentionnée; nous la reproduisons à la fin de ce Mémoire (Document n° 1). On y lit cette phrase : « Entre le 29 septembre et le 19 décem- « bre de la même année, il s'est écoulé plus que « quelques jours, et nous pouvons supposer que, « pour travailler de son côté, M. de Ruolz a « connu la demande et les procédés de M. Elking- « ton pour y puiser des moyens de travail.

« A Dieu ne plaise cependant que nous ayons « l'intention d'incriminer en quelque manière « que ce soit les intentions de M. le rapporteur.

« On l'a induit en erreur, à dessein ou autre-
« ment. »

C'est ce que nous répétons aujourd'hui, dix ans
après que tous ces faits se sont passés, lorsque
M. de Ruolz vient audacieusement nous attaquer
et se liguer contre nous avec les contrefacteurs
de MM. Elkington. Les Tribunaux apprécie-
ront.

Il est vrai que, par une manœuvre adroite,
M. de Ruolz, qui ne veut toujours voir dans les
brevets de MM. Elkington que les cyanures simples, fait assez bon marché de l'emploi de ces sels,
et se rejette sur l'usage du prussiate jaune de potasse, autrement nommé cyanoferrure de potassium. Sans convenir que M. H. Elkington a dit
d'une manière générale : « Je brevète l'emploi de
« tous les prussiates solubles, » en soutenant que
son adversaire n'a fait usage que du prussiate
simple, et qu'il est bien préférable, moins coûteux, plus salubre de se servir du cyanoferrure,
il s'écrie qu'il a fait une invention capitale à la
date du 27 septembre 1841, en signalant nominativement l'usage du prussiate jaune, et que
cette invention, absolument indépendante de
celle de MM. Elkington, le place d'un seul coup
au premier rang. Eh bien, le texte même de
son brevet contredit les prétentions de M. de
Ruolz. Il donne, en effet, l'emploi du prussiate
jaune de potasse comme une simple substitution.

une simple addition, un simple perfectionnement.
C'est un équivalent chimique substitué à un autre.
Voici comment s'exprime son brevet, demandé le
27 septembre 1841 et délivré le 31 janvier 1842 :

« En nous conformant toujours, pour la con-
« struction de la pile et son emploi, aux prescrip-
« tions données dans notre précédent brevet
« d'addition et de perfectionnement du 17 juin
« dernier, nous sommes parvenus aux additions
« et perfectionnements qui suivent :

« A. *Dorage.* — L'on peut remplacer les li-
« queurs décrites en nos précédents brevets du
« 17 juin et du 27 août 1841 par une des disso-
« lutions suivantes :

« 1° Prenez : eau distillée, 100 parties ; cyanure
« de potassium, 12 parties ; faites dissoudre, fil-
« trez ; ajoutez une partie d'oxyde préalable-
« ment préparé par la magnésie et que vous aurez
« préalablement trituré dans un mortier de verre
« avec une petite portion de la liqueur, mettez
« le tout dans un flacon à l'émeri ; remuez-le
« fréquemment, en le maintenant à une tempé-
« rature de 15° à 25° centigrades ; quand tout
« l'oxyde sera dissous, ce qui demandera quatre
« jours environ, filtrez et employez ;

« 2° Faites dissoudre, à l'aide d'une douce cha-
« leur, une partie de cyanure d'or dans une so-
« lution de 30 parties de prussiate jaune de po-
« tasse et de fer aussi pur que possible dans 200

« parties d'eau distillée; filtrez et employez:
« 3° Eau distillée, 100 parties; oxyde d'or,
« 1 partie; chauffez une heure et demie dans
« une capsule de porcelaine, à la chaleur de
« 60° à 70° centigrades; laissez refroidir, filtrez;
« 4° On peut aussi dorer à toute épaisseur à
« l'aide de la pile, soit dans une dissolution
« d'oxyde d'or, dans la potasse ou la soude, soit
« en dissolvant, à l'aide de la chaleur, du cya-
« nure ou de l'oxyde d'or dans une solution de
« prussiate rouge de potasse et de fer; mais ces
« moyens sont beaucoup moins avantageux,
« principalement à cause de la trop faible pro-
« portion d'or dissous;
« 5° Enfin, tant sous le rapport économique,
« puisque l'on se trouve dispensé de l'emploi des
« préparations toujours très coûteuses d'oxyde
« et de cyanure d'or, que sous le rapport de la
« proportion beaucoup plus forte d'or métallique
« dissoute dans une quantité x de liquide, il en
« résulte conséquemment une marche plus ra-
« pide du dorage; la préférence doit être donnée
« au procédé que nous allons décrire.
« D'une part, prenez 6 parties de prussiate
« jaune de potasse et de fer pur et aussi exempt
« que possible de sulfate de potasse; dissolvez
« dans 60 parties d'eau distillée à l'aide d'une
« douce chaleur; filtrez.
« D'autre part, dissolvez une partie de chlo-

« rure d'or, aussi peu acide que possible, dans
« 40 parties d'eau distillée; filtrez.

« Mêlez les 2 solutions dans une grande cap-
« sule de porcelaine, remuez bien et chauffez
« entre 70° et 80° centigrades, jusqu'à ce qu'il ne
« se forme plus de précipité de bleu de Prusse
« par le refroidissement d'une partie de la li-
« queur filtrée, ce qui demande trois quarts
« d'heure à une heure. Retirez du feu, remuez
« bien, laissez refroidir la liqueur et le précipité
« se reposer. Filtrez alors et étendez la liqueur
« de 50 parties d'eau distillée ; puis ajoutez, par
« très petites portions et en remuant bien, une
« solution concentrée de potasse à l'alcool, jus-
« qu'à ce que la liqueur soit faiblement alcaline.
« A ce moment la liqueur doit être limpide et
« d'un vert clair, réagir faiblement à la manière
« des alcalis et exhaler une faible odeur d'acide
« hydrocyanique. Employez-la.

« On peut du reste parfaitement dorer sans
« l'addition de la potasse caustique ; mais voici
« son utilité : sans cette précaution, pendant le
« cours du dorage, il se forme autour du fil po-
« sitif un précipité de bleu de Prusse très abon-
« dant ; de telle sorte que la liqueur, au bout de
« quelques heures de travail, devient trouble, ce
« qui empêche de suivre de l'œil le dorage, et
« met dans la nécessité de perdre beaucoup de
« temps pour refiltrer.

« Au moyen de cette légère addition d'alcali,
« le précipité qui se forme autour du fil positif
« est décomposé au fur et à mesure par le petit
« excès de potasse qui se trouve dans la liqueur
« qui reste limpide.

« B. *Argentage*. — Outre la dissolution de
« cyanure d'argent dans le cyanure de potassium
« décrite dans notre précédent brevet, on peut
« employer aussi :

« 1° Une solution d'eau, 100 parties ; cyanure
« de potassium, 10 parties ; carbonate d'argent
« obtenu à l'aide d'une douce chaleur ;

« 2° Une solution d'oxyde d'argent dans le
« cyanure de potassium, mais la quantité dis-
« soute est un peu plus faible ;

« 3° Une solution de ferrocyanure d'argent
« dans le cyanure de potassium ;

« 4° Une solution de ferrocyanure, de carbo-
« nate ou d'oxyde d'argent dans le prussiate jaune
« de potasse et de fer, obtenue en faisant bouillir
« une partie de l'un de ces trois corps pendant
« une demi-heure dans une dissolution d'eau,
« 100 parties ; prussiate, 15 parties ;

« 5° Enfin, eu égard à la comparaison du prix
« de revient et à la forte proportion d'argent mé-
« tallique contenue dans le cyanure, la préférence
« paraît devoir être donnée au procédé suivant :

« Prenez eau distillée, 100 parties ;

« Prussiate jaune de potasse et de fer, 15 parties ;

« Faites dissoudre et filtrez.

« Ajoutez : cyanure d'argent, 1 partie.

« Chauffez une demi-heure entre 70° et 80°
« centigrades, laissez refroidir et filtrez. Gardez
« le résidu de la filtration pour être joint à une
« autre dissolution.

« Employez la liqueur ainsi qu'il a été dit.

« Le prussiate rouge de potasse et de fer donne
« des résultats beaucoup moins avantageux que
« le prussiate jaune, et doit d'ailleurs être rejeté
« pour son prix trop élevé.

« Le sulfate ou l'acétate d'argent, traités par la
« pile selon nos indications, ne donnent qu'un
« argentage peu satisfaisant. »

Ainsi, dans ce brevet que nous n'avons pas
voulu résumer par un respect pour les textes que
nous avons le regret de ne pas voir chez M. de
Ruolz, on reconnaît bien que, pour la dorure, 15
grammes de prussiate de potasse jaune sont sub-
stitués dans le second procédé à 12 grammes de
prussiate blanc ou cyanure de potassium. On reconnaît aussi que, pour l'argenture, il ne s'agit,
dans la cinquième formule, que de la simple substitution du prussiate jaune au prussiate blanc, à
cause d'une diminution dans le prix de revient.
M. de Ruolz donne évidemment cette substitution comme une amélioration ou un perfectionnement de l'invention fondamentale consistant
dans l'emploi du cyanure simple.

Mais ce n'est pas seulement à la date du 27 septembre 1841 que M. de Ruolz agit de cette manière. Pour lui, l'emploi du cyanoferrure n'est pas le moins du monde, comme il le prétend aujourd'hui, une invention à part, d'une supériorité telle qu'elle efface tous les travaux antérieurs. Dans les nombreuses formules de bains d'argenture ou de dorure qu'il fait successivement breveter, on voit revenir bien souvent encore le cyanure simple de potassium, et on reconnaît que toujours M. de Ruolz n'a pas d'autre prétention que d'indiquer le remplacement possible d'un équivalent chimique par un autre.

Ainsi, dans son quatrième brevet d'addition, demandé le 29 novembre 1841, on lit :

« B. *Pour la dorure.* — 1° Dissolvez, à l'aide
« d'une douce chaleur, une partie de chlorure
« double d'or et de sodium dans 100 parties
« d'une solution de soude à l'alcool à 10° de
« l'aréomètre ;

« Agissez avec la pile, selon les règles données,
« à une température de 15 à 20°.

« 2° Dissolvez, à l'aide d'une douce chaleur, une
« partie de chlorure double d'or et de potassium
« dans 100 parties d'eau, chargées de 15 parties
« de CYANURE DE POTASSIUM (PRUSSIATE BLANC),
« employant la pile, ainsi qu'il a été dit, à la tem-
« pérature de 15 à 20° centigrades ;

« 3° Préparez une solution de potasse caustique

« à 10° de l'aréomètre, et dissolvez-y, à l'aide de
« la chaleur, de l'oxyde d'or (préférablement pré-
« paré par la magnésie) à raison de 2 décigram-
« mes d'oxyde d'or par 100 grammes de liqueur;
« faites ensuite passer dans la liqueur un courant
« d'hydrogène sulfuré jusqu'à ce que la réaction
« alcaline soit devenue très faible. Filtrez et
« employez, suivant les règles, ce bain à une
« température de 15 à 20° centigrades. »

Dans son cinquième brevet d'addition demandé
le 29 décembre 1841 et délivré le 15 février 1842,
il indique d'employer les hyposulfites à la place
des prussiates, en regardant ce changement non
pas comme une invention nouvelle, mais bien
encore comme une simple substitution; il s'exprime ainsi :

« A. *Argentage.* — Rien n'étant changé aux
« prescriptions données en nos précédents bre-
« vets pour l'emploi de la pile, on peut opérer
« (en outre des liqueurs désignées en ces brevets)
« avec les dissolutions suivantes qui ont pour
« avantage principal de pouvoir se préparer à
« l'instant même, sans aucune dépense de com-
« bustible, avantage précieux dans une exploita-
« tion étendue.

« Les nouvelles préparations sont les sui-
« vantes :

« 1° Prenez 100 parties d'eau distillée conte-
« nant 10 parties d'hyposufilte de soude cristal-

« lisé, et faites-y dissoudre une partie de chlo-
« rure d'argent sec;

« 2° Prenez eau distillée 100 parties ; faites-y
« dissoudre d'abord 10 parties d'hyposulfite de
« soude, puis une partie de phosphate d'argent
« sec ;

« 3° Prenez eau distillée 100 parties ; faites-y
« dissoudre 11 parties d'hyposulfite de soude cris-
« tallisé ; dissolvez dans cette liqueur 3 quarts de
« partie de carbonate d'argent sec ;

« 6° Dissolvez dans 100 parties d'eau distillée
« 11 parties d'hyposulfite de soude cristallisé ;
« faites dissoudre dans cette liqueur 3 quarts de
« partie de tartrate d'argent sec ;

« 4° Dissolvez dans 100 parties d'eau distillée
« 11 parties d'hyposulfite de soude cristallisé ;
« dissolvez dans cette liqueur 3 quarts de par-
« tie d'oxyde d'argent sec ;

« 5° Dissolvez dans 100 parties d'eau distillée
« 11 parties d'hyposulfite de soude cristallisé,
« puis dissolvez dans cette liqueur 3 quarts de
« partie d'oxalate d'argent sec.

« Opérez, à l'aide de la pile, sur toutes ces li-
« queurs, selon nos précédentes prescriptions et
« à une température de 20 à 25 degrés centi-
« grades

« *Nota.* — Dans les préparations d'argent ci-
« dessus indiquées, l'hyposulfite de soude peut
« être remplacé par les hyposulfites de potasse,

« de chaux et de baryte, de strontiane; mais ce-
« lui de soude est de tous le plus économique,
« par suite de la circonstance heureuse de son
« emploi pour le daguerréotype, qui a fait en-
« treprendre pour le commerce des produits chi-
« miques la fabrication de ce sel. »

Au moment où M. Dumas a fait son Rapport
à l'Académie des sciences, le 29 novembre
1841, M. de Ruolz semblait avoir définitivement
jeté son dévolu sur son cyanoferrure, ses hyposulfites, ses sulfures; M. Dumas dit, en effet:
« Les chimistes seront même étonnés, à enten-
« dre tous les procédés, que ce dernier de tous,
« celui qui repose sur l'emploi des sulfures, soit
« le plus convenable, et qu'appliqué à dorer des
« métaux, tels que le bronze et le laiton, dont on
« connaît la sensibilité en ce qui concerne la sul-
« furation, il réussisse à merveille et en donnant
« la dorure la plus belle et la plus pure de
« ton ». Malgré cette affirmation de M. Dumas,
M. de Ruolz trouve encore fort bon de décrire
de nouveau l'emploi du cyanure simple dans son
sixième brevet d'addition demandé le 4 février
1842 et délivré le 12 avril suivant.

« Sans rien changer, dit-il, à nos prescriptions
« précédemment données pour l'emploi de la pile
« à courant constant, et pour les proportions à
« garder entre la force du courant et l'étendue de
« la surface que présentent les objets ou la col-

« lection des objets à recouvrir du métal contenu
« dans la dissolution sur laquelle on opère, on
« peut employer, en outre des dissolutions dé-
« crites dans les précédents brevets, les liqueurs
« suivantes :

« A. *Pour le dorage.*—Prenez eau distillée 150
« parties, faites-y dissoudre : cyanure de potas-
« sium 24 parties, puis ajoutez chlorure d'or sec
« 1 partie. Il se forme immédiatement du chlorure
« de potassium et du cyanure d'or, qui se dissout
« dans l'excès de chlorure de potassium par la
« digestion à une douce chaleur. Ce procédé n'est
« qu'un moyen plus économique de produire la
« dissolution du cyanure d'or dans le cyanure
« de potassium, que nous avons déjà décrite. Le
« chlorure de potassium formé dans cette réac-
« tion ne nuit en rien au succès de l'opération. »

Chose remarquable, jusqu'à ce moment, pour
faire les bains de dorure, M. de Ruolz a toujours
pris le détour, savant peut-être, mais fort peu
industriel, à coup sûr, de combiner ou de l'oxyde
d'or, ou du cyanure d'or avec les prussiates. Il
comprend enfin que prendre tout bonnement du
chlorure d'or, sel par lequel il était obligé de passer avant d'arriver à ses autres composés, est le
procédé le plus simple. Mais aussi ce n'est plus un
dérivé du procédé de M. H. Elkington; c'est le procédé même, sans aucune espèce de changement.

N'avons-nous pas raison de dire que M. de

Ruolz n'a fait que de la fantasmagorie scientifique, tandis que M. H. Elkington, en inventeur
érieux et réel, a été droit au but?

Mais voici un fait qui prouvera encore mieux,
s'il est possible, que dans l'idée de M. de Ruolz, le
cyanure simple de potassium et le cyanoferrure
jaune de potassium s'équivalent et se remplacent. Dans son septième brevet d'addition, en
effet, il décrit la dissolution du sulfure d'or dans
le *cyanoferrure jaune*; puis, dans son neuvième
brevet, il invente la dissolution du même sulfure d'or dans le *cyanure simple*.

Nous mettons encore ici sous les yeux du lecteur tout ce qui, dans ces deux brevets, concerne
la dorure et l'argenture; nous n'avons pas voulu
abréger, afin que M. de Ruolz, dans cette histoire, fût constamment jugé par lui-même.

Le septième brevet, demandé le 7 mars 1842
et délivré le 18 juin suivant, s'exprime ainsi :

« On peut, en outre des diverses liqueurs dé-
« crites en nos précédents brevets pour la do-
« rure et l'argenture des métaux à l'aide de la
« pile, employer les dissolutions suivantes :

« *Pour le dorage.*— 1° Prenez : eau distillée, 100
« parties; faites-y dissoudre 10 parties d'iodure
« de potassium ; puis, dans cette liqueur, dissol-
« vez, à l'aide d'une douce chaleur, une partie
« d'iodure d'or.

« 2° Faites dissoudre, à la température de 100

« degrés centigrades, une demi-partie d'oxyde
« d'or préparé par la magnésie dans 200 parties
« d'eau de baryte marquant 3° du pèse-sel.

« 3° Faites dissoudre, à l'aide de l'ébullition, une
« demi-partie de sulfure d'or dans 150 parties
« d'eau contenant 20 parties d'hyposulfite de soude.

« 4° Faites dissoudre, à l'aide de la digestion
« à une douce chaleur, une partie de cyanure
« d'or dans 150 parties d'eau chargée de 15 par-
« ties d'hyposulfite de soude.

« *5° Faites dissoudre, à l'aide de*
« *l'ébullition, une partie de sulfure*
« *d'or dans* 100 *parties d'eau chargée*
« *de* 40 *parties de* ferrocyanure jaune
« de potassium. »

« *Pour l'argentage.* — 1° Faites bouillir, pen-
« dant une heure, une partie de borate d'argent
« dans 100 parties d'eau chargée de 15 parties
« de ferrocyanure jaune de potassium ; laissez
« refroidir ; remplacez l'eau évaporée ; filtrez.
« Gardez le résidu de la filtration pour joindre à
« une prochaine dissolution.

« 2° Procédez avec le chlorure d'argent comme
« nous venons de le dire pour le borate d'argent.

« Procédant avec toutes ces liqueurs à une tem-
« pérature de 20 à 25° centigr., rien n'étant changé
« à nos précédentes prescriptions, pour l'emploi
« de la pile à courant constant, d'un grand nombre

« d'éléments dont on réduit le nombre suivant
« l'étendue de la surface à dorer ou à argenter. »

On peut remarquer, en passant, dans ce brevet, comment M. de Ruolz, après avoir indiqué
que pour pratiquer l'argenture il faut combiner,
avec un prussiate de potasse, le cyanure d'argent, le carbonate d'argent, le ferrocyanure
d'argent, l'oxyde d'argent, le borate d'argent,
arrive enfin à dire que le chlorure d'argent,
c'est-à-dire le seul de tous ces composés que l'on
prépare industriellement et que M. R. Elkington a de suite indiqué, peut également être employé. Mais nous avons hâte de citer le neuvième
brevet d'addition demandé le **19 avril 1842** et
délivré le **26 septembre** suivant.

« B. *Pour l'argentage.*—Prenez : eau distillée,
« 100 parties ; faites-y dissoudre 10 parties de
« *cyanure de potassium ;* ajoutez et faites dis-
« soudre par la digestion à chaleur douce 1 par-
« tie d'iodure d'argent.

« C. Pour le dorage. — *Prenez : eau*
« *distillée, 100 parties ; faites-y dissou-*
« *dre 6 parties de* cyanure de potas-
« sium ; *ajoutez et faites dissoudre, par*
« *la digestion à une chaleur douce, un*
« *quart de partie de sulfure d'or.* »

En voyant combien il est évident que succes-

sivement M. de Ruolz brevète tous les équivalents des prussiates, soit pour la dorure, soit
pour l'argenture, on remarquera encore que, au
mois d'avril 1842, il brevète de nouveau, pour
l'argenture, le cyanure de potassium simple avec
l'iodure d'argent, le premier congénère du chlorure d'argent. Mais jusqu'au bout il en est ainsi,
c'est-à-dire tant qu'il s'occupe de dorure et d'argenture. Le cyanure de potassium n'est condamné
par M. de Ruolz qu'aujourd'hui, pour les besoins
de la plus mauvaise des causes. Ainsi dans son
quinzième brevet d'addition, demandé le 4 février
1843 et délivré le 15 mars suivant, il dit encore :

« *Autre bain pour la dorure galvanique à*
« *chaud.* — Prenez 78 grammes d'or fin laminé,
« faites-les dissoudre dans une eau régale com-
« posée de : acide nitrique pur, 250 grammes ;
« acide hydrochlorique pur, 250 grammes, et
« eau distillée, 78 grammes ; faites évaporer la
« solution jusqu'à réduction de moitié, puis ajou-
« tez : eau filtrée 1 décilitre 8304, et 1 k. 5872 de
« *cyanure de potassium* sec ; et enfin, avec pré-
« caution et par petites portions, 500 grammes
« d'acide sulfurique ordinaire du commerce ;
« faites chauffer pendant quarante-huit heures
« environ, à la température de 90 à 100° centi-
« grades, en maintenant le liquide au même ni-
« veau que l'eau bouillante, que vous y ajoutez
« en quantité équivalente à l'eau évaporée. Quand

« le bain n'exhalera plus l'odeur d'ammoniaque,
« l'opération terminée, ajoutez à la liqueur assez
« d'oxyde d'or pour qu'il y en ait toujours un
« excès en non dissolution au fond du bain, et
« employez pour pôle positif une lame de platine. »

Et dans son seizième et dernier brevet d'addition, demandé le 14 décembre 1844, et délivré le 2 avril 1845, il mélange le cyanure blanc et le cyanoferrure jaune ; il dit :

« *Dorure pour l'or moulu.* — Prenez 51 gram-
« mes d'or dissous dans six fois son poids d'eau
« régale, composée d'une partie d'acide nitri-
« que et de deux parties d'acide hydrochlori-
« que, évaporés jusqu'à disparition des vapeurs
« nitreuses ; ajoutez 1960 grammes de *cyanure*
« *de potassium* en solution, marquant 25° à l'aréo-
« mètre Baumé, plus 840 grammes de potasse
« caustique en solution filtrée marquant 35°, plus
« 36 litres d'une solution de *prussiate de potasse*
« *jaune* marquant 30°. Faire bouillir pendant
« deux heures ; la mixtion, après l'ébullition, doit
« marquer 35° Baumé.

« *Pour dorer mat sans cuivre.* — Prenez 31 gram-
« mes d'oxyammoniure d'or dissous dans un
« litre d'eau chargée de 250 grammes de *cyanure*
« *de potassium* sec ; ajoutez 4 litres et demi
« d'une solution de *prussiate jaune,* marquant
« 30° ; faites bouillir une demi-heure. On peut
« agir à froid ou à chaud. »

Mais ici deux objections pourraient être faites. Nous voulons à l'avance y donner réponse. On dira peut-être que les brevets, à partir du septième (7 mars 1842), ont été demandés par MM. Ch. Christofle et Cie. Pourquoi avons-nous pris des brevets d'addition au brevet Ruolz, dont nous proclamons le peu de valeur?

À cela, nous dirons :

La loi sur les brevets d'invention veut que l'inventeur tienne constamment le domaine public, qui héritera postérieurement de l'invention, au courant des progrès de l'industrie brevetée. Pour obéir à cette obligation, la Société Ch. Christofle et Cie devait laisser l'homme qui s'était chargé, par conventions commerciales, de faire progresser l'industrie nouvelle de la dorure et de l'argenture, complétement libre de marcher dans la voie qu'il avait choisie. La Société Christofle remplissait loyalement ses devoirs envers tous, en laissant l'inventeur décrire des perfectionnements dont elle n'était pas juge, dans des brevets qui tombaient plus tôt dans le domaine public que ceux sur lesquels elle basait son droit à une propriété exclusive. Elle eût peut-être laissé entamer son droit général et absolu, en admettant les mille formules de M. de Ruolz comme annexes des brevets Elkington ; elle ne l'altérait en aucune façon en laissant les brevets de Ruolz s'accroître en nombre, car elle pouvait espérer que peut-être leur qualité y gagnerait par hasard, si M. de Ruolz arrivait un jour à réellement découvrir quelque chose. Un perfectionnement vrai, dû à M. de Ruolz, n'étant cependant qu'un perfectionnement à *l'invention mère* de MM. Elkington, nul n'aurait eu le droit de s'en servir avant le jour où les brevets Elkington seraient arrivés à leur terme.

En second lieu, M. de Ruolz s'écriera peut-être : Mais tous ces brevets où on réclame l'usage des cyanures simples, après que j'ai parlé du prussiate jaune, ne sont pas en mon nom. Je ne les connais pas ; je les renvoie à M. Chappée ou à MM. Ch. Christofle et Cie. Nous ne répondrons pas seulement que la spécification en a été toujours écrite entièrement de sa main ; nous dirons qu'il a hautement réclamé l'honneur de tous ces brevets dans un Mémoire qu'il a fait imprimer en réponse à des attaques de M. Perrot.

Dans ce Mémoire, il présente le tableau suivant du nombre des dissolutions qu'il a brevetées.

Dorage.	22 préparations.
Argentage.	19
Platinage.	5
Cuivrage.	7
Nickelage	3
Cobaltisage.	3
Étamage.	1
A reporter. . .	60

56

Report. . . 60

Plombage. 1
Zincage.. 9
Palladiage. 3
Bronzage. 1

Total. 74

Nous reproduisons plus loin (Document n° 2) le résumé qu'il en fournit lui-même, et nous demandons à tous ceux qui voudront bien y jeter les yeux, si ce n'est pas la plus éclatante démonstration de ce fait, que l'invention de la dorure et de l'argenture électro-chimiques consiste dans la combinaison d'un sel d'or ou d'argent avec un sel alcalin, de potassium ou de sodium, et que l'on peut substituer les uns aux autres, d'un côté divers sels d'or ou d'argent, et d'un autre côté divers sels alcalins, en prenant pour point de départ, pour type, la combinaison obtenue par le mélange du chlorure d'or ou du chlorure d'argent avec le cyanure de potassium. M. de Ruolz s'écrie, dans un des passages de son dernier factum (Document n° 15), avec l'enthousiasme que lui suggère sa *modestie* habituelle : « Qu'on compare mes brevets à ceux d'Elkington, « et on verra quel est l'inventeur sérieux! » Cette comparaison est faite maintenant, et nous sommes certains qu'il est démontré que M. de Ruolz n'est qu'un plagiaire.

En nous permettant de faire cette démonstra-

tion sur ses brevets, avec ses propres écrits,
M. de Ruolz s'est fait ainsi notre *auxiliaire*,
exactement comme M. Perrot ou comme M. Roseleur ont été nos *auxiliaires* quand ils ont été
conduits à discuter les faits que nous examinons.
Cette réflexion est la seule réponse que mérite
l'espèce d'insinuation que M. de Ruolz a ima-
ginée sur ce point. Est-ce à nous qu'il faut se
plaindre de ce que M. Perrot fut concurrent de
M. de Ruolz pour le prix relatif aux arts insalubres, de la fondation de M. Montyon, décerné
par l'Académie des sciences? Etablissons bien la
vérité à cet égard.

Après la publication du Rapport de M. Dumas
(29 novembre 1841,) l'Académie n'a pas immédiatement décerné le prix. La décision suivante
a été publiée le 28 décembre 1841.

« La commission des arts insalubres est d'avis,
« à l'unanimité, de renvoyer au concours pro-
« chain, en réservant leurs droits respectifs :

« M. le professeur de La Rive, pour l'applica-
« tion de la pile à la dorure des métaux ;

« M. Elkington, pour ses moyens de dorure par
« la voie humide.

« Elle pense que les résultats obtenus par ces
« physiciens devront être comparés à ceux que,
« de son côté, a obtenus *plus récemment* M. de
« Ruolz. »

Puis, le 6 juin 1842, la Commission a proposé

les conclusions suivantes, adoptées par l'Académie en comité secret, et lues en séance publique le 19 décembre suivant :

« 1° Prix de 3,000 fr. à M. de La Rive, profes-
« seur de physique à Genève, pour avoir, le pre-
« mier, appliqué les forces électriques à la dorure
« des métaux, et en particulier du bronze, du
« laiton et du cuivre.

« 2° Prix de 6,000 fr. à M. Elkington, pour
« la découverte de son procédé de dorure par
« voie humide, et pour la découverte de ses
« procédés relatifs à la dorure galvanique et à
« l'application de l'argent sur les métaux.

« 3° Prix de 6,000 fr. à M. de Ruolz pour la
« découverte et l'application industrielle d'un
« grand nombre de moyens propres, soit à do-
« rer les métaux, soit à les argenter, soit à les
« platiner, soit enfin à déterminer la précipita-
« tion économique des métaux les uns sur les
« autres, par l'action de la pile.

« Relativement aux autres concurrents, la
« Commission propose d'ajourner toute décision,
« faute de renseignements propres à établir une
application suffisante, par l'industrie, de leurs
« procédés ou produits. »

C'est contre cette dernière conclusion, qui l'excluait du concours, que M. Perrot a vivement réclamé. Il a prétendu prouver qu'on lui devait une récompense, au moins à autant de titres qu'à M. de Ruolz, qui, pour l'argenture et pour la dorure, avait tout simplement développé la formule inventée par MM. Elkington, reconnue antérieure dans le jugement académique.

Quant à M. Roseleur, il avait la prétention de vouloir faire regarder la dorure ou l'argenture dans des bains obtenus par la combinaison des pyrophosphates ou des sulfites de potasse ou de soude avec les sels d'or et d'argent comme une invention en dehors de celle de M. R. Elkington. Il appuyait même son raisonnement sur l'existence des brevets de M. de Ruolz dont nous étions propriétaire; il disait : Puisque M. de Ruolz a pu valablement breveter tant de dissolutions de sels d'or ou d'argent dans des sels alcalins, pourquoi ne pourrais-je pas breveter à mon tour et exploiter quelques-uns de ces sels alcalins, oubliés par M. de Ruolz? En réponse à cette objection, nous avons déclaré que nous ne regardions les indications fournies par ce dernier que comme une conséquence des brevets de MM. Elkington. En voyant que nous le poursuivions comme contrefacteur des brevets Elkington seulement, M. Roseleur a prétendu prouver alors que, quant à son invention à lui, elle était supérieure à tout ce qu'avait pu faire M. de Ruolz, qu'ainsi nos arguments tombaient à faux; que la nullité des brevets de Ruolz n'entraînerait pas la nullité des brevets Roseleur. M. Roseleur a succombé dans le procès ; il a été condamné, comme contrefacteur de MM. Elkington, à une amende considérable (*voir* Document n° 11). C'est cependant là un auxiliaire que M. de Ruolz suppose que nous nous sommes donné, et en conséquence il consacre huit pages de réponse à l'argumentation de notre ancien adversaire. Nouvelle preuve que M. de Ruolz sait bien qu'il n'a rien inventé. Il fait des efforts inouïs pour ne pas être confondu avec les contrefacteurs de MM. Elkington, parmi lesquels il sent que désormais la justice et l'histoire le placeront.

Mais M. de Ruolz va fournir lui-même, de sa propre main, le témoignage d'actes certains de contrefaçon. Il prétend aujourd'hui qu'à MM. Elkington appartient l'emploi du prussiate ou cyanure simple; qu'à lui, de Ruolz, revient l'usage du prussiate ou cyanoferrure jaune. Eh bien ! en vertu de ses engagements envers ses cessionnaires (*voir* Document n° 5), M. de Ruolz a tenu, à partir du milieu de février 1842, la comptabilité exacte de la composition des bains de dorure, d'argenture et de platinage, employés dans nos ateliers avant notre résolution de nous associer aussi avec MM. Elkington, jusqu'au moment où cette association a été accomplie. En parcourant cette comptabilité entièrement écrite de sa main (*voir* Document n° 3), on reconnaît que M. de Ruolz a fait alternativement

usage des deux prussiates ; d'où il résulte bien
que les avantages qu'il attribue aujourd'hui au
prussiate jaune ne sont qu'une simple affirmation créée pour les besoins de la cause et con-
tredite par les faits.

Ainsi, *pour la dorure*, M. de Ruolz fait usage
du prussiate jaune de potasse, les 20 février, 9
mars, 4, 5, 16, 25 avril, 3, 5, 7, 9, 14 mai.

Mais il se sert de prussiate simple les 13, 20,
27, 30 avril, 5, 6, 7, 14, 20, 27 mai et 2 juin.

Pour l'argenture, il emploie le prussiate
jaune les 14 février, 3, 13, 29 mars, 4, 19 avril,
2, 11, 12 mai; il se sert du prussiate simple ou
cyanure de potassium les 6 et 30 mai.

Ainsi, M. de Ruolz se servait, sans y avoir aucun droit, et en s'exposant à la vindicte des Tribunaux correctionnels, d'un procédé qui ne lui
appartenait pas. C'est pour faire cesser une pareille situation que nous ne pouvions endurer
dans des ateliers où la loyauté avait toujours été
en honneur que nous avons résolu de nous associer avec MM. Elkington (*V.* Docum. n°s 6, 7, 8 et 9).

Maintenant si, dans toute la discussion à laquelle nous nous sommes livré, nous n'avons
pas parlé du platinage, dont M. de Ruolz a voulu
faire grand bruit, c'est qu'il n'en a jamais été
question industriellement. En voici encore la
preuve de la main même de notre adversaire. A
la suite d'un commencement de comptabilité rela-

tive au platinage, il a écrit ces mots : « Ces dépen-
« ses ont été reportées et le seront à l'avenir au
« livre des expériences, jusqu'au moment où le
« platine entrera en grande fabrication. » Jamais
le platinage, non plus que la plupart des autres
dépôts métalliques, brevetés par M. de Ruolz,
n'ont été employés; à ce point de vue encore,
il n'a pas rendu à l'industrie les services dont
il se vante. Il n'a pas réellement mérité le prix
qui lui a été décerné pour l'application industrielle de moyens propres à déterminer par
la pile la précipitation des métaux les uns sur
les autres; car aucun des moyens par lui brevetés pour la dorure et l'argenture, et qui ne constituent que des additions aux inventions de
MM. Elkington, n'est aujourd'hui en usage, et
l'on sait que le prix Montyon n'est destiné, d'a-
près les intentions du fondateur, qu'à des procédés industriels justifiés par l'expérience d'une
pratique industrielle définitive.

M. de Ruolz ne s'est pas contenté du prix que
lui avait donné l'Académie des sciences de Paris,
et qu'il n'a obtenu que grâce à des erreurs tout
à fait dévoilées aujourd'hui ; il a trouvé encore un
argument en sa faveur (Document n° 16) dans l'approbation donnée par M. Jacobi, de l'Académie
de Saint-Pétersbourg, à M. Briant. M. de Ruolz
prétend que M. Briant, ayant été couronné par
l'académie de Russie pour avoir employé le prus-

siate jaune de potasse, cette couronne lui revient de droit à lui de Ruolz, sans faire attention que M. Jacobi n'a proposé de récompenser M. Briant que pour l'introduction en Russie des nouveaux procédés de dorure dus à **M. H. Elkington**, à qui M. Jacobi rend la plus complète justice. M. Briant a fait quelques modifications à la manière de procéder de **M. H. Elkington**, mais cela ne change rien au mérite et aux droits de ce dernier, que M. Jacobi proclame d'ailleurs tout à fait supérieur à ceux de M. de Ruolz. Mais M. de Ruolz n'hésite pas à s'attribuer les éloges qui sont adressés à M. H. Elkington. C'est toujours la fable du Geai qui se pare des plumes du Paon.

Nous terminerons ce chapitre par un mot : admettons qu'il soit possible de regarder comme vrai que M. de Ruolz ait apporté une addition, un perfectionnement à l'argenture ou à la dorure électro-chimiques basées sur l'emploi du cyanure simple de potassium, en indiquant un grand nombre de dissolutions alcalines de sels doubles, d'or ou d'argent, et de potassium ou de sodium. Cette addition ou ce perfectionnement n'a été donné par lui, à dater de son brevet du 27 septembre 1841, que comme substitution aux liqueurs composées de cyanure simple et désignées dans ses brevets du 17 juin et du 27 août précédents. Or, MM. Elkington ont au moins inventé l'emploi de ce cyanure simple. M. de Ruolz a daigné en renouveler l'aveu à plusieurs reprises. Comment se ferait-il donc qu'une addition ou qu'un perfectionnement à une invention brevetée par M. de Ruolz cessât d'être une addition ou un perfectionnement à la même invention, brevetée plus de huit mois auparavant par MM. Elkington?

Au point de vue scientifique, au point de vue industriel, les brevets de M. de Ruolz ne sont donc que des annexes aux brevets de MM. Elkington. Nous allons reconnaître qu'au point de vue commercial, il en est encore de même, car M. de Ruolz a, par des actes authentiques, reconnu qu'il avait besoin du consentement de MM. Elkington pour se livrer à l'argenture et à la dorure électro-chimiques.

III

SITUATION DE M. DE RUOLZ VIS-A-VIS DE MM. ELKINGTON.

Armés des brevets de quinze ans de MM. Elkington, nous venons dire aujourd'hui à tous ceux qui, sous le prétexte de l'expiration des brevets de dix ans de M. de Ruolz, prétendraient pouvoir se servir des spécifications de ce dernier : « Qu'importe que les brevets de M. de Ruolz soient tombés dans le domaine public? Puisque ces brevets encore existants ne donnaient aucun droit à leur auteur, ils ne peuvent rien valoir pour le public, maintenant qu'ils sont périmés. M. de Ruolz était contrefacteur de MM. Elkington. Ceux qui se serviront des spécifications de M. de Ruolz, tant que les brevets de MM. Elkington ne seront pas arrivés au terme de leur durée, devront être condamnés comme contrefacteurs. »

Cette thèse, que nous soutenons en 1851 contre M. de Ruolz, nous l'avons soutenue et développée devant MM. Barral, Chevallier et Henry, experts désignés en 1847 par le Tribunal de première instance, lors du procès Roseleur.

MM. Barral, Chevallier et Henry ont ainsi résumé nos dires dans leur Rapport si complet et si lumineux (page 306).

« MM. Charles Christofle et compagnie, cessionnaires des brevets Elkington et des brevets de Ruolz, soutiennent que les premiers brevets, antérieurs à ceux de M. de Ruolz comme à ceux de M. Roseleur, et à toutes les prétendues inventions faites par d'autres chimistes ou industriels qui les ont fait breveter, ou les ont mises dans le domaine public, par MM. Smée, Bœttger, Elsner, etc.; que les premiers brevets, disons-nous, contiennent intégralement l'invention fondamentale qui fait la base de l'industrie qu'ils exploitent; ils soutiennent que toutes les inventions postérieures faites par de Ruolz, Smée, Bœttger, Elsner. Roseleur et autres, ne sont que des perfectionnements, des additions, des développements qui dérivent de l'invention fondamentale faite par MM. Elkington, et qui, aux termes de la loi, ne sauraient conférer à leurs auteurs le droit d'exploiter ces perfectionnements ou additions parce que ce serait aussi exploiter l'invention pour laquelle les plaignants sont brevetés antérieurement, et par conséquent contrefaire. Quand les brevets Elkington seront dans le domaine public, ajoutent-ils, les inventeurs secondaires auront le droit d'exploiter exclusi-

« vement leurs divers perfectionnements jusqu'à
« l'expiration de leurs brevets respectifs.

« Pour prouver cette thèse, les plaignants
« commencent par repousser cette objection
« qu'on pourrait leur faire : Pourquoi avez-vous
« acheté les brevets de M. de Ruolz? Et ils pen-
« sent que leur réponse fait leur force vis-à-vis
« de M. Roseleur. En effet, disent-ils, nous nous
« étions d'abord rendus cessionnaires des bre-
« vets de M. de Ruolz, ne connaissant pas les
« droits de MM. Elkington; mais dès que ce der-
« nier a réclamé, nous avons reconnu qu'il avait
« raison; et afin de pouvoir continuer d'exploi-
« ter notre industrie, nous nous sommes associés
« avec MM. Elkington. M. Roseleur devait en faire
« autant pour avoir le droit d'exploiter ou de
« faire exploiter soit la dorure, soit l'argenture,
« par des procédés simplement chimiques, ou
« bien par les procédés galvaniques. La preuve
« apportée par les plaignants que c'est là la vé-
« rité, et que leur système n'est point imaginé
« pour les besoins de la cause, c'est d'abord que
« l'association avec MM. Elkington a suivi l'asso-
« ciation avec M. de Ruolz; c'est ensuite une
« lettre timbrée de la poste, écrite par un ami de
« M. de Ruolz, et d'où il ressort que M. Christo-
« fle, dès 1842, avait soutenu ces principes. »

Dans cette lettre que nous reproduisons plus
loin (Document n° 8), il est rapporté, en effet, que

nous avons dit au commencement de mai 1842 :
« Les brevets de Ruolz ne sont qu'une sorte de
« transformation de ceux de M. Elkington; si
« j'étais juge, je donnerais raison à Elkington. »

M. R. Elkington réclamait vivement à cette
époque, comme M. Truffaut avait déjà réclamé
en son nom auprès de l'Académie des sciences le
11 décembre 1841 (*voir* Document n° 1, déjà cité).
Pour M. R. Elkington dont nous ne connaissions
pas les droits lorsque nous nous étions associés
à MM. Chappée et de Ruolz, ce dernier n'était
qu'un contrefacteur, qu'il se disposait à poursuivre dès février 1842; nous en donnons la preuve
par la lettre reproduite plus loin (Document n° 9)
qu'il écrivait à M. Trélon, honorable négociant
à Paris, intermédiaire de l'arrangement conclu
entre nous et MM. Elkington ; car, comme on le
pense bien, nous n'eussions pas voulu suivre
M. de Ruolz sur les bancs de la police correctionnelle, où il eût été, selon nous, très justement
traduit. M. R. Elkington constate dans cette lettre
que « pendant huit mois M. de Ruolz a pu con-
« sulter ses brevets au ministère du commerce à
« Paris; que des lectures en ont été faites plu-
« sieurs fois en Angleterre ; qu'il en a été parlé
« dans les divers écrits périodiques qui circulent
« à Paris. » Cette lettre prouve aussi que M. de
Ruolz voulait échapper aux conséquences de sa
position de contrefacteur, en menaçant de faire

tomber les brevets de M. R. Elkington dans le domaine public pour défaut de description ; ce à quoi M. R. Elkington a répondu : « Dans ce cas, « les vôtres ne vaudraient pas un schelling, car « mon invention pourrait être exploitée par tout « le monde. »

M. de Ruolz a reconnu que les prétentions de MM. Elkington étaient fondées. En effet, d'après les arrangements qui avaient été pris entre nous et M. Chappée, le 15 février 1842, pour les bénéfices de la dorure et de l'argenture électro-chimiques, il était attribué 50 p. 100 à ce dernier ; mais il est prouvé par l'acte conclu entre MM. Chappée et de Ruolz et les créanciers de ce dernier (Document n° 4), que la moitié des 50 p. 100, soit 25 p. 100, appartenaient à M. de Ruolz. Cette conséquence est devenue authentique par une sentence arbitrale du 13 mai 1845. (*Voir*, dans les Documents n°ˢ 6 et 7, la citation de cette sentence déclarant que M. de Ruolz est propriétaire de moitié de tous les bénéfices et avantages éventuels réservés dans l'acte du 15 février 1842.) Eh bien ! M. Chappée et M. de Ruolz ont abandonné 12,5 p. 100 sur les bénéfices totaux de notre exploitation ; nous en avons abandonné autant, et MM. Elkington ont ainsi, moyennant 25 p. 100 dans nos bénéfices, renoncé à leurs poursuites. (*Voir*, Document n° 5, l'approbation donnée par M. Chappée à notre arrangement

avec MM. Elkington.) M. de Ruolz a donc parfaitement reconnu en fait, dès le mois de juin
1842, que la dorure et l'argenture électro-chimiques avaient été inventées par MM. Elkington.
Et, en 1845, lorsque nous avons voulu nous séparer de lui, en payant au prix de 150,000 fr.
(Documents n°s 6 et 7) la rupture des liens
commerciaux que nous avions contractés avec
MM. Chappée et de Ruolz, ce dernier a pris l'engagement suivant (Article 3e de l'acte formant le
Document n° 6) : « M. de Ruolz s'interdit expres-
« sément, et sous peine de tous dépens, dom-
« mages et intérêts, de s'occuper en France et
« dans les États de la Grande-Bretagne, soit *di-*
« *rectement*, soit *indirectement*, de l'exploita-
« tion des procédés brevetés, ou de tous autres
« procédés analogues au dépôt des métaux les
« uns sur les autres, avant l'expiration du der-
« nier brevet de M. Elkington à ce sujet; mais
« il se réserve la faculté d'en faire usage dans
« tous autres pays. »

En présence de cet engagement formel, M. de
Ruolz a écrit à l'Assemblée nationale, le 15 novembre 1850 (Document n° 12) : « Au 1er janvier
« prochain il s'instruira un procès entre M. Chris-
« tofle d'une part, et, de l'autre, toute l'industrie
« *avec moi pour auxiliaire.* »

Cette menace est aujourd'hui réalisée par les
attaques de M. de Ruolz contenues dans sa lettre

à des fabricants de Paris (Document n° 13), par la brochure de M. Sainte-Preuve (Document n° 15), par celle qu'il a publiée lui-même (Document n° 16), par son intervention enfin dans les procès que nous soutenons actuellement contre de nombreux contrefacteurs. Mais le Tribunal fera bonne justice de prétentions injustifiables. Tout le monde se rangera à l'avis des experts dans le procès Roseleur. MM. Barral, Chevallier et Henry se sont exprimés dans les termes suivants (page 325 de leur Rapport) : « Nous ne « pouvons admettre que les brevets de M. de Ruolz « soient invoqués contre ceux de M. Elkington « *qui est venu le premier et qui a fait l'invention* « *industrielle fondamentale dont nous nous occu-* « *pons.* »

Plus loin, dans les conclusions de ce Rapport (page 368), les mêmes experts ont dit :

« Les brevets étant pris les uns au nom de «M. Elkington, les autres au nom de M. de « Ruolz, mais ceux-ci postérieurement aux premiers, et d'ailleurs, attendu qu'il est établi « que les sieurs Charles Christofle et Cⁱᵉ ont « acheté d'abord les brevets de Ruolz, et en- « suite les brevets Elkington, *afin d'éviter le* « *reproche de contrefaçon qu'Elkington eût été* « *en droit de leur adresser, le prévenu ne saurait* « *être admis à invoquer contre les brevets d'El-* « *kington les termes des brevets de Ruolz.* »

Aujourd'hui la Société Ch. Christofle et Cie ne fait que demander la légitime jouissance des brevets Elkington qu'elle a acquis en d'autres temps, afin de pouvoir loyalement continuer la fabrication qu'elle a créée en France. Avec les brevets Ruolz seuls, elle n'eût pu ni se défendre contre les nombreux contrefacteurs qu'elle a été obligée de poursuivre, ni même exister. En effet, ou bien d'une part MM. Elkington eussent fait fermer nos ateliers comme n'agissant que par l'application de leurs procédés plus ou moins modifiés; ou bien, d'autre part, les fabricants que nous avons fait condamner comme contrefacteurs eussent été renvoyés absous par les Tribunaux, si on avait admis M. de Ruolz comme inventeur de premier jet, car M. Roseleur et d'autres sont inventeurs au même titre que lui.

Que l'on suppose pour un instant que les brevets Elkington n'aient eu que dix ans de durée, qu'ils soient aujourd'hui périmés, et que les brevets de Ruolz, postérieurs aux premiers, aient eu quinze ans d'existence, et soient encore debout, la Société Charles Christofle et Cie *ne serait-elle pas complétement impuissante à empêcher qu'on se servît aujourd'hui des cyanures ou prussiates et autres sels alcalins pour l'argenture et la dorure électro-chimiques ? Elle devrait subir en silence la position que les faits lui eussent donnée.* En conséquence, elle ne saurait admettre, et nul homme juste ne l'admettra non plus, qu'entre les mains du domaine public, les brevets de Ruolz aient la vertu de créer un droit qui ne leur a jamais été inhérent.

Comment pourrait-on maintenant, parce que les brevets de Ruolz sont tombés dans le domaine public, prétendre avoir un droit que ces brevets ne donnaient pas à ses possesseurs primitifs? Quand même, encore une fois, les brevets de Ruolz contiendraient des perfectionnements à l'invention de MM. Elkington, ces perfectionnements ne sauraient être employés que de notre consentement, car c'est ainsi que le veut la loi, qui a réservé les droits de l'inventeur primitif.

Cette conséquence a reçu une haute consécration par l'arrêt de la Cour d'appel de Paris dans l'affaire Roseleur. (Document n° 11.) Si le Tribunal de première instance a visé l'indication de l'argenture à l'aide des hyposulfites brevetés de M. de Ruolz, pour condamner l'emploi des sulfites par Roseleur, la Cour a eu soin de déclarer que toutes les substances autres que celles nominativement indiquées par MM. Elkington, ne sont que des *équivalents dont la base est la même, et qui n'ont pour objet que de masquer la contrefaçon.* Cet arrêt s'applique, sans y changer d'autre mot que le nom de Roseleur en celui de Ruolz, à toutes les prétentions de M. de Ruolz.

IV

CONCLUSION.

Nous concluons en disant qu'il est établi que
M. de Ruolz, arrivé longtemps après MM. Elkington, a reconnu par la signature de son associé, M. Chappée, et par son adhésion authentique à tout ce qu'a fait ce dernier, qu'il était
le contrefacteur de MM. Elkington. Il nous a
forcé de le démontrer publiquement en commet-
tant une audacieuse violation de tous ses traités.
Aussi, tout le monde proclamera aujourd'hui
que par trop de condescendance on lui a laissé
prendre place à côté de MM. Henri et Richard
Elkington. L'honneur des Sociétés savantes et
du Gouvernement n'est point, après tout, attaché
à la consécration d'une usurpation flagrante. Dorénavant le nom de M. de Ruolz ne rappellera
plus que l'idée de contrefaçon. Il disparaîtra de
la liste glorieuse des inventeurs, pour figurer
dans la triste histoire des plagiaires.

RÉSUMÉ.

En résumé,

1° M. de Ruolz a laissé dire et croire que son invention était contemporaine de celle de MM. Elkington.

Il le dit encore dans le Mémoire qu'il vient de publier contre nous (Document n° 16), et il l'a laissé dire dans le Rapport de M. Dumas à l'Académie des sciences. (Voir précédemment, p. 16 de cette histoire.)

Mais les documents authentiques, que nous avons fait connaître, montrent que l'invention de M. Elkington est du 29 septembre 1840, et que ce n'est qu'à la date du 17 juin 1841 que pour la première fois M. de Ruolz a parlé de l'emploi des CYANURES ou prussiates.

2° M. de Ruolz prétend que c'est sans son concours d'aucune sorte et dans un intérêt tout personnel que nous avons jugé convenable d'acheter les brevets de deux industriels anglais, de MM. Henri et Richard Elkington, espérant ainsi nous donner cinq années de jouissance de plus.

Documents Nos 13 et 16.

Document N° 8. Il ressort cependant de la lettre adressée par M. Mathieu, à la date de mai 1842;

Document N° 1. De la lettre de M. Truffaut à l'Académie des sciences;

Document N° 9. De la lettre de M. R. Elkington à M. Trélon;

Document N° 5. De la lettre de M. Chappée, associé de M. de Ruolz;

Document N° 4. Du traité fait par M. de Ruolz avec ses créanciers et avec M. Chappée;

Documents Nos 6 et 7. Des deux actes par lesquels nous avons racheté les parts de bénéfices alloués à MM. Chappée et de Ruolz;

Que MM. Elkington ont réclamé très énergiquement leurs droits;

Que MM. Elkington n'eussent point permis une exploitation rivale sans intenter un procès en contrefaçon;

Que, à la date du 4 mai 1842, nous avons à notre tour manifesté très énergiquement notre opinion, en nous exprimant ainsi : « Si j'étais « juge, je donnerais raison à Elkington »;

Que le traité fait avec MM. Elkington n'a pas été passé à l'insu de M. de Ruolz, mais bien qu'il n'a pu être conclu que du consentement de M. de Ruolz, puisque ce traité accordait à MM. Elkington 25 p. 100 dans les bénéfices de notre fabrication, sur lesquels 12, 5 p. 100 devaient être fournis par MM. de Ruolz et Chappée, par portions égales;

Que M. de Ruolz était l'associé de M. Chappée, bien que tous les actes ne fussent faits qu'au nom de Chappée, et que cette association se révèle par les documents précités et notamment par l'acte de M. de Ruolz avec ses créanciers et par l'acte de vente qu'il a conclu avec nous.

Documents
N°s 4 et 7.

5° M. de Ruolz, dans sa circulaire du 15 mars 1851, prétend aussi que : Document N° 13.

« M. Christofle a vécu dans la plus grande
« hostilité avec lui, de Ruolz, depuis 1842, épo-
« que à laquelle, dans le but de se procurer un
« monopole de cinq ans de plus, il a fait alliance
« avec MM. Elkington. »

Eh bien! les lettres de M. de Ruolz démontrent jusqu'à l'évidence que, loin de faire aucun acte d'hostilité contre M. de Ruolz, nous avons été, au contraire, toujours bienveillant pour lui, et cette accusation de M. de Ruolz prouve, sans réplique possible, qu'il cherche à égarer l'opinion publique, aussi bien sur ses relations privées avec nous que sur ses relations d'affaires. Document N° 14.

Il est prouvé que M. de Ruolz a tiré un riche parti de ses brevets et de notre association, car il a touché, lui ou son cessionnaire et ses créanciers, la somme 179,099 francs. Document N° 10.

Nous ne comptons pas les décorations et

les médailles qu'il a obtenues, grâce à ce que nous avons placé son nom à côté de celui d'Elkington. M. de Ruolz a eu soin de faire lui-même l'énumération des honneurs qu'il a recueillis.

Document Nº 12.

4° M. de Ruolz prétend encore que ses brevets indiquent d'autres inventions en dehors des prussiates et des cyanures, lesquelles inventions n'auraient pas été nominativement indiquées par MM. Elkington.

Or, il résulte de l'examen de ses brevets, de l'examen du Rapport fait à l'Académie des sciences, de l'examen du livre de laboratoire qu'il a tenu dans notre établissement :

Que ce qu'il appelle aujourd'hui inventions ne sont considérées par lui, dans ses brevets, que comme des modifications ou des perfectionnements aux procédés précédemment décrits par lui ;

Document Nº 2.

Que ce n'est que pour le besoin de sa cause qu'il veut en faire aujourd'hui des inventions distinctes ;

Que si ces perfectionnements ou ces modifications avaient eu un caractère sérieux d'utilité, quand M. de Ruolz a été mis à même d'exploiter son invention, et dans son intérêt personnel et dans l'intérêt de ses associés, il n'eût pas manqué d'en faire l'application ;

Que cependant il résulte de l'examen du livre
de laboratoire tenu par lui, et par lui seul et de
sa main, livre dans lequel étaient relatées toutes
ses opérations de dorure, d'argenture et de platinage, que ces prétendus perfectionnements n'ont
jamais été employés par lui.

Ces prétendus perfectionnements consistent :

Pour la dorure, d'après le Rapport fait à l'A-
cadémie des sciences, dans l'emploi d'une solution composée de sulfure d'or dissous dans du
sulfure de potassium;

Pour l'argenture, d'après ses brevets et ses
prétentions actuelles, dans l'emploi de l'hyposulfite de soude.

Mais ces liqueurs n'ont jamais été non-seulement employées, mais encore essayées par lui
dans nos ateliers, où il s'était engagé à composer
tous les bains qui y seraient mis en usage, opération pour laquelle pleine et entière liberté lui a
toujours été laissée.

On trouve bien dans son livre de comptabilité
des solutions de sulfure d'or dissous dans du
prussiate de potasse; mais du sulfure de potassium, il n'est pas dit pas un seul mot, et de l'hyposulfite de soude, pas davantage.

5° M. de Ruolz soutient enfin que MM. Elkington n'ont voulu breveter que le prussiate simple,

Document N° 3.

Document N° 4.

Document N° 3.

Document n° 16. ou cyanure de potassium blanc. Il affirme que, pour lui, son invention consiste dans l'emploi du prussiate de potasse jaune ou ferrocyanure de potassium.

Or il est constant que ses brevets indiquent aussi bien le cyanure de potassium simple que les autres prussiates, et qu'avant d'arriver au prussiate jaune il a commencé par breveter uniquement le cyanure simple. En outre, par son livre de laboratoire, on voit qu'il emploie alternativement le prussiate jaune de potasse ou le cyanure de potassium blanc, pour la dorure et pour l'argenture.

De cet examen il ressort qu'après avoir indiqué quinze ou vingt combinaisons, M. de Ruolz arrive dans ses derniers brevets à conseiller tout simplement l'usage des substances et des proportions recommandées, de prime abord, par MM. Elkington, avec une généralité qui embrasse les nombreuses formules détaillées inutilement par M. de Ruolz.

DOCUMENTS.

Les documents que nous donnons ci-après constituent réellement l'histoire de la dorure et de l'argenture électro-chimiques. On peut les partager en cinq classes.

En premier lieu (Documents n°˙ 1, 2, 2 *bis* et 3), se trouvent les pièces qui résument authentiquement les travaux et les droits respectifs de MM. Henri et Richard Elkington et de M. de Ruolz.

Les documents 4, 5, 6, 7, 8, 9 et 10 donnent tous les détails des conventions commerciales qui ont eu lieu entre nous, MM. Elkington, M. de Ruolz, M. Chappée, son premier cessionnaire, et les créanciers de M. de Ruolz.

Par le document n. 11 on a l'arrêt le plus décisif d'entre tous les jugements qui sont intervenus dans les procès que nous avons dû soutenir contre de nombreux contrefacteurs. Pour réfuter les critiques nouvellement éditées par MM. de Ruolz et Sainte-Preuve contre les brevets de MM. Elkington, nous donnons aussi un extrait (Document n° 11 *bis*) de l'arrêt rendu dans l'affaire Bédier, Simon et consorts, arrêt repoussant toute demande en déchéance. Ces arrêts ont été confirmés par la Cour de cassation. Ils ont reçu la consécration de la magistrature la plus élevée de notre pays. Ils répondent au reproche singulier que l'on ose nous faire d'avoir lutté avec succès contre une contrefaçon infatigable. S'il nous a fallu faire faire en dix ans, chez des contrefacteurs, 287 saisies (Document n° 11 *ter*) que la justice a légitimées, est-ce bien nous qu'il faut accuser de rigueur pénibles sans doute, mais sans lesquelles nous courions à une ruine certaine, au lieu de fonder, en France, une grande industrie?

Les sept documents n⁰ˢ 12, 12 *bis*, 12 *ter*, 13, 14, 15 et 16 contiennent les attaques auxquelles M. de Ruolz s'est livré personnellement ou qu'il a fait publier contre nous. Nous avons voulu que toutes ces attaques fussent ici reproduites *in extenso*, afin qu'on prît une conviction en toute connaissance de cause. Si nous n'avions mis sous les yeux du lecteur que le Mémoire précédent, on eût pu faire des réserves sous prétexte qu'on n'avait point communication des raisons que l'on pouvait faire valoir en opposition aux faits que nous avons avancés. Les attaques de M. de Ruolz tiennent ici plus de place que notre réponse. Nous avons pensé que nous n'avions pas de meilleur moyen que leur publication pour triompher d'une trop audacieuse déloyauté.

Enfin nous avons placé à côté de l'opinion soutenue par MM. de Ruolz et Sainte-Preuve, sur l'invention de MM. Elkington, les avis émis par MM. Balard, Cahours, Frémy, Payen, Pelouze, Péligot (Documents n⁰ˢ 17 et 18). Ces savants, comme les experts que les Tribunaux ont chargés de prononcer dans nos procès, MM. Gay-Lussac, Darcet, Becquerel, Barral, Chevallier, Henry, Gaultier de Claubry (Document n⁰ 19), proclament que la nouvelle industrie de la dorure et de l'argenture électro-chimiques est due aux inventions de MM. Henri et Richard Elkington. Le document n⁰ 20 reproduit le Rapport de M. Dumas à l'Académie des sciences. Nous avons voulu compléter cette Histoire par une pièce dont quelques passages ont donné lieu à une controverse animée entre tous les auteurs qui se sont occupés de notre industrie.

COPIE DES OBSERVATIONS

ADRESSÉES AU NOM DE MM. ELKINGTON A L'ACADÉMIE DES SCIENCES,

SUR LE RAPPORT DE M. DUMAS,

DU 29 NOVEMBRE 1841.

Messieurs les président et membres composant l'Académie des sciences de l'Institut royal de France.

MESSIEURS,

Ce n'est que depuis deux jours que nous avons pu nous procurer le numéro du compte rendu de l'Académie dans lequel se trouve inséré le Rapport que M. Dumas lui a présenté, le 29 novembre dernier, au nom de la Commission des arts chimiques, sur les nouveaux procédés introduits dans l'art du doreur par MM. Elkington et de Ruolz.

A la première lecture de ce Rapport, nous avons remarqué plusieurs erreurs que nous soumettons à l'appréciation de l'Académie, dans la pensée où nous sommes qu'elle s'empressera de les rectifier, si elle reconnaît leur matérialité.

La Commission a divisé son travail en trois cha-. pitres.

Dans le premier, elle a présenté des considérations générales sur le danger de la dorure au mercure, et sur les résultats obtenus par **M. Elkington** au moyen de la dorure par la voie humide.

Dans le second, elle a rendu compte des procédés employés par le même auteur pour dorer les métaux à l'aide de la pile galvanique.

Dans le troisième, elle s'est longuement étendue sur les moyens et procédés pratiqués par **M.** de **Ruolz**, non-seulement pour dorer les métaux par la pile galvanique, mais encore sur l'argentage, le platinage, le cuivrage, le plombage, le zincage, etc., etc., des métaux tels que le fer, l'acier, le cuivre, etc., etc.

Pour l'intelligence de nos observations, nous croyons devoir soumettre à l'Académie des remarques essentielles sur chacun de ces chapitres.

Pour se rendre compte des avantages qui pouvaient résulter pour le commerce du procédé de dorure par la voie humide importé en France, en 1856, par **M. Elkington**, la Commission a cru devoir faire faire des expériences par MM. **Plu**, **Denière** et **Beaupray** sur la dorure des métaux au mercure, afin de connaître la qualité de la dorure au maximum et au minimum par ce procédé. Elle a également jugé convenable de faire faire des expériences par MM. **Bonnet** et **Villermet** sur le mode de dorage par la voie humide. Le Rapport indique aussi qu'il en a été fait par M. **Élambert**.

Il résulte de ces diverses expériences, dans l'opinion de la Commission, que « la meilleure dorure par la voie « humide ayant fixé 0^{gr},0422 d'or par décimètre carré, « et la plus pauvre au mercure en ayant pris 0^{gr},0428,

« ou voit que la dorure par voie humide arrive à peine,
« dans le cas le plus favorable, au degré d'épaisseur que
« la plus mauvaise dorure au mercure est obligée d'at-
« teindre. Ce sont donc deux industries distinctes : l'une
« ne peut pas remplacer l'autre. »

Si M. Dumas avait bien voulu prendre la peine de
nous consulter à cet égard, nous croyons qu'il nous eût
été facile de rectifier l'erreur dans laquelle la Commission est tombée. En effet, cette dorure au trempé, que
l'on compare à la plus mauvaise dorure au mercure,
lui est cependant supérieure par la beauté et l'éclat,
alors même qu'elle n'a reçu qu'une première couche ;
mais il est facile de donner aux objets des couches d'or
successives, de manière à atteindre et même à surpas-
ser la dorure au maximum par le mercure, ainsi que
l'Académie peut s'en convaincre par les échantillons
que nous avons l'honneur de soumettre à son appréciation.

L'observation que nous venons de faire nous paraît
assez importante pour appeler l'attention sur cette
partie du Rapport, afin que le public ne soit pas imbu
de l'idée fausse que la dorure par la voie humide est de
beaucoup inférieure à celle obtenue par les anciens procédés. L'Académie le sait beaucoup mieux que nous,
dans le commerce on fabrique des marchandises pour
toutes les bourses, et ceux qui ont le moyen de payer en
obtiennent de meilleure qualité. Nous ne terminerons
pas nos observations sur ce point sans affirmer que les
bijoux que nous livrons au commerce ont non-seulement plus d'éclat que les objets similaires dorés au
mercure, mais qu'ils résistent encore plus que ceux-ci
à l'action de l'atmosphère. Nous pouvons, sur ce point,
mettre sous les yeux de l'Académie des objets qui ont

été dorés il y a plusieurs années, et qui ont conservé tout leur éclat et leur beauté. D'un autre côté, sous le rapport de la solidité, la dorure au trempé n'est susceptible d'aucune critique, puisqu'elle résiste à la gratte-bosse.

Dans la dorure au mercure, les fonds prennent ordinairement plus d'or que les parties saillantes, de sorte que les parties les plus exposées au frottement sont les moins chargées d'or; tandis que, dans la dorure au trempé, l'égalité des surfaces est parfaite.

En ce qui concerne la dorure de M. Elkington par le procédé galvanique, la Commission reconnaît qu'il est simple, et elle a pensé qu'une analyse suffirait pour sa parfaite intelligence, tout en se réservant la faculté de donner ailleurs le texte du brevet de M. Elkington.

Nous prions l'Académie de ne pas user de cette faculté avant que nous n'ayons pris l'avis de M. Elkington à cet égard.

Dans l'opinion de la Commission, « le mot prussiate « de potasse, qui est employé sans autre définition, pou-« vait laisser de l'incertitude dans son esprit; car les « chimistes connaissent trois prussiates de potasse: le « prussiate simple, le prussiate jaune ferrugineux, et le « prussiate rouge. Le mandataire de M. Elkington, « prié de s'expliquer sur ce point, nous a dit que le « brevet entendait parler du prussiate simple, du cya-« nure de potassium. En effet, lorsqu'il a exécuté de-« vant nous ses procédés, c'est le cyanure simple de « potassium qu'il a mis en usage. »

Après avoir reconnu que les pièces à dorer par ce procédé sont susceptibles de se couvrir d'une quantité d'or indéterminée, la Commission ajoute : « Mais le « cyanure de potassium simple est un sel coûteux, dif-

« fictle à conserver en dissolution, dont l'emploi sus-
« citera divers obstacles en fabrique, et il reste douteux
« qu'en l'employant, la dorure se fît à meilleur compte
« que par la méthode actuelle au mercure. »

Tels sont les seuls faits sur lesquels la Commission a
jugé convenable d'appeler l'attention de l'Académie au
sujet du mode de dorure employé par M. Elkington par
le procédé galvanique.

Nous croyons devoir lui soumettre quelques observations sur ce chapitre.

Et d'abord, nous ne contestons pas que le cyanure
de potassium simple soit un sel coûteux. Nous ne contestons pas non plus ce que M. Wright a pu dire à
M. Dumas sur la nature du sel employé par lui; mais ce
que nous n'admettons pas, c'est que M. Elkington soit
obligé à faire usage du cyanure de potassium simple dans
la condition où on le trouve dans le commerce. La vérité
est que M. Elkington emploie le prussiate jaune ferrugineux, après lui avoir fait subir une préparation qui lui
donne en quelque sorte l'apparence du cyanure simple.
Voici en quoi consiste son procédé. *Il met dans un
creuset une certaine quantité de prussiate jaune ferrugineux qu'il fait calciner, et, lorsque la calcination est
arrivée au point voulu, il fait piler le sel et il en obtient
une poudre semblable à celle renfermée dans le paquet
ci-joint. Lorsqu'il veut s'en servir, il plonge une partie
de cette poudre dans une certaine quantité d'eau pour
la faire dissoudre, et il filtre ensuite; la partie ferrugineuse reste dans le filtre, et le surplus sert à composer
son bain.*

Comme on le voit, c'est du cyanure simple extrait
du prussiate ferrugineux dont le prix est peu élevé;
d'ailleurs, les *termes généraux* dont *M. Elkington s'est*

servi dans ses brevets indiquent assez qu'il s'est réservé la faculté d'employer toute espèce de cyanures solubles dans ses manipulations.

Nous ne comprenons pas non plus les motifs qui ont déterminé M. le Rapporteur à déclarer à l'Académie que le cyanure de potassium simple est difficile à conserver en dissolution, et que son emploi susciterait divers obstacles en fabrique. Nous le comprenons d'autant moins que le bain de dorure qui a servi aux expériences dans le laboratoire de M. Dumas est encore celui dont nous faisons usage actuellement, que nous emploierons dans six mois, dans un an et plus, parce que nous n'avons pas besoin de le renouveler; il est en quelque sorte perpétuel. Ainsi, le prix de cette matière n'est rien pour nous, puisque, la dépense une fois faite, elle ne se renouvelle plus, ou du moins très rarement.

Il résulte de ces détails que la dorure de M. Elkington, par le procédé galvanique, est meilleur marché que tout autre du même genre, y compris celle au mercure, et qu'il pourra dans tous les temps soutenir avec avantage la concurrence qu'on serait tenté de lui faire.

Pour mettre l'Académie à même d'apprécier à leur juste valeur les procédés de M. Elkington, voici en quoi consiste la dépense de son premier bain pour une once d'or.

L'once d'or coûte.	106 fr. 50 c.
Cyanure de potassium.	» 60
Acides nitrique et muriatique. . . .	» 25
Total. . . .	107 fr. 15 c.

Au fur et à mesure que de l'or est enlevé au bain par les pièces à dorer, il est remplacé par celui que fournit à ce

même bain une pièce d'or qui s'y trouve plongée et qui
communique avec l'élément négatif du couple voltaïque.

A ces premières considérations nous en ajouterons
une autre qui devra être d'un certain poids dans la pensée de l'Académie.

Nous n'employons qu'un seul couple galvanique, tandis que M. de Ruolz en emploie six et quelquefois huit. Sa
consommation en liquide excitant doit donc être de six
ou huit fois plus considérable que celle de M. Elkington.
Cette observation s'applique également à la quantité de
zinc dissous dans chacun des couples employés par
M. de Ruolz, comparée à celle qui se dissout dans le seul
couple employé par M. Elkington ; de plus il consomme
six à huit quantités de sulfate de cuivre, dont ce dernier ne fait aucun usage.

Si M. le Rapporteur avait bien voulu nous faire l'honneur de nous consulter sur ces divers points, nous nous
serions empressés de lui fournir les éclaircissements qui
précèdent, et peut-être se serait-il déterminé à s'étendre davantage sur le procédé de dorure de M. Elkington par la pile galvanique. Nous livrons avec confiance
ces réflexions aux méditations de l'Académie, et en particulier à la Commission qu'elle a chargée de lui faire un
Rapport sur cette branche d'industrie.

Le troisième chapitre comprend le résultat des diverses expériences qui ont été faites par M. de Ruolz, non-
seulement sur la dorure de divers métaux, mais encore
sur l'argenture des objets similaires, etc., etc.

Nous répéterons ici que, si nous avions été interrogé
par M. le Rapporteur sur la question de savoir si M. Elkington s'était occupé de procédés relatifs à l'argenture
ou du platinage des divers métaux, nous lui aurions ré-

pondu par la production des divers brevets que M. Elkington a obtenus depuis longtemps, et *dans lesquels M. de
Ruolz a pu puiser des renseignements utiles pour produire
les objets qu'il a présentés à l'Académie.* Si nous avions
été consulté à cet égard, nous aurions offert de répéter devant la Commission les procédés brevetés de
M. Elkington. Des expériences à ce sujet ont été faites
à plusieurs reprises, et notamment en présence de personnes dont le témoignage ne peut être révoqué en
doute. Dans l'une d'elles, qui a eu lieu en présence de
M. Pelletier, le résultat obtenu a été complet. Nous
rappelons, à ce sujet, les souvenirs de ce savant académicien, et nous ne doutons pas qu'il ne confirme ce que
nous avançons. Du reste, nous sommes prêt à mettre
sous les yeux de l'Académie des objets argentés par le
procédé de la pile galvanique, et spécialement par celui
à raison duquel M. Elkington a été breveté le 28 décembre 1840. Il a encore d'autres brevets pour argenter les
métaux et pour couvrir et colorer d'une couche de zinc
ceux qui en sont susceptibles, afin de prévenir leur oxydation, d'une date antérieure.

D'un autre côté, dans la partie du Rapport qui concerne M. de Ruolz, il y a des erreurs de faits qui peuvent porter préjudice à M. Elkington.

« Ainsi que nous l'avons fait remarquer plus haut,
« dit M. le rapporteur, tandis que M. Elkington sollici-
« tait une addition à ses brevets, M. de Ruolz, de son
« côté, prenait un brevet d'invention pour le même ob-
« jet. Le brevet de perfectionnement de M. Elkington est
« du 8 décembre 1840 ; celui de M. de Ruolz est du 19
« décembre. Tout démontre que M. de Ruolz a travaillé,
« de son côté, sans connaître la demande de M. Elking-

« ton ; d'ailleurs ses procédés sont aujourd'hui fort dif-
» férents de ceux de l'industriel anglais. »

Il y a dans cette phrase plusieurs erreurs matérielles.

Et d'abord, c'est le 29 septembre 1840 que M. Elkington a fait le dépôt des documents nécessaires à l'obtention du brevet qui lui a été délivré le 8 décembre suivant. *A compter de cette dernière époque il a été loisible
à M. de Ruolz de prendre communication de la spécification de M. Elkington dans les bureaux du ministère de
l'agriculture et du commerce. C'est ordinairement ce que
ont les inventeurs avant de réclamer un titre d'invention.*

Depuis, M. Elkington a sollicité un nouveau brevet de
perfectionnement qui est aussi relatif à la dorure des
métaux au moyen de la pile galvanique.

Tous ces titres auraient été mis sous les yeux de la
commission si nous avions pu supposer qu'elle aurait
eu à y puiser des éléments utiles au Rapport qu'elle a
présenté à l'Académie, car dans le principe il ne s'agissait que de procédés de dorure.

C'est le 19 décembre 1840 que M. de Ruolz a sollicité
son premier brevet d'invention, c'est le 15 février suivant qu'il lui a été d'élivré. (Voir le *Bulletin des Lois*,
n° 827, art. 107, de la proclamation des brevets.)

Ainsi, entre le 29 septembre 1840 et le 19 décembre
de la même année, il s'est écoulé plus que quelques jours,
et nous pouvons aussi supposer que, *pour travailler de
son côté, M. de Ruolz a connu la demande et les procédés de
M. Elkington pour y puiser des moyens de travail.*

*A Dieu ne plaise, cependant, que nous ayons l'inten-
tion d'incriminer, en quelque manière que ce fût, les
intentions de M. le Rapporteur. On l'a induit en erreur*

*à dessein ou autrement ; mais nous tenons à ce qu'elle soit
rectifiée.*

Nous ne nous appesantirons pas sur les apologies qui
sont données à M. de Ruolz; nous nous bornerons à rappeler à l'Académie que, si nous avions été mis à même
de procéder à des expériences dans les diverses branches
d'industrie longuement énumérées dans le Rapport sus-
dit, nous avons la confiance que M. Elkington aurait
complétement satisfait au désir de la commission, notamment en ce qui concerne : 1° la dorure du fer et de
l'acier, car, parmi les objets qui sont renfermés dans la
montre vitrée qui est encore déposée dans les bureaux
de l'Académie, il s'en trouve plusieurs qui ont été dorés
par M. Elkington ou ses associés à Paris, soit par la voie
humide ou par la pile galvanique; 2° l'argenture des
métaux, et s'il en est temps encore, nous offrons de lui
en remettre des échantillons sous les yeux, afin de les
comparer avec les objets similaires produits par M. de
Ruolz.

Avant toute chose, nous désirons que l'Académie soit
bien convaincue que la question d'argent n'entre pour
rien dans l'objet des observations qui précèdent; mais
nous réclamons pour M. Elkington, et, nous le croyons,
à bon droit, l'honneur d'avoir introduit le premier en
France divers procédés qui tendent à améliorer la condition des ouvriers employés dans ces divers genres d'industrie, et, sous ce rapport, le résultat de ses peines et
de ses soins méritait peut-être une marque d'intérêt de
la part de l'Académie.

En résumé, nous sollicitons, Messieurs, de votre bien-
veillance la rectification des diverses erreurs que l'on
rencontre dans le Rapport qui vous a été soumis. Nous
insistons d'autant plus sur ce point qu'il s'agit dans cette

affaire d'un étranger qui croit avoir fait quelque chos
d'utile, en introduisant en France le fruit de ses veilles
et de ses méditations.

Nous avons l'honneur d'être, Messieurs, avec le plus
profond respect,

Votre très humble et obéissant serviteur.

Signé : **H. Truffaut** [1],

Mandataire de **M.** Elkington.

Paris le 11 décembre 1841, rue Favart, 8.

---

[1] Cette réclamation, faite par M. Truffaut, au nom de MM. Elkington, est mentionnée dans les *Comptes rendus* hebdomadaires
de l'Académie des sciences, t. XIII, p. 1103, séance du 13 décembre 1841.   C. C.

LISTE DES DISSOLUTIONS BREVETÉES PAR M. DE RUOLZ,

DRESSÉE PAR LUI-MÊME.

DORURE.

Nos	DATES.	DISSOLUTIONS.
1	19 déc. 1845.	Oxyde d'or dissous dans la potasse.
2	17 juin 1841.	Cyanure de potassium 6 p. Eau 100 p. Cyanure d'or 1 p. + Acide cyanhydrique 24 gouttes d'acide au quart par gramme d'or.
3	Dudit jour.	Pour la couleur rouge de l'or : bichlorure de cuivre, solution à 1|2 degré aréom. 6 p. + solution de chlorure d'or à 1 degré 1 p.
4	27 août 1841.	Cyanure d'or 1 p. Cyanure de potassium, 10 p. Eau 100 p., pas d'acide cyanhydrique.
5	25 sept. 1841.	Pour la couleur rouge de l'or. Mélange de la solution n° 4 et d'une solution de cyanure double de cuivre et de potassium.
6	Dudit jour.	Eau 100 p. Cyanure de potassium 10 p. + Oxyde d'or 1 p.
7	Dudit jour.	Eau 200 p. Ferrocyanure de pot. 30 p. + Cyanure d'or 1 p.
8	Dudit jour.	Eau 1,000. Prussiate jaune 150. Oxyde d'or 1.
9	Dudit jour.	Oxyde d'or dissous dans la soude.
10	Dudit jour.	Cyanure d'or dissous dans le prussiate de potasse rouge.

SUITE DE LA DORURE.

N°s	DATES.	DISSOLUTIONS.
11	25 sept. 1841.	Oxyde d'or dissous dans du prussiate rouge.
12	Dudit jour.	Eau 100 p. Prussiate jaune 6 p. Chlorure d'or neutre 1 p. + Potasse caustique q. s.
13	29 nov. 1841.	Chlorure double d'or et de sodium, dissous dans 100 p. de soude à 10° aréom.
14	Dudit jour.	Chlorure double d'or et de potassium 1 p. Eau 100 p. Cyanure de potassium, 15 p.
15	Dudit jour.	Potasse caust. à 10° aréom. 100 p. + Oxyde d'or 0,20 + courant d'hydrog. sulfuré jusqu'à saturation.
16	3 févr. 1842.	Eau 150. Cyanure de potassium 24. Chlorure d'or 1.
17	7 mars 1842.	Iodure d'or 1 p. Iodure de potassium 10 p. Eau 100 p.
18	Dudit jour.	Oxyde d'or 0,50. Eau de baryte à 3° aréom. 200 p.
19	Dudit jour.	Sulfure d'or 0,50 + Eau 150. Hyposulfite de soude 20.
20	Dudit jour.	Cyanure d'or 1 p. Hyposulfite de soude 15 p. Eau 150.
21	Dudit jour.	Sulfure d'or 1 p. Prussiate jaune 40 p. Eau 400 p.
22	17 avril 1842.	Eau 100 p. Cyanure de potassium 6 p. Sulfure d'or 1¼ p.

ARGENTURE.

N^os	DATES.	DISSOLUTIONS.
1	17 juin 1841.	Eau 100 p. Cyanure de potassium 10 p. Cyanure d'argent 1 p. Acide cyanhydrique au quart 10 gouttes par gramme d'argent.
2	27 août 1841.	Eau 100 p. Cyanure de potassium 10 p. Cyanure d'argent 1 p. Pas d'acide cyanhydrique.
3	25 sept. 1841.	Eau 100 p. Cyanure de potassium 10 p Carbonate d'argent 1 p.
4	Dudit jour.	Oxyde d'argent dissous dans le cyanure de potassium.
5	Dudit jour.	Ferrocyanure d'argent 1 p. Cyanure de potassium 10 p. Eau 100 p.
6	Dudit jour.	Ferrocyanure d'argent 1 p. Prussiate jaune 15 p. Eau 100 p.
7	Dudit jour.	Carbonate d'argent 1 p. Prussiate jaune 1 p. Eau 100 p.
8	Dudit jour.	Oxyde d'argent 1 p. Prussiate jaune 15 p. Eau 100 p.
9	25 sept. 1841.	Cyanure d'argent 1 p. Prussiate jaune 15 p. Eau 100 p.
10	29 déc. 1841.	Chlorure d'argent 1 p. Hyposulfite de soude 10 p. Eau 100 p.
11	Dudit jour.	Phosphate d'argent 1 p. Hyposulfite de soude 10 p. Eau 100 p.
12	Dudit jour.	Carbonate d'argent 0,75. Hyposulfite de soude 10 p. Eau 100 p.

SUITE DE L'ARGENTURE [1].

N°s	DATES.	DISSOLUTIONS.
13	29 déc. 1841.	Oxyde d'argent 0,75. Hyposulfite de soude 11 p. Eau 100 p.
14	Dudit jour.	Oxalate d'argent 0,75. Hyposulfite de soude 11 p. Eau 10 p.
15	Dudit jour.	Tartrate d'argent 0,75. Hyposulfite de soude 11 p. Eau 100 p.
16	Dudit jour.	Tous les sels d'argent ci-dessus avec les hyposulfites de potasse, de chaux, de baryte, de strontiane.
17	7 mars 1842.	Borate d'argent 1 p. Prussiate jaune 15 p. Eau 100 p.
18	Dudit jour.	Chlorure d'argent 1 p. Prussiate jaune 15 p. Eau 100 p.
19	17 avril 1842.	Iodure d'argent 1 p. Cyanure de potassium 10 p. Eau 100 p.

[1] Ces tableaux, dressés par M. de Ruolz lui-même, démontrent bien que la dorure et l'argenture électro-chimiques consistent simplement dans l'emploi de bains formés :

D'une part, avec de l'oxyde, du chlorure, de l'iodure, du cyanure, etc. d'or ou d'argent.

D'autre part, avec du cyanure de potassium ou de sodium, du cyanoferrure, des sulfures alcalins, de l'hyposulfite de potasse ou de soude, etc.

c'est-à-dire de sels doubles d'or ou d'argent et de potasse ou de soude, ayant une réaction alcaline. Les sels d'or ou d'argent de la première colonne peuvent se remplacer les uns les autres, de même que les divers sels de soude ou de potasse de la deuxième peuvent s'équivaloir. Or c'est là l'invention de MM. Elkington.

.C. C.

PLATINAGE.

Nos	DATES.	DISSOLUTIONS.
1	25 sept. 1841.	Solution d'oxyde de zinc dans la potasse ou dans la soude.
2	Dudit jour.	Cyanure zinc dissous dans le cyanure de potassium.
3	29 nov. 1842.	Eau 100, sulfate de zinc 40, chlorure de sodium 5.
4	3 févr. 1842.	Chlorure de zinc dissous dans la soude.
5	Dudit jour.	Chlorure double de zinc et d'ammoniaque.
6	Dudit jour.	Chlorure double de zinc et de sodium.
7	Dudit jour.	Acétate de zinc en solution faible.
8	Dudit jour.	Sulfate de zinc, chlorure de sodium et acide sulfurique en léger excès.
9	Dudit jour.	Toutes les solutions précédentes mêlées, avec parties égales de sels de fer analogues.

PALLADIAGE.

Nos	DATES.	DISSOLUTIONS.
1	Nov. 1843.	Nitrate, chlorure ou sulfate de palladium dissous dans la potasse ou la soude. Palladiage au trempé dans cette liqueur bouillante.
2	Dudit jour.	Palladiage galvanique; la même liqueur, plus sulfate de soude.
3	Dudit jour.	Un sel quelconque de palladium (mais préférablement le cyanure), dissous dans le cyanure de potassium.

NICKELAGE.

N°s	DATES.	DISSOLUTIONS.
1	27 août 1841.	Cyanure de nickel dissous dans le cyanure de potassium.
2	Dudit jour.	Carbonate de nickel dissous dans le cyanure de potassium.
3	6 déc. 1842.	P. eg. de solution de chlorhydrate d'ammoniaque à 16° aréom. et de solution d'acétate de nickel à 16° et de soude caustique.

COBALTISAGE.

N°s	DATES.	DISSOLUTIONS.
1	27 août 1841.	Cyanure de cobalt dissous dans le cyanure de potassium.
2	Dudit jour.	Carbonate de cobalt dissous dans le cyanure de potassium.
3	6 déc. 1841.	Solution ammoniacale de chlorure de cobalt.

ÉTAMAGE.

N°s	DATES.	DISSOLUTIONS.
1	29 sept. 1841.	Protochlorure d'étain dissous dans la soude.

PLOMBAGE.

N°s	DATES.	DISSOLUTIONS.
1	29 nov. 1841.	Protoxyde de plomb dissous dans la potasse ou la soude.

BRONZAGE.

N°s	DATES.	DISSOLUTIONS.
	Séance de l'Académie du 8 août 1842.	Cyanure de potassium, eau, cyanure de cuivre et bioxyde d'étain ; Dans les proportions déterminées pour obtenir l'alliage des bouches à feu.

ZINGAGE.

N^{os}	DATES.	DISSOLUTIONS.
1	25 sept. 1841.	Eau 100 p. Chlorure de platine 1 p. Carbonate de soude 5 p. Cyanure de potassium 2 p.
2	29 nov. 1841.	Potasse caustique, solution à 10 aréom. + Chlorure double de platine et de potassium.
3	17 mars 1842.	Chlorure de platine dans la soude.
4	Dudit jour.	Chlorure de platine dissous dans l'Iodure de potassium.
5	6 déc. 1842.	Solution étendue de chlorure double, de platine et d'ammoniaque dans l'acide chlorhydrique.

CUIVRAGE.

1	27 août 1841.	Cyanure double de cuivre et de potassium.
2	29 déc. 1841.	Carbonate de cuivre dissous dans les bicarbonates alcalins.
3	Dudit jour.	Eau 100. p. Hyposulfite de soude 10 p. Sulfate de cuivre 1 p. (cuivrage du fer).
4	Dudit jour.	Eau 100 p. Hyposulfite de soude 10 p. Nitrate de cuivre 1. p. (cuivrage sur fer et étain).
5	3 févr. 1842.	Bichlorure de cuivre 1 p. Cyanure de potas. 24 p. Eau 150 p.
6	17 avril 1842.	Eau 100 p. Bioxalate de potasse 1 p. Bioxyde de cuivre 0,40.
7	6 déc. 1842.	Carbonate de cuivre jusqu'à saturation dans une solution concentrée de bitartrate alcalin.

DOCUMENT N° 2 BIS.

DISSOLUTIONS BREVETÉES PAR MM· ELKINGTON,

POUR LA DORURE ET L'ARGENTURE GALVANIQUES.

A côté du tableau contenant les dissolutions brevetées par M. de Ruolz, tableau dressé
lui-même, nous croyons devoir placer celui des dissolutions inventées par MM. Elkingt

Brevet de dorure du 29 septembre 1840. par M. H. Elkington.	31 gr. 25 d'oxyde d'or. 500 de prussiate de potasse. 4000 d'eau.	« Je réclame, dit M. H. Elkington, l'emploi des c des d'or ou de l'or métallique dissous dans le p siate de potasse ou de tous autres prussiates bles pour couvrir les métaux, ou avec quelques- des sels sus-indiqués combinés avec les oxydes d « Je réclame également l'application d'un cou galvanique pour dorer les métaux avec quelque lution convenable d'or, excepté le chlorure d qui est peu propre à cet usage. « Je fais observer que par solutions convena j'entends celles dans lesquelles les substances a lines terreuses ou autres sels sont combinés a l'or. »
Brevet de dorure du 1er octobre 1841, par M. H. Elkington.	129 gr. cyanure de potassium. 31 25 d'oxyde d'or. 8000 d'eau.	Emploi d'une feuille d'or métallique en commu cation avec le pôle négatif de la pile, pour maint la saturation du bain.
Brevet de dorure du 11 mai 1842, par M. H. Elkington.	Emploi d'un alliage de 1 d'argent avec 16, 18 ou 20 d'or. Emploi d'un alliage de 1 gr. de cuivre avec 16, 18 ou 20 gr. d'or.	Dorure verte. Dorure rouge. Ces alliages serv pour former les oxyd combiner avec l'eau et prussiates.
Brevet d'argenture du 29 septembre 1840, par M. R. Elkington.	155 gr. chlorure d'argent. 1500 prussiate de potasse. 9000 d'eau.	« On pourrait remplacer, dit M. R. Elkington chlorure d'argent par tout autre sel d'argent in luble dans l'eau avec une solution de prussiate potasse ou de soude..... « Je réclame l'emploi d'une solution d'argent d du prussiate de potasse ou autres prussiates solub pour argenter les métaux, et l'application d'un c rant galvanique avec une solution d'argent quelc que, soit comme simple solution dans un acide, combiné avec des sels, à l'exception du nitrate d gent, qui est connu, mais peu en usage. »
Brevet d'argenture du 21 janvier 1842. par M. R. Elkington.	Emploi d'une solution d'argent avec toute espèce de cyanures solubles.	Emploi d'une plaque d'argent en communica avec le pôle négatif de la pile pour maintenir le b dans un état de saturation constante.

REGISTRE

OPÉRATIONS DE DORURE, ARGENTURE ET PLATINAGE

Écrit de la main de M. de Ruolz.

Dorure.	Prix du kilogr.		Prix du gramme dissous.		Dépense totale.	
	— fr. c.		— fr. c.		— fr. c.	
20 février 1842.						
Or fin, à	3471	50	525	»		
Acide nitrique pur . . . . 333 gr.	3	50	1	17		
— hydrochlorique. . . . . . 867 —	3	»	2	11		
Eau distillée. . . . . 100 —	»	20	»	2		
id. . . . . 78000 —	»	20	15	60		
Évaporation id. . . . . 20000 —	»	20	4	»		
Prussiate jaune. . . . . 2600 —	7	50	19	50		
Chlorure de potassium. . . . . . 520 —	2	50	1	30		
Charbon (accessoires).			3	»		
150 gr. or coûtant			571	59	3	81	571	60
Nota. Ce bain destiné spécialement à la dorure de l'acier cuivré.						
9 mars.						
Or fin.	3471	50	595	»		
Acide hydrochlorique pur.. . . . 800 gr.	3	»	2	40		
— nitrique pur. . . . . 400 —	3	50	1	40		
Eau distillée. . . . . 200 —	»	20	»	4		
Prussiate jaune.. . . . . 1840 —	7	50	13	80		
Eau distillée. . . . . 40 kilogr.	»	20	8	»		
Évaporation id. . . . . 10 —	»	20	2	»		
Charbon (accessoires).			3	»		
170 gr. or coûtant..			625	64	3	68	625	65
Nota. Bain spécialement destiné au bronze.						
21 mars.						
Traitement d'un bain usé.						
Eau distillée. . . . . 10 kilogr.	»	20	2	»		
Charbon.			2	»		
			4	»		4	»
A reporter, ...						1201	25

Suite de la Dorure.

Poids d'or en grammes.		Prix du kilog.		Prix du gramme dissous.	Dép[ense] to[tale]
Report: 320	**4 avril.**			— Report:	120
150	Or fin.	3500 »	525 »		
	Eau régale. . . . . 1 kilogr.		3 17		
	Eau distillée. . . . . 47 —	» 20	9 40		
×	Prussiate jaune . . . . 1500 gr.	7 50	11 25		
	Charbon (accessoires).		3 »		
	150 gr. or coûtant		551 82	3 67	35
	5 avril.				
11	Or fin, représenté par 14 gr. de sulfure d'or de Boyveau.	3500 »	49 »		
×	Prussiate jaune . . . . 1500 gr.	7 »	10 50		
	Eau distillée. . . . . 15 —	» 20	3 »		
	Eau d'évaporation . . . . 3 kilogr.	» 20	» 60		
	Charbon (accessoires).		1 50		
	11 gr. or coûtant.		64 60	5 87	6
	7 avril.				
	Traitement du bain usé précédent				
	Charbon (accessoires).		2 »		
	Eau distillée. . . . . 5 kilogr.	» 20	1 »		
			3 »		
	8 avril.				
	Traitement du bain usé du 20 février. . . .				
20	Or, représenté par 35 gr. de chlorure préparé par nous.	2110 »	73 85		
	Eau distillée	» 20	2 60		
	Charbon (accessoires).		3 »		
	20 gr. or coûtant		79 45	3 97	7
501					190

Suite de la **Dorure.**	Prix du kilogr.		Prix du gramme dissous.	Dépense totale.
		—Report:		1900 15
9 *avril.*				
Traitement du bain usé du 9 mars.				
90 gr. de chlorure d'or, représentant 52 gr. d'or métallique.	2110 »	189 90		
Eau distillée. . . . 14 kilogr.	» 20	2 80		
Charbon (accessoires).		3 50		
52 gr. or coûtant.		196 20	3 77	196 20
9 *avril.*				
Ajouté au bain du 4 avril : eau . . 20 kilogr.	» 20	4 »		4 »
13 *avril.*				
Eau distillée. . . . 5 kilogr.	» 20	1 »		
Cyanure de potassium. . . . 300 gr.	40 »	12 »		
Sulfure d'or. . . . 13 —	3100 »	40 30		
Accessoires.		» 50	5 10	53 80
10gr.,53 d'or coûtant.		53 80		
13 *avril.*				
Ajouté dans le bain précédent.				
Cyanure d'argent. . . . 15 centigr.	450 »	» 7		» 7
15 *avril.*				
Retraité le bain d'or du 20 février.				
Eau distillée. . . . 1 kilogr.	» 20	» 20		
Charbon, etc.		3 »		
16 *avril.*				
Bain d'or pour l'acier cuivré.				
Chlorure d'or. . . . 130 gr.	2110 »	274 30		
Prussiate jaune. . . . 1300 —	7 »	9 10		
Eau distillée, 40 kilogr., évaporation.	» 20	10 »		
Chlorure de potassium. . . . 260 gr	2 50	» 65		
Charbon.		3 »		
75 gr. d'or coûtant.		297 5	3 96	297 5
				2451 27

Poids d'or en grammes.	Suite de la Dorure.	Prix du kilogr.		Prix du gramme dissous.
Report : 638,53	**18 avril.**			Report:
	Concentration du bain par prussiate jaune et sulfure d'or.			
	Charbon, accessoires.			2 »
	20 avril.			
50 »	Or fin. . . . . 50 gr.	3500 »	175 »	
	Façon prise par Tremoulet pour mettre cet or à l'état de sulfure d'or. 60 gr. de sulfure.		10 »	
6,48	Ajouté 8 gr. de sulfure d'or, représentant or (6 gr. 48).	3100 »	24 80	
	Cyanure de potassium. . . . . . . 1652 gr.	40 »	65 28	
	Évaporation, eau distillée. . . . . 10 kilog.	» 20	2 »	
	Cyanure d'argent. . . . . 6 gr.	450 »	2 70	
	Feu et accessoires.		2 »	
	50 gr. d'or coûtant.		281 78	4 98
	25 avril.			
	Eau distillée.. . . . . 40 kilogr.	» 20	8 »	
78 »	Chlorure d'or 130 gr. représentant or métallique.	2100 »	274 30	
	Prussiate jaune. . . . . 1300 gr.	7 »	9 10	
	Évaporation, 10 kilogr. d'eau.	» 20	2 »	
	Chlorure de potassium. . . . . . . 260 gr.	2 50	» 65	
	Charbon, accessoires.		3 »	
	78 gr. d'or coûtant.		297 05	3 80
	NOTA. Bain pour l'acier cuivré.			
	26 avril.			
	Remis à Langevin pour l'essai d'un bain d'or au trempé.			
8 »	Or métallique.	3500 »	28 »	
	27 avril.			
	Concentré un bain ancien.			
781,01				

Suite de la **Dorure.**	Prix du kilogr.		Prix du gramme dissous.	Dépense totale.
27 avril.			*Report:*	3061 90
Eau distillée. . . . . 25 kilogr.	» 20	5 »		
Cyanure de potassium. . . . . . 1500 gr.	40 »	60 »		
Sulfure d'or contenant or métallique. . . .	3500 »	175 »		
Façon de Tremoulet.		10 »		
Façon, accessoires.		2 »		
0 gr. or coûtant.		252 »	5 »	252 »
30 avril.				
Eau distillée. . . . . 6250 gr.	» 20	1 25		
Cyanure de potassium. . . . . . 375 —	40 »	15 »		
Sulfure d'or. . . . . 15 —	3250 »	48 75		
Feu, accessoires.		1 »		
2 gr.,15 c. or coûtant.		66 »	5 45	66 »
3 mai.				
Bain pour dorer l'argent.				
Eau distillée. . . . . 40 kilogr.	» 20	8 »		
Prussiate jaune. . . . . 1500 gr.	6 25	10 »		
Chlorure d'or. . . . . 234 —	2100 »	470 40		
Évaporation. . . . . 8 kilogr.	» 20	1 60		
Feu, accessoires.		4 »		
34 gr. or coûtant.		494 »	3 69	494 »
3 mai.				
Fait chlorure d'or.				
Or fin laminé.	3500 »	525 »		
Acide nitrique. . . . . 250 gr.	3 »	» 75		
— hydrochlorique. . . . . 500 —	2 50	1 25		
Eau distillée. . . . . 750 —	» 20	» 15		
Feu, etc.		» 25		
		527 40		527 40
				4401 30

Poids d'or en grammes.	Suite de la **Dorure**.	Prix du kilogr.		Prix du gramme dissous.
Report : 1127,16	**4 mai.**			Report :
	Concentration des bains d'or.			
	Charbon, etc..		5 »	
	5 mai.			
	Bain d'or pour le bronze.			
	Eau distillée.. . . . . 20 kilogr.	» 20	4 »	
=	Cyanure de potassium. . . . . . 1200 gr.	40 »	48 »	
	Sulfure d'or.. . . . . . . 50 gr. représentant			
41,50	d'or métallique.	3250 »	162 50	
	Feu.		1 »	
			215 50	5 20
	5 mai.			
	Ajouté au bain précédent.			
	Cyanure d'argent. . . . . 7 décigr.	320 »	» 30	
	5 mai.			
	Bain d'or pour l'argent.			
	Eau ordinaire.. . . . . 40 kilogr.	» 20	» 40	
×	Prussiate jaune.. . . . . 1500 gr.	6 65	9 98	
133 »	Chlorure d'or. . . . . 224 —	2100 »	470 40	
	Feu, accessoires.		4 »	
			484 78	3 62
	6 mai.			
	Concentration. Charbon.		3 50	
	6 mai.			
	Bain pour le bronze.			
=	Cyanure de potassium(par Tremoulet).306 g.	40 »	1 20	
18,56	Cyanure d'or (par Guérin). . . . . 26 —	6 »	12 »	
	Eau distillée.. . . . . 500 —	» 20	» 10	
			13 30	8 50
	6 mai.			
	Fait du chlorure d'or, or fin. . . . 150 gr.	350 »	525 »	
	Acides, 2 fr.; eau distillée, 15 c.; feu. 25 c.		2 40	
			527 40	
1320,22				

		Prix du kilogr.		Prix du gramme dissous.	Dépense totale.
'or s.	*Suite de la* **Dorure.**				
22	——— 7 *mai.* ———			—Report:	5651 08
	Bain d'or pour le bronze.				
»	Or fin laminé, 42 gr., qui ont donné en sul-fure 50,5. . . . . :	3500 »	140 »		
	Prix de façon par Tremoulet.	» »	10 »		
	Cyanure de potassium par Tremoulet. 1200 gr.	40 »	48 »		
	Eau distillée. . . . . 20 kilogr.	» 20	4 »		
	Feu et accessoires.		1 »		
			203 »	4 83	203 »
	——— 7 *mai.* ———				
	Ajouté au bain ci-dessus.				
	Cyanure d'argent. . . . . 7 décigr.	310 »	» 30		» 30
	——— 7 *mai.* ———				
	Bain d'or pour l'argent.				
	Eau distillée. . . . . 40 kilogr.	» 20	8 »		
	Prussiate de potasse de fer jaune. 1500 gr.	6 65	9 98		
	Chlorure d'or. . . . . 224 —	2100 »	470 40		
	Évaporation. . . . . 8 kilogr.	» 20	1 60		
	Feu et accessoires.	» 20	4 »		
			493 98	3 69	493 98
	——— 9 *mai.* ———				
	Fait du chlorure d'or.				
»	Or fin, laminé.. . . . . 150 gr.	3500 »	525 »		
	Acide nitrique pur.. . . . . 250 —	3 »	» 75		
	— hydrochlorique pur. . . . . . 500 —	2 50	1 25		
	Eau distillée.. . . . . 750 —	» »	» 15		
	Feu, etc.		» 25		
	——— 9 *mai.* ———				
	Bain d'or pour l'acier cuivré.				
	Eau distillée. . . . . 40 kilogr.	» 20	8 »		
	Prussiate jaune. . . . . 1300 gr.	6 65	8 65		
	Chlorure d'or. . . . . 130 —	2100 »	273 »		
	Évaporation, feu et accessoires.		5 60		
			295 25	3 78	295 25
,22	*A reporter à la feuille n° 8.*				6643 61

Poids d'or en grammes.	*Suite de la* Dorure.	Prix du kilogr.		Prix du gramme dissous.	Dép tot
Report: 1512,22	**13 mai.**			Report:	664
	Traitement de résidus d'or.				
	Acides..		1 01		
	Eau distillée.. 125 gr.	» 20	» 03		
	Feu, etc.		» 25		
			1 29		
	13 mai.				
	Fait du chlorure d'or.				
100 »	Or fin, laminé. 100 gr.	3500 »	350 »		
	Acide nitrique pur. 200 —	3 »	» 60		
	— hydrochlorique pur. 400 —	2 50	1 »		
	Eau distillée. 500 —	» 20	» 10		
	Feu.		» 20		
			351 90		
	14 mai.				
	Bain d'or pour l'acier cuivré.				
	Eau distillée. 40 kilogr.	» 20	8 »		
×	Prussiate jaune de pot. et de fer. 1300 gr.	6 65	8 65		
	Chlorure d'or. 130 —	2100 »	273 »		
	Évaporation.. 8 kilogr.	» 20	1 60		
	Feu, etc.	» »	4 »		
			295 25	3 78	29
	20 mai.				
×	Rechargé de vieux bains d'or pour l'acier cuivré.				
	80 gr. chlorure d'or.	2100 »	168 »		
	Évaporation. 8 kilogr.	» 20	1 60		
	Feu, etc.	» »	4 »		
	48 gr. or mat coûtant.		173 60	3 61	17
	20 mai.				
	Bain d'or pour bronze.				
50 »	Or fin.. 50 gr.	3500 »	175 »		
	Façon par Tremoulet pour le mettre à l'état de sulfure.		10 »		
42 »	Sulfure d'or par Robiquet. 50 gr.	3250 »	162 50		
			347 50		
1704,22	*A reporter.*				719

	Suite de la Dorure.	Prix du kilogr.		Prix du gramme dissous.	Dépense totale.
'or cs.					
22				Report:	7193 75
	(*Suite du bain.*) Report. . .	. . . . .	347 50		
	Cyanure de potassium. . . . . . 2630 gr.	40 »	105 20		
	Eau distillée, 44 kilogr.	» 20	8 80		
	Cyanure d'argent. . . . . . . 1 gr. 5 déci.	310 »	» 46		
	Feu et accessoires.	» »	2 »		
	92 gr. or mét., coûtant.		463 96	5 05	463 96
	20 mai.				
,50	Bande d'or fin, mise dans les bains pour servir de pôle positif, pesant. . . 108 gr. 5 déci.	3500 »	379 75		379 75
	24 mai.				
	Fait du chlorure d'or.				
»	Or fin.. . . . . 66 gr.	3500 »	231 »		
	Acides.	» »	1 »		
	Eau distillée. . . . . 375 gr.	» »	» 07		
	Feu.		» 50		
	26 mai.				
»	Lame d'or pour servir de pôle positif dans un bain d'or pour bronze, pesant, or fin. . . . . 1100 gr	3500 »	3850 »		
	Argent fin. . . . . 14 gr.	220 »	3 08		
			3853 08		3853 08
	27 mai.				
	Bain d'or pour le bronze.				
	Repris le bain de sulfure, épuisé, 40 kilog.	» »	» »		
»	Or fin. . . . . 84 gr.	3500 »	294 »		
	Frais pour le mettre à l'état de sulfure. . .	» »	20 »		
	Cyanure d'argent, 14 déci.	310 »	» 43		
	Feu, etc.	» »	1 »		
	Cyanure de potassium. . . . . . . 50 gr.	40 »	2 »		
	Id. . . . . 50 gr.	» »	2 »		
			319 43	3 80	319 43
	30 mai.				
	Bain pour bronze.				
40	Sulfure d'or, par Robiquet, 16 gr., or. 13,4.	3250 »	52 »		
12	*A reporter.*		52 »		12209 97

Poids d'or en grammes.	Suite de la **Dorure**.	Prix du kilogr.		Prix du gramme dissous.	D
Report : 3076,12				— *Report :*	12
	Suite et report du bain du 30 mai.	» »	52 »		
	Vieux bain de sulfure . . . . 6500 gr.	» »	» »		
⹀	Cyanure de potassium. . . . . . 10 —	40 »	» 40		
	Cyanure d'argent. . . . . 12 centigr.	310 »	» 05		
	Feu, etc.	» »	» 25		
			52 70	3 93	
	2 juin.				
	Bain pour bronze.				
126 »	Or fin . . . . 126 gr.	3500 »	441 »		
⹀	Cyanure de potassium. . . . . . . 1200 —	40 »	48 »		
	Façon pour mettre l'or à l'état de sulfure .	» »	30 »		
	Eau distillée. . . . . 40 kilogr.	» 20	8 »		
	Vieux bain de sulfure. . . . . . . 20 —	» »	» »		
⹀	Cyanure de potassium. . . . . . 50 —	40 »	2 »		
	Feu.		1 »		
		» »	530 »	4 20	
	8 juin.				
	Remis au Sᵣ Langevin pour bain au trempé.				
31 »	Or fin. . . . . 31 gr.	3500 »	108 50		
	Dito Bicarbonate de potasse . . . 2 kilogr.	2 50	5 »		
			113 50		
	22 juin.				
	Frais d'extraction d'or des déchets.				
	Eau régale. . . . . 7 kilogr.	1 60	11 20		
	Feu.	» »	3 »		
			14 20		
3233,12	**Total de la dépense de la première Société**.	. . . . . .	. . . .	. . . .	12

Platinage.

	Prix du kilogr.	Prix du gramme dissous.	Dépense totale.
3 mars 1842.			
Platine en lames . . . . 206 gr.	800 »	165 »	
Acide nitrique pur. . . . . 750 —	3 50	2 65	
Dito hydrochlor. pur. . . . . . . 1,560 —	3 »	» 70	
Eau distillée . . . . 100 —	» 20	» 02	
Chlorure de potassium ordinaire. 600 —	3 »	1 80	
Eau distillée. . . . . 2,000 —	» 20	» 40	
Potasse à la chaux. . . . . . . 3,400 —	4 »	13 60	
Eau distillée . . . . .20,000 —	» 20	4 »	
Évaporation d'eau distillée. . . . 5,000 —	» 20	1 »	
Dépenses accessoires	» »	1 50	
206 grammes de platine, coûtant.		194 67	» 95 194 67
13 mars.			
Platine 3,30, traité à l'état de chlorure par Guérin, au prix de 80 c.; le gramme de chlorure a donné 5 grammes.	860 »	4 »	
Iodure de potassium. . . . . 50 gr.	32 »	1 60	
Eau distillée . . . . 1 kilogr.	» 20	» 20	
33 décigrammes de platine, coûtant, ...		5 80	1 75 5 80
26 mars.			
Platine traité à l'état de chlorure, par Guérin, au prix de 80 c.; le gramme de chlorure a donné : Chlorure. . . . . 10 gr.	800 »	8 »	
Eau distillée . . . . 1500 —	» 20	» 30	
Soude à l'alcool. . . . . 25 —	36 »	» 90	
Accessoires.		» 50	
6 grammes de platine, coûtant.		9 70	1 62 9 70
13 avril.			
Chlorure de platine, 10 grammes (par nous).	500 »	5 »	
Eau distillée. . . . . 1000 gr.	» 20	» 20	
Soude à la chaux, et accessoires	» »	» 15	
6 grammes de platine, coûtant.		5 35	» 90 5 35
À reporter			215 52

Poids de platine en gramm.	*Suite du* Platinage.	Prix du kilog.		Prix du gramme ½ dissous.	D
Report: 221 30	———— 14 *avril*. ————	———	———	—— Report:	
	Eau distillée. . . . . 20 kilogr. à	» 20	4 »		
	Soude à la chaux..	» »	» 30		
	Chlorure de platine (par nous).. . 200 gr. à	500 »	100 »		
120 »	120 gr. platine coûtant.		104 30	» 90	
	———— *Dudit.* ————				
	Traitement du premier bain de platine.				
	Eau ordinaire.	» 20	» 20		
	Acide hydroclorique ordinaire. . 3500 gr. à	» 40	1 40		
			1 60		
	———— 23 *avril*. ————				
	Traitement du bain de platine du 14 courant.				
	Eau distillée.. . . . . 4 kilogr. à	» 20	» 80		
	Chlorure de platine par Guérin, 60 gr., représentant, platine. . . . . . . 36 gr. à	800 »	48 »		
	Chlorure de sodium pur. . . . . . 260 — à	2 »	» 52		
36 »	36 gr. platine coûtant.		49 32	1 37	
	———— 13 *mai*. ————				
	Eau ordinaire. . . . . 20 kilogr.	» »	» 20		
180 »	Chlorure de platine. . . . . . . 300 gr.	500 »	150 »		
	Soude à la chaux. . . . . 150 —	4 »	» 60		
	Accessoires.	» »	» 25		
			151 05		
	———— 6 *juin*. ————				
	Lame de platine pour pôle positif, pesant				
643 70	643 gr.,7 décigr..	850 »	547 40		
1201 »	**Total de la dépense de la première Société**.	. . . .	. . . .	. . . .	1,

Note de la main de M. de Ruolz.

— 13 *décembre* —

Ces dépenses ont été reportées et le seront à l'avenir au livre des expériences, jusqu'au moment où le platine entrera en grande fabrication.

Poids d'argent en grammes.	Argenture.	Prix du kilogr.		Prix du gramme dissous.
	14 *février* 1842.			
200 »	Argent fin.. . . . . à	220 »	44 »	
	Acide nitrique pur. . . . . . . 0,470 gr.	3 50	1 64	
	Eau distillée.. 0,100	» 20	» 02	
✕	Acide hydrochlorique ordinaire. 0,250	» 40	» 10	
	Prussiate de potasse jaune. . . 4,000	7 50	30 »	
	Eau distillée. 40,000	» 20	8 »	
	Évaporation d'eau distillée . . 7,000	» 20	1 40	
	Frais accessoires.	» »	1 50	
	200 gr. argent coûtant.		86 66	» 45
	3 *mars*.			
	Traitement du résidu de la filtration du bain précédent.			
✕	Eau distillée. . . . . k. 5,000 à	» 20	1 »	
	Ferrocyanure jaune de potasse. . 0,500	7 50	3 75	
			4 75	
	13 *mars*.			
165 »	Argent fin fourni par Guérin, à l'état de cyanure, donnant 212 gr. de cyanure sec, à	450 »	95 40	
	Eau distillée, 32 kilogr. . . . . à	» 20	6 40	
✕	Prussiate de potasse jaune, 3 kil. 180 gr. . .	7 50	23 85	
	Évaporation , 6 kil.	» 20	1 20	
	Frais et accessoires.	» »	1 »	
	165 gr. argent coûtant.		127 85	» 78
	29 *mars*.			
7 »	Argent fin fourni par Guérin, à l'état de carbonate, donnant 10 gr. de carbonate sec, à	500 »	3 50	
	Eau distillée, 1500 gr., évaporation, 300 gr., à	» 20	» 36	
✕	Prussiate jaune, 150 gr. . . . . à	7 50	1 13	
	Charbon et accessoires.	1 »	1 »	
	7 gr. argent coûtant..		5 99	» 85
372 »	*À reporter à la page suivante. . . .*			

uite de l'Argenture.

	Prix du kilogr.		Prix du gramme dissous.	Dépense totale.
			Report:	225 59
4 avril.				
gent fin, fourni par Guérin, à l'état de				
cyanure, donnant 400 gr. de cyanure sec, à	450 »	180 »		
ussiate de potasse jaune. . . . 4,000 gr.	7 50	28 »		
u distillée.. . . . . 40 kilogr.	» 20	8 »		
aporation d'eau distillée . . . 8 —	» 20	"1 60		
arbon et accessoires.		3 »		
0 gr. argent, coûtant.		220 60	» 70	220 60
6 avril.				
traité les bains du 24 février et du 13 mars.				
gent fin, fourni par Guérin, à l'état de cya-				
nure, donnant cyanure sec, 160 gr. . . à	450 »	72 »		
Ajouté les résidus du bain du 13 mars.				
aporation.. . . . . 11 kilogr.	» 20	2 20		
arbon et accessoires.		3 »		
4 gr. argent, coûtant.		77 20	» 62	77 20
9 avril.				
ontinuation du traitement des bains des				
24 février et 13 mars.				
gent métallique fourni par Guérin, à l'état				
de cyanure, donnant cyanure sec, 100 gr. à	450 »	45 »		
jouté les résidus du bain du 24 février.				
aporation . . . . 5 kilogr. à	» 20	1 »		
arbon et accessoires.		3 »		
50 gr. argent, coûtant.		49 »	» 60	49 »
A reporter.				570 39

8.

Poids d'argent en grammes.	Suite de l'**Argenture.**	Prix du kilogr.		Prix du gramme dissous.
Report: 883,50				Report:
	19 avril.			
	Cyanure d'argent (par Guérin) . . 304 gr.	450 »	136 80	
235 60	Représentant argent métallique.			
×	Prussiate de potasse jaune . . . 4 kilogr.	7 »	28 »	
	Eau distillée. . . . . 40 —	» 20	8 »	
	Evaporation d'eau distillée. . . . 8 —	» 20	1 60	
	Feu et accessoires.	» »	3 »	
	235 grammes argent, coûtant.		177 40	» 75
	21 avril.			
	Concentré les vieux bains d'argent			
	Feu et accessoires.	» »	3 »	
	27 avril.			
	Traitement d'un vieux bain d'argent	» »	3 25	
	2 mai.			
	Eau distillée. . . . . 35 kilogr.	» 20	7 »	
×	Prussiate de potasse jaune. . . . 3500 gr.	7 »	24 50	
132 »	Cyanure d'argent (par Tremoulet) 187 —	310 »	57 97	
	Précipité obtenu en traitant par le cyanure			
	de potassium une solution de nitrate			
50 »	d'argent			
	65 grammes, ayant coûté	» »	15 87	
	Evaporation, eau distillée. . . . . 7 kilogr.	» 20	1 40	
	Feu et accessoires.	» »	3 50	
	132 grammes argent, coûtant.		110 24	» 61
	2 mai.			
	Eau distillée . . . . 40 kilogr.	» 20	8 »	
×	Prussiate jaune. . . . . 4 —	6 65	26 60	
234 »	Cyanure d'argent (par Tremoulet) 300 gr.	310 »	93 »	
	Évaporation, eau distillée . . . . 8 kilogr.	» 20	1 60	
	Feu et accessoires.	» »	4 »	
	234 grammes argent, coûtant.		133 20	» 57
1,535,10	*À reporter.*			

Suite de l' Argenture.

	Prix du kilogr.		Prix du gramme dissous.		Dépense totale.	
6 mai.				*Report:*	997	48
Cyanure de potassium par Tremoulet. 30 gr.	40	»	1	20		
Eau distillée. . . . . 500 gr.	»	20	»	10		
Cyanure d'argent par Tremoulet. . 3 gr.	310	»	»	93		
			2	23	» 96	2	23
11 mai.						
Eau distillée. . . . . 40 kilogr.	»	20	8	»		
Prussiate jaune de pot. et de fer. . 4 kilogr.	6	65	26	60		
Cyanure d'argent. . . . . 300 gr.	310	»	93	»		
Évaporation. . . . . 8 kilogr.	»	20	1	60		
Feu et accessoires.	»	»	4	»		
			133	20	» 57	133	20
11 mai.						
Eau distillée. . . . . 40 kilogr.	»	20	8	»		
Prussiate jaune de pot. et de fer. . 4 —	6	65	26	60		
Cyanure d'argent. . . . . 300 gr.	310	»	93	»		
Évaporation. . . . . 8 kilogr.	»	20	1	60		
Feu et accessoires.	»	»	4	»		
			133	20	» 57	133	20
12 mai.						
Eau distillée. . . . . 30 kilogr.	»	20	6	»		
Prussiate jaune. . . . . 3 —	6	65	19	97		
Cyanure d'argent. . . . . 225 gr.	310	»	69	»		
Évaporation. . . . . 6 kologr.	»	20	1	20		
Feu, etc.	»	»	3	»		
			99	17	» 57	99	17
18 mai.						
Rechargé des bains d'argent.						
Cyanure d'argent. . . . . 120 gr.	310	»	37	20		
Feu et accessoires.	»	»	4	»		
1sr,60 argent, coûtant.			41	20	» 44	41	20
A reporter à la feuille n° 8.						1406	48

Poids d'argent en gramm.	*Suite de l'*Argenture.	Prix du kilog.		Prix du gramme dissous.
Report: 2,274 50	— 18 *mai.* —			— Repor
	Pour retirer l'argent des résidus de l'atelier de M. Langevin, qui a conservé l'argent produit.			
	Potasse à la chaux, 634 gr., à.	4 »	2 45	
	— 19 *mai.* —			
	Rechargé des bains d'argent.			
93 60	Cyanure d'argent, 120 gr.	310 »	37 20	
	Feu et accessoires.	» »	4 »	
	93 gr.,60 argent fin, coûtant..		41 20	» 4
	— 21 *mai.* —			
	Rechargé des bains d'argent.			
112 30	Cyanure d'argent, 144 gr., à.	310 »	44 64	
	Feu et accessoires.	» »	4 »	
	112 gr.,30 argent, coûtant..		48 64	» 43
	— *Dudit.* —			
	Rechargé des bains d'argent.			
42 10	Cyanure d'argent, 54 gr., à.	310 »	16 74	
	Feu et accessoires.	» »	1 50	
	42 gr.,10 argent, coûtant..		18 24	» 43
	— 27 *mai.* —			
1,485 50	Bande d'argent pour servir de pôle positif, à.	220 »	326 81	
	— 30 *mai.* —			
	Argent fin, 300 gr. représentés par 400 gr. de cyanure d'argent.	310 »	124 »	
=300 »	Cyanure de potassium, 3600 gr.	40 »	144 »	
	Eau ordinaire, 120 kilogr.	» »	» »	
	Feu et accessoires.	» »	2 »	
			270 »	» 90
3308 »	*A reporter à la page suivante.* . . .	. . . .	. . . .	. . . .

*Suite de l'*Argenture[1].	Prix du kilogr.		Prix du gramme dissous.	Dépense totale.
8 *juin*.			*Report:*	2113 82
Lame d'argent pour pôle positif, pesant. . . . . 66 gr. 50 à	225 »	14 68		14 68
16 *juin*. Rechargé les vieux bains.				
Cyanure d'argent. . . . . 200 gr. à	310 »	62 »		
Vieux bain. . . . . 50 —	» »	» »		
Feu, etc.	5 »	5 »		
		67 »	» 45	67 »
30 *juin*. Rechargé les vieux bains.				
Cyanure d'argent. . . . . . . 840 gr. à	310 »	260 40		
Vieux bains. . . . . 150 kilogr.	» »	» »		
Feu.	» »	10 »		
		270 40	» 45	270 40
Total de la dépense de la première Société.	. . . .	. . . .	. . . .	2465 22

(1) Dans la reproduction du registre de laboratoire tenu par M. de Ruolz, nous avons indiqué dans la première colonne par le signe (=) l'emploi du cyanure de potassium, et par le signe (✕), celui du prussiate jaune.

L'acte suivant, Document n° 3 *bis*, explique l'existence du registre précédent, et la position de M. de Ruolz dans nos ateliers.　　C. C.

DOCUMENT N° 3 bis

TRAITÉ

ATTACHANT M. DE RUOLZ COMME CHIMISTE
A LA MAISON CHRISTOFLE ET Cie.

Entre les soussignés,

MM. Charles-Henri Christofle et Cie, négociants, demeurant à Paris, rue Montmartre, 76, d'une part ;

Et M. Henri-Catherine-Camille de Ruolz, chimiste, demeurant à Paris, rue de Grenelle, 89, d'autre part ;

A été exposé ce qui suit :

Par acte autorisé, en date du 12 mars 1842, enregistré ;

MM. Christofle et Cie sont devenus cessionnaires des procédés inventés par M. de Ruolz pour la précipitation galvanique des métaux les uns sur les autres, pour la dorure, l'argenture, le platinage, etc., lesquels M. de Ruolz s'était réservés par brevets et avait précédemment cédés à M. Guillaume-Edouard Chappée, cédant de MM. Christofle et Cie. Intervenant audit acte de cession, M. de Ruolz a promis son concours, ses conseils et son assistance pour l'exploitation des procédés dont il est l'inventeur. Mais MM. Christofle et Cie, désirant attacher plus étroitement encore ledit sieur de Ruolz à leur établissement, lui ont fait des propositions qui, acceptées par lui, sont régularisées d'un commun accord et de la manière suivante :

ARTICLE 1er.

M. de Ruolz s'engage à diriger, surveiller et faire par lui-même, tant que besoin sera, tous les travaux du laboratoire de l'établissement ; ces travaux consistant surtout dans la préparation des diverses liqueurs, des mixtures diverses qui seront nécessaires à l'exploitation industrielle de ses différents procédés.

ARTICLE 2.

M. de Ruolz s'engage à ne jamais laisser la fabrication manquer de ces liqueurs quotidiennement employées, il s'engage aussi à surveiller la marche des instruments opératoires et les réparations qu'il jugerait nécessaires.

Il s'engage enfin à rechercher activement et à signaler, pour le bien de l'établissement, les perfectionnements et simplifications qu'il conviendrait d'apporter soit à la préparation des mixtures, soit au matériel de l'exploitation ; MM. Christofle et Cie se réservant expressément tous leurs droits de chefs et de directeurs de l'établissement, et M. de Ruolz devant en tout point se conformer à leurs instructions.

M. de Ruolz sera comptable de toutes les matières

mises à sa disposition, et tiendra les livres de fabrique nécessaires pour le contrôle de cette comptabilité.

ARTICLE 3.

MM. Christofle et C$_{ie}$ s'engagent de leur côté à payer
à M. de Ruolz des appointements annuels de 4,000
francs, lesquels lui seront comptés mois par mois.

ARTICLE 4.

M. de Ruolz pourra dépenser pour les essais et expériences dans ses recherches, tendant à améliorer les
procédés exploités, une somme annuelle de 1,200 francs,
laquelle somme il ne pourra dépasser sans le consentement exprès de MM. Christofle et Cie ; toutes dépenses relatives à ces essais seront particulièrement indiquées dans un compte spécial.

Étant formellement expliqué que les rapports de
M. de Ruolz seront personnels avec les chefs de l'établissement, auxquels il promet tout son temps, ses
soins et son industrie ; il sera chargé, en ce qui le concerne, de faire exécuter les règlements intérieurs qui
seront fixés par MM. Christofle et Cie.

ARTICLE 5.

Les présentes recevront leur exécution à partir du
premier mars mil huit cent quarante-deux, et conti-
nueront à faire loi entre les contractants pendant
toute la durée des brevets, soit par MM. Christofle

et Cie, soit par leur ayant cause, pour lesquels les présentes seront obligatoires. M. de Ruolz, de son côté, leur en promet l'exécution. MM. Christofle et Cie se réservent néanmoins toute liberté de renonciation à l'exploitation des brevets, ce qui amènera de plein droit la rupture des présentes.

ARTICLE 6.

M. de Ruolz, cependant, se réserve le droit de se faire remplacer, soit temporairement, soit pour toujours, ce qui ne pourrait avoir lieu sans l'acceptation préalable, par MM. Christofle et Cie, de la personne du remplaçant dont M. de Ruolz, dans tous les cas, serait et demeurerait garant. Sauf le cas de maladie constatée, M. de Ruolz s'engage à ne pas user de cette faculté avant trois ans.

ARTICLE 7.

M. de Ruolz, inventeur des procédés, devant conserver, aux termes des lois et règlements, le secret des procédés de la fabrication qu'il dirige, ne pourra, en cas de rupture des présentes, sauf le cas de renonciation par MM. Christofle et Cie à l'exploitation des brevets dont il s'agit, faire aucun travail ni prendre aucun intérêt, soit direct, soit indirect, dans un établissement ou dans un commerce du même genre ou analogue, pouvant faire concurrence, et ce pendant les quinze années qui suivront sa retraite, à moins que cette retraite ne soit tout naturellement amenée par l'expiration des brevets.

ARTICLE 8.

En cas de contestations sur l'exécution ou sur l'interprétation des présentes conventions, elles seront soumises à la décision souveraine de trois arbitres-juges, amiables compositeurs, et sans que leur décision, rendue à la majorité des voix, puisse être attaquée par aucun recours ou pourvoi.

Chacune des parties nommera son arbitre, et les deux arbitres nommés choisiront le troisième arbitre.

A défaut par les parties de faire leur choix, ou par les deux arbitres de nommer le troisième arbitre, le Tribunal de commerce y pourvoira.

ARTICLE 9.

Les frais d'enregistrement des présentes seront à la charge de celle des deux parties qui y donnera lieu.

Fait double entre les parties.

Paris, ce 14 mars 1842.

Approuvé l'écriture ci-dessus et d'autre part, *Approuvé,*

Signé : CH. CHRISTOFLE et Cⁱᵉ. Signé : H. DE RUOLZ.

HISTORIQUE

DES RELATIONS COMMERCIALES DE MM. CHRISTOFLE,
DE RUOLZ, CHAPPÉE ET ELKINGTON.

Dans le courant de janvier 1842, un de nos amis,
M. Roumier, nous conduisit chez M. Chappée, voir l'exposition que faisait M. de Ruolz des produits dorés et
argentés par lui.

M. Chappée nous dit que M. de Ruolz s'était résolu
à cette exposition, d'abord pour faire connaître au public son invention, puis pour mettre en position de
juger de son mérite les industriels qui voudraient traiter avec lui.

A la suite de cette visite, plusieurs pourparlers
eurent lieu; on tomba enfin d'accord sur les conventions, et un acte notarié, à la date du 12 mars 1842, fut
conclu avec M. Chappée qui, par acte également notarié en date du 24 août 1841, était devenu seul propriétaire apparent des brevets de M. de Ruolz.

Par l'article 16 de l'acte de cession de M. Chappée,
M. de Ruolz intervient. Il promet ses conseils, son

assistance, garantissant la propriété et l'efficacité de ses brevets, et s'engageant à les faire valoir, au besoin, contre tous contradicteurs.

Tout le monde comprendra qu'en présence de cet engagement de MM. de Ruolz et Chappée, on ne peut valablement nous opposer aujourd'hui tous les arguments employés alors à la défense commune, quand ces arguments étaient présentés sous notre nom, par M. de Ruolz et à son point de vue.

A la même date, par acte sous seings privés, M. de Ruolz est attaché à l'établissement en qualité de chimiste (Document nᵒ 3 *bis*).

Par ces conventions verbales (art. 2), M. de Ruolz s'engage à rechercher activement tous les perfectionnements et simplifications qu'il conviendrait d'apporter dans l'application des procédés nouveaux ; c'est en raison de cet engagement que des brevets d'addition ont été souvent demandés en notre nom, comme additions au brevet principal de M. de Ruolz.

Mais après juin 1845, époque à laquelle M. de Ruolz a cessé de faire partie de notre établissement et comme associé et comme chimiste, aucun brevet ayant trait à l'application des procédés électro-chimiques n'a été pris par nous.

Six semaines environ après la fondation de l'établissement, nous reçûmes la visite du représentant de M. Elkington qui, en son nom, nous menaça de nous poursuivre comme contrefacteur, si notre exploitation continuait ; nous l'engageâmes à prier M. Elkington de venir à Paris dans le plus bref délai, ce qu'il fit.

M. Elkington ne veut céder sur aucun point, M. de

Ruolz résiste ; les droits de M. Elkington nous paraissent si clairs, si évidents, que, ne voulant point nous exposer à être poursuivi comme contrefacteur, nous signifions notre intention bien formelle de renoncer à cette affaire, si l'on ne fait pas droit aux justes réclamations de M. Elkington, et nous sommes d'autant plus ferme dans notre résolution que l'inhabileté avec laquelle les procédés sont employés, soit par M. de Ruolz, soit par les personnes chargées par lui de leur application, nous a fait jusqu'alors dépenser des sommes assez importantes, non seulement sans résultat utile, mais encore en nous donnant des pertes très considérables.

Devant notre ferme résolution de renoncer à l'affaire, MM. de Ruolz et Chappée cèdent et consentent à une transaction avec M. Elkington. Cette transaction a lieu par l'intermédiaire de M. Trelon, honorable manufacturier à Paris.

Un acte notarié intervient à la date du 13 mai 1842 entre : d'une part,

M. Georges-Richard Elkington, propriétaire des brevets d'argenture, se portant fort pour M. Henri Elkington, propriétaire des brevets de dorure, et MM. Moullé frères, associés de ces Messieurs, et exploitant leurs inventions à Paris ;

Et d'autre part,

MM. Christofle et Rouvenat, associés sous la raison Ch. Christofle et C_{ie} et cessionnaires, comme il est dit plus haut, des brevets de MM. de Ruolz et Chappée.

Par les articles 1 et 2 dudit acte notarié, MM. Elkington et Christofle s'accordent réciproquement l'usage de tous leurs procédés brevetés ; MM. Christofle et Cie, en raison d'engagements antérieurement pris, se réservent le zincage.

Il est bon de noter ici que, tandis que MM. Elkington avaient limité leur invention et leurs droits à l'application de l'or et de l'argent, M. de Ruolz avait étendu ses brevets au cuivrage, au plombage, à l'étamage, au platinage, au nikelage, au zincage, etc.

L'article 3 du même acte dit que ces autorisations sont échangées sans soulte ni retour.

Mais, à la date du même jour, interviennent des conventions verbales expliquant les intentions des parties quant aux intérêts.

Dans l'art. 1ᵉʳ, M. Elkington accorde l'autorisation de se servir de ses procédés de dorure dite au trempé, et il prend également l'engagement de démontrer la possibilité de déposer, par les procédés galvaniques, 3 kilogrammes d'argent, moyennant une dépense qui n'excédera pas 120 francs. Cette opération nous coûtait alors à nous plus de 900 francs, ainsi que le démontre la comptabilité des ateliers de dorure et d'argenture, tenue par M. de Ruolz lui-même et écrite de sa main (Document nᵒ 3).

Par le même article, MM. Christofle et Cie s'engagent à payer à MM. Elkingtion, à titre de redevance, 25 p. 100 sur les bénéfices nets produits par leurs opérations.

C'est en vain que M. de Ruolz continuerait à soutenir que cette redevance n'est accordée à M. Elkington qu'en raison de l'autorisation donnée par lui, de se servir de ses procédés de dorure au trempé. En effet, l'art. 6 du même traité dit :

« Les présentes seront toujours obligatoires, même
« lorsque M. Elkington, ès-noms, succomberait dans
« le procès pendant, en ce moment, à l'occasion de son
« brevet de dorure au trempé, en date du 15 décem-
« bre 1836. »

Cette clause démontre évidemment que l'objet de la
redevance était l'autorisation à nous accordée par
M. Elkington de nous servir de ses procédés galvaniques contre la remise du quart de nos bénéfices et
l'autorisation que nous lui accordions de se servir de
tous les autres procédés brevetés par M. de Ruolz, tels
que le platinage, le plombage, etc., etc.

Ces conventions furent discutées et arrêtées en présence de MM. Chappée et de Ruolz, et ratification fut
donnée par M. Chappée, seul cessionnaire apparent des
brevets de M. de Ruolz, par sa lettre publiée plus loin
(Document n° 5).

M. Elkington remplit l'engagement pris par lui,
quant aux moyens économiques de déposer l'or et l'argent, par son procédé qui permet de maintenir constamment les bains à un degré de saturation uniforme, en y
plongeant une plaque d'or ou d'argent en contact direct
avec un des pôles de la pile, quand jusqu'alors, suivant
la direction donnée à nos travaux par M. de Ruolz lui-
même, lorsqu'ils étaient épuisés d'or ou d'argent, les
bains devaient être détruits et renouvelés, ce qui est
encore constaté dans le livre d'atelier précité.

Depuis cette époque, l'établissement se traîne difficilement au milieu de tous les embarras qui arrêtent
son développement, embarras résultant, et du peu de

concours prêté à l'entreprise par M. de Ruolz à cause
des poursuites incessantes de ses créanciers, et des
difficultés sans cesse suscitées par MM. Chappée et de
Ruolz, au sujet desquelles une sentence arbitrale est
rendue à la date du 13 mai 1845, et de la contrefaçon
surgissant de toutes parts, qu'il faut poursuivre et ré-
primer, et enfin, du peu d'accord existant entre les
nombreux intéressés dans l'affaire, sur la marche
commerciale à imprimer à la fabrication et à la vente
des produits : les uns veulent qu'on se livre à une fabrication à tout titre et à tout prix, pensant que c'est
le seul moyen de tirer un parti prompt et avantageux
de l'invention ; M. Christofle seul pense, au contraire,
que l'unique moyen d'assurer l'avenir est de ne pas le
compromettre au début par la vente de mauvais produits, ce qui avait déjà lieu. On lui résiste. En présence de toutes ces causes de ruine, M. Christofle,
voyant l'affaire et sa fortune compromise, conçoit le
projet de réunir tous les intérêts dans une même main,
et la direction sous une seule et unique volonté.

Après des pourparlers, les parties tombent d'accord;
MM. Elkington et Cie demandent et reçoivent pour
prix de la cession de tous leurs droits la somme de
500,000 fr., et MM. de Ruolz et Chappée celle de
150,000 fr., ainsi que cela résulte des documents
n°s 6 et 7.

Nous faisons observer, pour ordre, qu'en donnant
150,000 fr. à MM. de Ruolz et Chappée, ce ne sont
pas leurs droits à la dorure et à l'argenture que nous
payons, ce sont leurs brevets de cuivrage et de pla-

tinage, d'étamage, de plombage, de nickelage, etc., etc.,
dans l'avenir desquels M. de Ruolz avait la plus grande
confiance, comme cela est constaté dans le Rapport de
l'Académie, et dont nous espérions pouvoir tirer parti
nous-mêmes, et qu'en définitive nous avions déjà alié-
nés en en concédant l'usage à diverses personnes.

Dans le sous seing privé mentionnant la cession des
droits de M. Chappée (Document n° 7), se révèle pour
la première fois, la véritable position de M. de Ruolz à
l'égard de M. Chappée qui, dans tous les actes antérieurs, apparaît comme seul propriétaire des brevets,
lorsqu'en réalité il était son associé; et le motif de cette
dissimulation se trouve dans l'acte entre M. de Ruolz
et ses créanciers (Document n° 4).

Dans l'acte de cession (Document n° 7), M. Chappée
déclare avoir consenti à laisser toucher par M. de Ruolz
« la moitié de tous les bénéfices et avantages éventuels
« mentionnés dans l'acte sus-énoncé, 15 février 1841. »

Il est indispensable, pour bien établir la moralité des
actes de M. de Ruolz depuis que son nom est attaché à cette affaire, d'appeler la plus sérieuse attention
du Tribunal sur la clause 3me dudit acte (Document
n° 6) ainsi conçue :

« M. de Ruolz s'interdit expressément et sous peine
« de tous dépens, dommages et intérêts, de s'occuper
« en France et dans les États de la Grande-Bretagne,
« soit directement ou indirectement, de l'exploitation
« des procédés brevetés, ou de tous autres procédés
« analogues au dépôt des métaux les uns sur les autres,
« avant l'expiration du dernier brevet de M. Elkington

« à ce sujet ; mais il se réserve la faculté d'en faire usage
« dans tous autres pays. »

Et de la rapprocher des paragraphes 12 de sa lettre,
à l'Assemblée législative (Document n° 12), ainsi
conçue :

« *L'Assemblée, en faisant cette acquisition, n'achèterait*
« *donc en réalité que les chances d'un procès qui doit néces-*
« *sairement s'entamer le 1er janvier prochain, entre M. Chris-*
« *tofle d'une part, et de l'autre, toute l'industrie* AVEC MOI
« POUR AUXILIAIRE. »

C'est à partir du moment où nous avons été séparés
complétement de M. de Ruolz que notre Société a été
réellement constituée, et que, débarrassés de toutes
les entraves qui nous ont arrêté jusqu'à ce jour, nous
avons pu donner à cette affaire la direction qui fait
aujourd'hui sa réputation et sa prospérité.

C. C.

DOCUMENT N° 4.

ACTE ENTRE M. DE RUOLZ ET SES CRÉANCIERS.

Entre les soussignés :

1° M. Henri-Catherine-Camille DE RUOLZ, demeurant rue de Grenelle-Saint-Germain, n° 89 ;

2° M. Guillaume-Édouard CHAPPÉE, teinturier, demeurant rue du Hasard, n° 4 ;

3° . . . . . .

M. de Ruolz est inventeur d'un procédé pour argenter et dorer les métaux sans l'emploi du mercure. Ce procédé et divers autres perfectionnements ont été l'objet de plusieurs brevets dont il s'est pourvu. Suivant acte reçu par Mᵉ Beaufeu et son collègue, notaires à Paris, le 24 août 1841, enregistré, M. de Ruolz a cédé et transporté à M. Chappée tous les droits résultant pour lui desdits brevets énumérés audit acte ; et suivant un autre reçu par les mêmes notaires, en date du 15 octobre 1841, il a cédé au même sieur Chappée ses droits à divers brevets de perfectionnement obtenus depuis, le tout moyennant un prix énoncé et quittancé par lesdits contrats.

M. Chappée, ne voulant pas exploiter par lui-même l'invention dont il s'agit, a, suivant acte reçu par Mᵉ Buchère et son collègue, notaires à Paris, le 15 février 1842, cédé et transporté tous les droits qui lui provenaient de M. de Ruolz à M. Charles Christofle et M. Pierre-Léon

Rouvenat, fabricants de bijouterie, pour les exploiter par eux-mêmes exclusivement. Cette cession a eu lieu moyennant un prix éventuel, à savoir : une moitié dans les bénéfices et avantages que MM. Christofle et Rouvenat retireraient de l'emploi des moyens inventés et cédés par M. de Ruolz. *Il a été stipulé à cet effet que toutes les opérations relatives à cette nouvelle exploitation seraient consignées dans un certain ordre sur des registres spéciaux*, et que tous les six mois un bordereau indiquant le résumé des opérations et les bénéfices serait remis à M. Chappée, qui toucherait à la caisse de MM. Christofle et Rouvenat la moitié des bénéfices. Mais pour l'exploitation de ces nouveaux procédés, et surtout pour les perfectionnements, l'aide et le concours de l'inventeur étaient nécessaires ; en conséquence, au même acte est intervenu *M. de Ruolz, lequel, pour accomplir les obligations par lui précédemment prises, s'est obligé d'aider les cessionnaires de ses conseils et de ses soins pendant quatre années, et ce sans rétribution.* Jusqu'ici, il a loyalement accompli cette promesse, mais, pressé par des créanciers qu'il est dans l'impossibilité de satisfaire, inquiété par des poursuites, il n'a pas la tranquillité d'esprit nécessaire pour s'occuper de travaux scientifiques, et ne peut prêter aux fabricants un concours efficace et exempt de préoccupations étrangères.

Dans cette situation, M. Chappée, reconnaissant qu'il est de son intérêt, à raison de l'éventualité des bénéfices qui lui est accordée, d'attacher l'inventeur au développement de son invention dont les premiers essais promettent un avenir heureux ; que d'ailleurs ses sentiments d'estime lui font un devoir de venir à son aide, a réuni les créanciers de M. de Ruolz pour leur faire des propositions qui ont été acceptées, et qui seront en conséquence arrêtées dans les termes suivants :

ART. 1er. Les soussignés, créanciers de M. de Ruolz, s'unissent en direction pour liquider et répartir entre eux les valeurs ci-après abandonnées, et ce, dans les termes de l'art. 1267 du Code civil et de l'article 68, § 3, nº 6 de la loi du 22 frimaire an VII. A dater de ce jour, ils ne pourront transmettre leurs créances que sous la condition de l'exécution du présent acte, qui engagera eux et leurs ayants cause.

ART. 2. Pour opérer la liquidation et la répartition de ce qui pourra leur revenir dans l'abandonnement ci-après énoncé, M. de Ruolz et ses créanciers soussignés choisissent pour mandataire Mᵉ Beaufeu, notaire à Paris, auquel ils donnent pouvoir, par le présent acte, de toucher et recevoir de qui il appartiendra les sommes ou valeurs abandonnées, d'en donner bonne et valable quittance, et de les répartir au marc le franc des créances entre les soussignés.

ART. 3. En considération du présent contrat d'union, comme aussi de la renonciation qui va avoir lieu par les créanciers de M. de Ruolz à toutes poursuites contre ce dernier, et enfin comme condition expresse de l'acceptation par eux tous du présent contrat, M. Chappée *cède, abandonne et transporte, dès ce jour, à M. de Ruolz, qui l'accepte, la moitié de tous les bénéfices et avantages éventuels à lui réservés dans l'acte sus-énoncé du 15 février 1842 sans en rien réserver ni excepter,* s'engageant à lui tenir compte de cette portion de bénéfices ainsi abandonnés aux mêmes époques et sur les mêmes bases que celles stipulées pour lui-même dans cet acte, comme aussi l'autorisant dès ce jour à recevoir directement de la maison Christofle et Rouvenat, dans le cas où ceux-c

consentiraient à reconnaître la présente cession, et ce,
par dérogation aux conventions expresses par lesquelles
ils se sont réservé de n'avoir jamais à compter qu'avec
M. Chappée.

Art. 4. Sur cette portion de bénéfices éventuels ainsi
abandonnés à M. de Ruolz et *faisant le quart des bénéfices totaux* que la maison Christofle et Rouvenat reti-
rera de l'exploitation de ces nouveaux procédés, M. de
Ruolz abandonne à l'union de ses créanciers les trois
cinquièmes, se réservant seulement les deux cinquièmes
pour ses besoins personnels; les trois cinquièmes ainsi
abandonnés seront touchés directement par Me Beaufeu,
mandataire des créanciers et de M. de Ruolz, et sur la
simple quittance, soit de M. Chappée, soit de MM. Christofle et Rouvenat, puis seront répartis par lui au marc
le franc des créances jusqu'à extinction complète du
capital, des intérêts et frais.

Art. 5. En considération des abandons ci-dessus faits
par M. Chappée et par M. de Ruolz, les créanciers soussignés renoncent de la manière la plus formelle à toute
espèce de poursuites contre M. de Ruolz, soit par voie
de contrainte personnelle, soit par voie de saisie-arrêt
ou saisie mobilière; ils se réservent seulement la faculté
de saisir les biens qui arriveraient à M. de Ruolz par
succession ou donation; ceux d'entre les créanciers qui
auraient M. de Ruolz pour obligé solidaire renoncent
dès aujourd'hui à cette solidarité, et ne figureront à la
répartition que pour la part et portion due par lui, tous
les droits leur étant réservés contre les débiteurs soli-
daires.

Art. 6. Au moyen de l'exécution loyale et rigoureuse du présent arrangement, tous les créanciers ac-
tuels de M. de Ruolz s'interdisent formellement la faculté

de former aucune opposition aux mains de qui que ce
soit sur aucune valeur appartenant à leur débiteur, et
notamment aux mains de MM. Christofle et Rouvenat,
lesquels d'ailleurs ont stipulé la non-exécution à leur
égard de toutes cessions et délégations consenties par
M. Chappée.

ART. 7. Le présent acte n'aura de valeur qu'autant
qu'il sera accepté et signé par tous les créanciers de
M. de Ruolz; ceux-ci remettront leurs titres aux mains
de Mᵉ Beaufeu, notaire et mandataire de l'union; le
présent acte devra lui être déposé pour minute après
enregistrement.

*Puis sont écrites, au bas de la copie ci-dessus repro-
duite, les indications suivantes de la main même de
M. de Ruolz, lorsque nous avons résolu, en 1845, de
nous séparer absolument de lui :*

L'acte précédent ne porte aujourd'hui, 25 juin 1845,
que les signatures suivantes :

UHLENDORF, ancien tailleur, place Lafayette, n° 1.
Comte DE LANTIVY, consul de France à Jérusalem.
CARRÈRE VENTAL, propriétaire, rue Garancière, n° 6.
CHARDIN, parfumeur, rue du Bac.
GAUGDIAN, chef d'escadron d'artillerie en retraite,
    rue Godot, n° 1.
MASSIEUX, bijoutier, rue Mandar.
DELOBEL, coiffeur, rue de l'Université.
DUPREZ, artiste, rue Turgot.
LEBOIS, négociant, rue de Grammont, n° 8.
L'ÉCUYER DE VILLERS, propriétaire, rue Saint-Ni-
    colas-d'Antin.

Mme Johnson, propriétaire, boulevard Montmartre, n° 17.

Pillet, directeur de l'Opéra.

Knèg, tailleur, adresse inconnue.

Faral, négociant, rue de Grammont, n° 28.

H. DE RUOLZ [1].

(1) Cet acte démontre que, bien que M. Chappée nous ait cédé les brevets de M. de Ruolz dont il s'était rendu propriétaire, M. de Ruolz avait le quart des bénéfices possibles de l'exploitation de la dorure et de l'argenture électro-chimiques. Cet acte rend compte aussi de l'existence du registre de laboratoire tenu de la main de M. de Ruolz et qui forme le document n° 3.

Cet acte prouve aussi que M. de Ruolz nous devait son entier concours pour l'exploitation et le perfectionnement des nouveaux procédés de dorure et d'argenture. C'est à ce titre qu'il préparait les bains employés dans nos ateliers, *à l'aide* des prussiates brevetés avant lui par MM. Elkington (Documents n°s 2, 2 *bis* et 3). Le livre de laboratoire, qu'il a tenu, est témoin que notre industrie ne lui doit absolument rien. Son concours n'a d'ailleurs pas été gratuit, ainsi qu'il est dit dans cet acte, et même, après toute rupture avec nous, il a trouvé moyen de se faire attribuer la moitié des appointements donnés au chimiste de notre usine (Document n° 10).   C. C.

DOCUMENT N° 5.

COPIE D'UNE

LETTRE DE M. CHAPPÉE

ADRESSÉE A M. CHRISTOFLE

LE 15 AVRIL 1843.

Ratification de l'abandon fait à MM. Elkington de 25 p. 100 dans les bénéfices de l'exploitation des nouveaux procédés de dorure et d'argenture.

Monsieur,

Je viens reconnaître et ratifier, par cette lettre, les engagements que vous avez pris avec M. Elkington relativement à l'emploi qui vous est concédé par lui de ses procédés de dorure et argenture.

Je vous déclare ici que je connais les dispositions de l'acte intervenu entre vous et M. Elkington à la date du 11 juin 1842, et que j'en approuve les conditions. Il est donc et demeure pour l'avenir bien entendu que je consens à voir prélever une part de 25 p. 100 sur les bénéfices de votre fabrication avant le partage qui doit être fait entre nous de ces mêmes bénéfices.

En foi de quoi je signe et je paraphe cette lettre en date du 27 mars 1843.

Signé : CHAPPÉE.

DOCUMENT N° 6.

ACTE

ENTRE MM. CHRISTOFLE ET DE RUOLZ.

Entre les soussignés,

M. Henri-Catherine-Camille DE RUOLZ, demeurant à Paris, rue Neuve-Saint-Nicolas, 14 bis, d'une part ;

Et M. Charles-Henri CHRISTOFLE, négociant, demeurant à Paris, rue de Bondy, 52, d'autre part,

A été arrêté et convenu ce qui suit :

Par convention, en date de ce jour, M. Edouard Chappée a cédé, abandonné et transporté, sous la simple garantie de ses faits et promesses, à M. Charles-Henri Christofle, qui a accepté, la moitié de tous les bénéfices et avantages éventuels à lui réservés dans l'acte notarié du 15 février 1842, modifié par la sentence arbitrale du 13 mai dernier, déposé au greffe du Tribunal de commerce de la Seine, et rendu exécutoire, *déclarant ledit sieur Chappée que l'autre moitié appartient à M. de Ruolz et ne fait pas partie de la vente.*

M. Christofle, voulant acquérir la totalité des droits appartenant à M. Chappée et à M. de Ruolz, a proposé à ce dernier de lui acheter sa part éventuelle d'intérêt, proposition qu'il a acceptée aux charges, clauses et conditions suivantes :

ARTICLE PREMIER.

M. de Ruolz cède, abandonne et transporte sous la simple garantie de ses faits et promesses, à M. Charles-Henri Christofle, qui accepte, la part d'intérêt qui lui a été reconnue par M. Chappée, moyennant la somme de soixante-quinze mille francs, payable de la manière suivante :

1° Vingt-cinq mille francs comptant ;

2° Vingt-cinq mille francs à un an de date de ce jour en effets de commerce de diverses coupures ;

3° Vingt-cinq mille francs à deux ans de date en effets de commerce.

ARTICLE DEUXIÈME.

M. Christofle déclare que le prix de la présente vente n'a pas été compté à M. de Ruolz, et il s'oblige à le payer sur les mandats de ce dernier, au profit de ses créanciers, soit en espèces ou dans les valeurs à termes, à la charge par lesdits créanciers de rapporter à M. Christofle les originaux des oppositions formées dans ses mains ou dans celles de M. Chappée ; ces originaux devront être rentrés dans les mains de M. Christofle au plus tard dans la quinzaine de ce jour, et ce dernier devra immédiatement remettre à M. Fould, notaire, les sommes et les règlements qui devront parfaire les soixante-quinze mille francs stipulés ci-dessus.

ARTICLE TROISIÈME.

M. de Ruolz s'interdit expressément, et sous peine de tous dépens, dommages et intérêts, de s'occuper en France et dans les États de la Grande-Bretagne, soit directement, soit indirectement, de l'exploitation des procédés brevetés ou de tous autres procédés analogues au dépôt des métaux les uns sur les autres, avant l'expiration du dernier brevet de M. Elkington à ce sujet, mais il se réserve la faculté d'en faire usage dans tous autres pays.

ARTICLE QUATRIÈME.

Sur la foi de l'exécution pleine et entière des clauses et conditions du présent traité, les parties se tiennent quittes et libérées de tout ce qui est relatif à *cette affaire, tant pour le passé que pour l'avenir.*

L'enregistrement des présentes demeure à la charge de M. Christofle.

Fait double à Paris, le 23 juin 1845.

Signé : C. CHRISTOFLE[1].

H. DE RUOLZ.

(1) C'est malgré la clause formelle que contient l'article 3 de cet acte que M. de Ruolz prétend aujourd'hui pouvoir intervenir dans les procès que nous intentons aux contrefacteurs des procédés de MM. Elkington et se faire contre nous l'auxiliaire de l'industrie qui voudra exploiter des procédés relatifs au dépôt des métaux les uns sur les autres, quoiqu'il y ait encore quatre années à courir avant l'expiration des brevets de M. Richard Elkington pour l'argenture galvanique.

Cet acte prouve aussi que M. de Ruolz, par suite de ses conventions avec M. Chappée, était propriétaire de la moitié des bénéfices de notre exploitation, et que par conséquent M. Chappée n'a pu ratifier (Document précédent n° 5) l'abandon de 25 pour 100 fait à MM. Elkington, sans un consentement expressément donné par M. de Ruolz. M. de Ruolz a donc doublement reconnu que les droits de MM. Elkington sont supérieurs à ceux qu'il prétend avoir dans l'invention des nouveaux procédés de dorure et d'argenture.   C. C.

DOCUMENT N° 7.

ACTE
ENTRE M. CHAPPÉE ET M. CHRISTOFLE.

Entre les soussignés,

M. Guillaume-Edouard CHAPPÉE, teinturier, non sujet à patente pour le fait dont il s'agit, demeurant à Paris, rue du Hasard-Richelieu, 4, d'une part ;

Et M. Charles-Henri CHRISTOFLE, négociant et fabricant de bijouterie et dorure, demeurant à Paris, rue de Bondy, 52, d'autre part,

Il a été dit et exposé ce qui suit :

Par acte passé devant Me Beaufeu et son collègue, notaires à Paris, le 24 août 1841, M. Henri-Catherine-Camille de Ruolz, chimiste, demeurant à Paris, rue de Grenelle-Saint-Germain, 89, a cédé et transporté à M. Chappée, ci-dessus nommé, tous ses droits : 1° au brevet d'invention à lui accordé pour dix années, à compter du 19 déc. 1840, des moyens de dorer l'argent sans faire usage du mercure ; 2° au brevet de perfectionnement de son invention, en ce que ce procédé s'applique à la dorure des cuivres, du laiton, du bronze, du maillechort et de l'étain, et de plus à l'argentage de tous ces métaux et du fer ; ce brevet de perfectionnement daté du 17 juin 1841.

L'acte de cession a été visé au secrétariat de la préfecture de la Seine sous les n°s 11,854, le 16 novembre 1841.

Aux termes d'un acte du 15 octobre 1841 , reçu par ledit M° Beaufeu et son collègue, notaires à Paris, M. de Ruolz a cédé à M. Chappée tous ses droits à deux brevets de perfectionnement de l'invention qui a conduit à dorer l'argent sans faire usage du mercure ; lesdits brevets obtenus, l'un le 27 août, l'autre le 24 septembre 1841, et ayant pour résultat une économie dans l'exécution des procédés antérieurs , et l'application de divers métaux les uns sur les autres.

A différentes époques subséquentes, M. Chappée a pris des brevets d'addition et de perfectionnement en son nom personnel, qui se rattachent à l'invention dont il s'agit, et que lui avait cédés M. de Ruolz.

Suivant un autre acte reçu par M° Buchère , qui en a la minute, et son collègue, notaires à Paris, en date du 15 février 1842, enregistré, M. Chappée a cédé et transporté à MM. Christofle et Rouvenat tous ses droits à la propriété exclusive de l'invention brevetée et perfectionnée qu'il avait achetée de M. de Ruolz, et résultant du brevet originaire du 19 décembre 1840, et de divers brevets de perfectionnement et d'addition pris par M. de Ruolz ou par M. Chappée. Cette cession a été faite aux clauses et conditions relatées dans ledit acte dont les articles 6, 7 et 8 déterminent le prix et son mode de paiement.

Depuis, des conventions verbales sont venues modifier la part afférente à M. Chappée dans les bénéfices de l'exploitation, en réglementer le mode d'attribution et de comptabilité. Une sentence arbitrale rendue le 15 mai dernier par MM. Guibert, Jouve et Boulanger, déposée au greffe du Tribunal de commerce de la Seine, et rendue exécutoire, a statué sur des difficultés survenues sur la gestion de MM. Christofle et comp. En outre M. Chappée déclare avoir consenti à laisser toucher par M. de Ruolz la moitié de tous les bénéfices et avantages éventuels à lui réservés dans l'acte sus-énoncé du 15 février 1842; en sorte qu'aujourd'hui M. Chappée ne s'est plus réservé que la moitié des droits qui lui avaient été reconnus par ledit acte et par la sentence arbitrale du 13 mai dernier, tels qu'ils existent modifiés.

Au surplus, les parties reconnaissent que jusqu'à ce jour la redevance éventuelle a été improductive, et que dès lors aucune liquidation n'est à faire entre elles sur ce point; au besoin toute décharge étant réciproquement donnée et consentie en ce qu'elle concerne seulement les intérêts de M. Chappée qui font l'objet des présentes.

En cet état, M. Chappée a proposé à M. Christofle de lui céder et transporter tous les droits qui lui appartiennent dans les bénéfices de l'exploitation desdits brevets de dorure, argenture, ce qui a été accepté par lui. En conséquence les soussignés ont arrêté entre eux les conditions suivantes :

ARTICLE PREMIER.

M. Chappée cède, abandonne et transporte, sous la simple garantie de ses faits et promesses, à M. Christofle, qui accepte, la moitié des bénéfices et avantages éventuels à lui réservés dans l'acte du 15 février 1842, expliqué et modifié par la sentence arbitrale du 13 mai dernier, déclarant M. Chappée, *que l'autre moitié des-*

dits bénéfices appartient à M. de Ruolz et ne fait pas partie de la présente vente.

ARTICLE DEUXIÈME.

Cette cession est faite moyennant la somme de soixante et quinze mille francs payable comme suit :

1° Vingt-cinq mille francs que M. Chappée reconnaît avoir reçus de M. Christofle à l'instant comptant, dont quittance ;

2° Vingt-cinq mille francs, en cinq billets de cinq mille francs chacun, souscrits par M. Christofle à l'ordre de M. Chappée, et payables le 23 juin 1846 ;

3° Douze mille cinq cents francs, en une obligation de pareille somme, souscrite par M. Christofle au profit de M. Chappée, et payable le 23 juin 1847 ;

4° Douze mille cinq cents francs, en une obligation de pareille somme, souscrite par M. Christofle au profit de M. Chappée, et payable le 23 juin 1848.

Ces deux obligations ne seront exigibles que dans le cas seulement où le brevet principal délivré à **M. de Ruolz**, le 19 décembre 1840, ne serait pas invalidé par des jugements et arrêts passés en force de chose jugée. Les instances pendantes devant les Tribunaux n'empêcheraient pas le paiement intégral des obligations à leur échéance respective, si, avant chacune desdites échéances, M. Christofle ne justifiait pas de jugement ou arrêt passés en force de chose jugée qui invalideraient ledit brevet principal.

ARTICLE TROISIÈME.

M. Christofle s'oblige à garantir M. Chappée de l'effet de toutes réclamations et instances qui pourraient être introduites contre lui, à raison de l'abandon qu'il a fait à M. de Ruolz de la moitié des droits éventuels qui lui appartenaient, en vertu des actes précités, et spécialement de la part des créanciers de l'exploitation, de telle sorte que M. Chappée ne soit inquiété ni recherché à cet égard pour aucune cause que ce puisse être.

ARTICLE QUATRIÈME.

Sous la foi de l'exécution pleine et entière desdites conventions et du paiement des sommes ci-dessus stipulées, M. Chappée tient quitte et libéré M. Christofle du prix éventuel de la cession originaire des brevets d'invention et de perfectionnement dont il s'agit, sans aucune exception ni réserve. Il renonce également par ces présentes à s'immiscer à l'avenir, soit directement ou indirectement, dans aucune exploitation ayant pour objet le dépôt des métaux les uns sur les autres.

Toutefois il est bien entendu que M. Christofle se charge à ses risques et périls de la liquidation, soit activement ou passivement, des affaires antérieures à ces présentes, de manière que M. Chappée se trouve libéré de toutes répétitions généralement quelconques, relatives à ladite liquidation.

ARTICLE CINQUIÈME.

M. Chappée reconnaît que M. Christofle lui a remis à l'instant les cinq effets de 5,000 fr. chacun et les deux obligations de 12,500 fr. chacune énoncées dans l'article deuxième.

Fait double entre les soussignés, à Paris, le 25 juin 1848.

Signé : Approuvé l'écriture ci-dessus et d'autre part.

Charles CHRISTOFLE.

Approuvé l'écriture ci-dessus et d'autre part.

CHAPPÉE.

DOCUMENT N° 8.

LETTRE DE M. MATHIEU

AMI DE M. DE RUOLZ,

A M. CHRISTOFLE.

Monsieur,

J'ai épousé l'affaire dans laquelle vous êtes entré, non dans une vue d'argent, mais dans une *vue poétique*. C'est ainsi que je la vois encore aujourd'hui, malgré les quelques déceptions que nous avons eues, qui pour moi ne sont rien en présence de l'avenir. Tout ce qui se rattache à cette question m'émeut vivement aussi; en vertu de l'intérêt que je prends *à notre affaire*, pardonnez-moi ce mot, je ne dois rien négliger ni rien vous taire.

Comme ami de M. de Ruolz, je crois devoir intervenir, en prévenant, si je puis, une rupture que je regarderais comme fâcheuse. Le manque de confiance que vous paraissez avoir maintenant dans l'avenir de l'affaire, le doute que vous avez semblé émettre sur la validité des brevets, l'opinion que vous avez semblé laisser percer que quelques-uns des procédés de M. de Ruolz ne sèraient qu'une sorte de transformation de ceux de M. Elkington, toutes ces raisons ont blessé la susceptibilité de M. de Ruolz, et au moment où je l'ai quitté, il se disposait à vous adresser une lettre dans laquelle, quelque pénible qu'il pût lui être de perdre le fruit de plusieurs années de travaux, il renonçait à toute participation dans cette affaire, pensant que l'abandon de sa part d'intérêt serait considéré comme un dédommagement suffisant de sa non-coopération. Cette démoralisation, dont je n'ai pu me défendre moi-même, et qui, bien entendu, n'a aucun rapport avec vos projets d'arrangements, repose tout entière sur la disposition d'esprit dans laquelle vous paraissiez être hier ; disposition d'esprit qui a paru de nature à blesser la susceptibilité de M. de Ruolz, qui peut-être est exagérée, mais au moins honorable. J'ai, bien entendu, fait ce que j'ai pu pour combattre son opinion ; mais contre l'ordinaire, j'étais faible contre lui ; au fond, je pensais de même.

Voilà, Monsieur, les *réflexions* que je livre à votre sagacité ; j'ai cru de mon devoir de vous informer de tout avec franchise, comme je le ferai toujours en ce qui concerne vos intérêts, qui sont aussi les miens. Salut et considération. *Signé* : Mathieu.

J'ai dîné hier chez Chappée (il ignore cette lettre) ; le mal l'avait gagné aussi. Il m'a dit : « Depuis quelques jours je vois notre affaire avec peine. M. Christofle semble redouter Elkington, quand ce devrait être l'opposé qui devrait être. » — Qu'aurait-il dit, s'il avait entendu cette phrase : « Si j'étais juge, je donnerais raison à Elkington. »

Pour le mat fait hier soir, il est, de l'avis des connaisseurs de la maison, tout près du très bien.

Paris, 1er mai 1842.

Signé : Mathieu.

DOCUMENT N° 9.

REVENDICATION PAR MM. ELKINGTON DE LEURS DROITS
CONTRE M. DE RUOLZ.

TRADUCTION

D'UNE

LETTRE DE M. R. ELKINGTON

En date du 18 février 1842

EN RÉPONSE A UNE LETTRE DE M. TRELON, DE PARIS.

En réponse à votre lettre concernant mes brevets pour dorer et argenter, je regarde l'objet comme étant d'une trop grande importance pour l'arranger par correspondance, et, comme je serai bientôt forcé de faire un voyage à Paris, je préférerais que l'affaire restât en suspens jusqu'à mon arrivée.

Je suis surpris que vous paraissiez supposer que mon brevet a été mal décrit dans son exposé, et par conséquent sujet à contestation, car nous l'exploitons tous les jours, et nous en agissons ainsi depuis longtemps, et, de plus, nous avons donné des licences en Angleterre à des personnes qui réussissent également bien.

Je ne vois pas quel droit M. de Ruolz peut avoir, car il doit avoir pris son brevet pour le procédé dans une inexcusable ignorance de notre brevet, ou volontairement connaissant son existence. *Pendant huit mois il a pu le consulter au bureau des brevets à Paris* . Des lectures publiques en ont été faites plusieurs fois en Angleterre, et il en a été parlé dans les divers écrits périodiques qui circulent à Paris.

Je serais le dernier à nuire à M. de Ruolz injustement; mais s'il est dans son tort, soit volontairement, soit par ignorance, il ne faut pas qu'il compte établir son droit par la respectabilité ou le crédit des personnes qu'il a persuadées qu'il est l'inventeur, car je suis tout à fait disposé à dépenser autant d'argent que l'affaire en exigera pour défendre mes propres droits, soit contre lui, soit contre ses amis.

Il y a encore une autre question que je veux mentionner pour qu'il la *considère mûrement* (quoique je ne puisse admettre le fait pour exact un seul instant), mais supposant, comme vous le dites, qu'il pourrait attaquer mon brevet pour quelque cause que ce soit.

Le sien (comme privilége) ne vaudrait pas un shelling, car mon brevet pourrait être exploité par tout le monde, par suite de la grande publicité qui lui a été donnée avant la date de son brevet.

Je suis entré dans tous ces détails pour vous éclairer vous-même; en même temps, je ne désire pas faire un procès, et je ne dis pas que je refuserais de combiner les brevets à de certaines conditions; mais il me faut connaître le mérite réel de l'affaire avant d'y consentir, et savoir si M. de Ruolz a fait à notre procédé quelque perfectionnement que j'ignore.

Si le retard vous paraît devoir porter préjudice à l'affaire, et que vous désiriez, comme intermédiaire, prenez les avis ou les désirs de vos amis à cet égard, et faites-moi une proposition; je vous répondrai immédiatement.

Je suis, etc.

Signé : R. ELKINGTON.

DOCUMENT N° 10.

SOMMES PAYÉES

A M. DE RUOLZ ET A SES CRÉANCIERS

M. de Ruolz a reçu (Document n° 6) . 75,000   »

M. Chappée (Document n° 7) 75,000   »

En outre M. Chappée a touché . . . 10,080   »

et M. de Ruolz a reçu :

Pour l'année 1842. 7,425   55

Pour l'année 1843. 3,502   85

Pour l'année 1844. 3,838   50

Et en 1845 il s'est fait remplacer comme chimiste par M. Mabrun, qui a touché du 1er mai 1845 au 30 juin 1847 8,666 fr., dont la moitié a été versée par lui à M. de Ruolz.. . . . . ci. 4,333   »

Total. 179,099   90

C. C.

DOCUMENT N° 11.

CONTREFAÇON DES PROCÉDÉS DE MM. ELKINGTON.

ARRÈT

CONTRE ROSELEUR ET AUTRES.

RÉPUBLIQUE FRANÇAISE.

Au nom du Peuple français,

La Cour d'appel de Paris, chambre des appels de police correctionnelle, a rendu, le 9 mars 1848, l'arrêt dont la teneur suit :

Entre :

1° Alfred-Guillaume Roseleur, âgé de 26 ans, chimiste, né à Limoges, demeurant à Paris, rue Saint-Jacques, 77;

2° François-Jules Garnier, âgé de 39 ans, doreur, demeurant à Paris, rue Aumaire, 10;

3° Louis-Frédéric Clomesnil, doreur, âgé de 39 ans, demeurant a Paris, rue de Montmorency, 58;

Prévenus, défendeurs, appelants du jugement ci-après daté et énoncé, comparants à l'audience, assistés de Mᵉˢ Crémieux, Liouville et André, leurs avocats,

D'une part;

Et Charles-Henri Christofle, âgé de 41 ans, manufacturier, gérant de la Société en commandite pour la dorure et l'argenture connue sous la raison sociale Charles Christofle et Cie, demeurant à Paris, rue de Bondy, n° 52, plaignant, demandeur intimé, comparant à l'audience assisté de Me Arago,

D'autre part;

En présence du procureur général joint dans la cause et anticipant.

Lesdits Roseleur, Clomesnil et Garnier sont appelants, par acte passé au greffe le 30 août dernier, d'un jugement contradictoire du Tribunal de police correctionnelle de Paris, 6e chambre, en date du 28 du même mois et dont la teneur suit :

« En ce qui concerne la dorure :

« Attendu que si Henri Elkington, aux droits duquel « sont aujourd'hui Christofle et Cie, a, dans le brevet « pris par lui le 11 octobre 1836 pour la dorure tant « par immersion que par la pile dans un bain d'or en « dissolution, breveté l'emploi du bicarbonate de soude « et de potasse considéré isolément comme individu « ayant une vertu *sui generis*, il n'en est pas de même « des brevets de perfectionnement par lui pris pour le « même objet le 27 novembre 1837, le 29 septembre 1840 « et 1er octobre 1841 ;

« Qu'il résulte en effet clairement des termes de ces « divers brevets, soit qu'on les considère isolément ou « tous les trois dans leur ensemble, que Elkington avait « alors découvert la puissance d'action appartenant par- « ticulièrement à la soude et à la potasse, et qu'il bre- « vète ces deux substances alcalines comme bases prin- « cipales et efficientes de la dorure dans les diverses « combinaisons qu'il indique de ces substances avec « divers acides, tels que les acides carbonique, muria-

« tique, sulfurique, nitrique, borique et prussique,
« combinaisons formant les sels connus et désignés sous
« les noms de carbonates, muriates, sulfates, nitrates,
« borates et prussiates de potasse et de soude ;

« Que cela résulterait de la diversité même de ces
« combinaisons si les termes desdits brevets pouvaient à
« cet égard laisser le moindre doute;

« Attendu qu'il appert du Rapport des experts com-
« mis, en date à la fin du 22 mars 1847, et des pièces
« et documents fournis, que personne, avant Elkington,
« n'avait fait cette découverte et l'emploi de ces sub-
« stances pour la dorure par immersion dans un bain
« d'or en dissolution ;

« Que le procédé indiqué dans le *Journal des connais-*
« *sances usuelles et pratiques*, tome XI, page 34 de l'an-
« née 1830, et dans lequel on rencontre l'emploi du
« tartre cru (tartre acidulé de potasse) est un procédé
« par amalgame de zinc et de mercure dans lequel l'or
« n'est pas en dissolution, une simple modification de
« l'ancienne méthode des doreurs, qui ne saurait être
« confondue avec la méthode inventée par Elkington,
« et que d'ailleurs l'emploi de ce sel, pris de même que
« dans la pensée du premier brevet d'Elkington isolé-
« ment et comme individu ayant une vertu *sui generis*,
« laissait dans le domaine de l'inconnu la part efficiente
« et principale qui revenait en particulier à la potasse
« dans ces opérations;

« Attendu que l'efficacité de la soude ou de la potasse,
« employée comme agent principal dans les procédés
« d'Elkington, ne saurait être contestée;

« Qu'il est en effet reconnu au procès qu'on ne sau-
« rait obtenir, par l'acide seul, de la dorure par immer-
« sion dans un bain d'or en dissolution, et qu'il est dé-

« montré par les expériences auxquelles se sont livrés
« les experts, qu'on peut au contraire dorer dans la po-
« tasse ou de la soude dégagées d'acides, et que même
« ces derniers agents, plus ou moins nécessaires, mais
« évidemment secondaires, opposent par leur propre
« nature, a la bonne réussite de la dorure, des obstacles
« qu'il est indispensable de surmonter par l'excès de la
« substance alcaline ;

« Que cette efficacité de la potasse et de la soude, et
« le besoin de leur excès, est reconnue par Roseleur lui-
« même dans les brevets qu'il a pris pour le même objet
« les 11 septembre 1845 et 1er avril 1846, alors qu'il
« force la dose de ces substances pour rendre son bain
« plus alcalin et plus efficace ;

« Qu'il est constant pour tous et reconnu par les pré-
« venus eux-mêmes, que par les procédés dont il s'agit
« Elkington a perfectionné l'art de la dorure et a fait
« faire un pas immense à cette industrie ; que si Elking-
« ton ne pouvait breveter d'une manière absolue l'em-
« ploi de la potasse et de la soude, qui étaient évidemment
« connues et inventées avant lui, il a pu très valablement
« breveter, comme il l'a fait, pour un mode nouveau et
« déterminé, l'emploi de ces substances et leurs combi-
« naisons; qu'on ne saurait dès lors employer ces mêmes
« substances pour le même objet, le même produit in-
« dustriel, sans commettre un délit de contrefaçon, soit
« qu'on les emploie dans leurs combinaisons avec les
« acides par lui nominativement désignés, soit qu'on le
« fasse en substituant d'autres acides à ceux-ci ;

« Qu'on ne saurait voir d'autre différence entre ces
« deux cas que celle existant entre la contrefaçon ouverte
« et la contrefaçon déguisée; qu'il n'y a lieu du reste de
« s'occuper du mérite des brevets précités en ce qui con-

« cerne l'ammoniaque et ses divers sels qui font aussi
« l'objet desdits brevets alors qu'aucune contrefaçon
« n'est imputée sur ce point aux prévenus.

« En ce qui concerne l'argenture :

« Attendu que si par le brevet du 14 juillet 1838,
« Georges-Richard Elkington, aux droits duquel sont
« aujourd'hui Christofle et Cie, n'a fait que modifier, en
« la simplifiant et en y ajoutant du bichlorure de mer-
« cure, le procédé du bouillitoire qui était dans le do-
« maine public et dont la formule indiquée dans le
« *Journal des connaissances usuelles et pratiques*, du mois
« de juin 1834, page 161, contenait du muriate de soude
« et d'ammoniaque, du sulfate de soude ou de potasse,
« et du nitrate, azotate et bitartrate de potasse, et si les
« droits résultant de ce brevet ne peuvent s'étendre
« au-delà de cette simple modification qui n'introdui-
« sait pas dans l'argenture un procédé nouveau, il n'en
« est pas de même du brevet pris le 29 septembre 1840
« par ledit Richard et de celui pris le 29 décembre 1841
« par Chappée, aux droits duquel sont également Chris-
« tofle et Cie ;

« Qu'il résulte de l'examen desdits brevets, du Rap-
« port des experts et des pièces et documents produits
« au procès, que ces brevets contiennent une véritable
« invention; que les sels employés jusque-là et énoncés
« au bouillitoire étaient impropres à opérer la com-
« plète dissolution des sels d'argent, beaucoup moins
« solubles que les sels d'or; que Richard Elkington, en
« découvrant dans les prussiates de potasse et de soude,
« objets du premier brevet, et Chappée dans les hyposul-
« fites de potasse et de soude, objets du second, la vertu
« qu'on n'avait pu trouver dans les sels précédemment
« employés, ont résolu le problème de l'argenture par

« immersion dans un bain d'argent en dissolution, et
« élevé l'industrie au niveau de celle de la dorure ;

« Que si à côté de l'emploi des prussiates de Richard
« Elkington, l'emploi des hyposulfites de Chappée pouvait
« encore être regardé par tous autres que les gens de la
« science comme une invention, il n'en saurait être de
« même des sulfites de potasse et de soude que Roseleur
« a fait breveter, et qu'il prétend, avec Clomesnil, em-
« ployer pour l'argenture ;

« Qu'on ne saurait trouver en effet le mérite d'une
« invention dans la substitution d'un de ces sels à l'au-
« tre, alors que les deux sels sont composés des mêmes
« éléments, à la seule différence que l'acide sulfureux
« combiné dans les deux l'est avec moins d'oxygène dans
« l'un que dans l'autre, et alors surtout que le sulfite,
« qui contient plus d'oxygène que l'hyposulfite, est par
« cela même moins propre au but proposé en raison de
« sa plus grande instabilité ;

« Que cette substitution n'est autre chose qu'un moyen
« employé pour déguiser la contrefaçon ; qu'on ne sau-
« rait objecter qu'avant Richard Elkington et Chappée,
« l'hyposulfite de potasse et de soude avait été employé
« par Smée et qu'il était dans le domaine public ; que ce
« serait faire une confusion entre l'hyposulfite d'argent
« par lui employé, sel simple d'oxyde d'argent et d'acide
« hyposulfureux, et l'hyposulfite d'argent et de potasse,
« sel double breveté par Chappée ;

« Qu'on ne peut obtenir, il est vrai, l'hyposulfite d'ar-
« gent en ajoutant au nitrate d'argent un hyposulfite,
« comme le dit Smée, mais qu'on l'obtient par l'effet
« d'un double échange entre l'oxyde d'argent qui, s'em-
« parant de l'acide hyposulfureux, se précipite en hypo-
« sulfite d'argent, tandis que l'oxyde de potassium aban-

« donné par cet acide s'empare en retour de l'acide
« nitrique et forme avec lui du nitrate de potasse en état
« de dissolution ;

« Que ni le texte de Smée, ni les faits ne permettent
« de lui attribuer autre chose que l'emploi de l'hyposul-
« fite d'argent pour l'argenture ; qu'il ne parle en effet
« que de cet hyposulfite et qu'il reconnaît qu'avec le sel
« qu'il emploie l'argenture est très difficile, tandis qu'il
« est constant, depuis la découverte de Richard Elkington
« et de Chappée, qu'avec l'hyposulfite double d'argent et
« de potasse, comme avec les prussiates, l'argenture s'o-
« père sans aucune difficulté.

« Attendu qu'il résulte de l'analyse faite par les ex-
« perts, des bains saisis et de toutes les autres circon-
« stances de la cause, que Roseleur et Clomesnil se sont
« servis pour la dorure et l'argenture, et Garnier pour
« l'argenture, des substances brevetées par Christofle
« et Cie ou ses cédants, et se sont ainsi livrés à l'argenture
« et à la dorure, en contrefaçon de ses procédés ;

« Que les moyens de contrefaçon étaient fournis à
« Garnier et à Clomesnil par Roseleur, et qu'en cet état,
« celui-ci ne saurait être considéré comme s'étant livré à
« ces opérations dans l'intérêt de la science seulement ;

« Attendu qu'il n'importe aucunement dans la cause
« que Elkington, pour l'emploi de la pile à la dorure et à
« l'argenture, ait été devancé ou non par Brugnatelli et
« Bœttger, et puisse ou non réclamer à cet égard des
« droits privatifs en vertu de ses brevets, alors qu'il est
« constant au procès que les bains dans lesquels les pré-
« venus auraient employé ce moyen sont la contrefaçon
« de ceux dont Elkington est l'inventeur ;

« Qu'il est évident, en effet, que, quelle que soit l'amé-
« lioration apportée à la dorure et à l'argenture par

« l'emploi de la pile, et quelle que soit la différence qu'il
« puisse y avoir dans son mode d'action, on ne saurait,
« sans violer tous les principes sur la matière et sans
« dépouiller le breveté de la propriété que lui assure la
« loi, admettre que l'application de ce procédé puisse
« être faite à l'aide des substances et combinaisons chi-
« miques qui font l'objet du brevet, et cela pour obtenir
« les mêmes produits que ceux qu'il s'est proposés;

« Qu'ainsi, dans tous les cas, Roseleur, Clomesnil et
« Garnier se sont rendus coupables du délit de contre-
« façon prévu et réprimé par les articles 40 et 49 de la
« loi du 5 juillet 1844,

« Faisant application desdits articles, dont il a été
« donné lecture par le président,

« Condamne Roseleur à 500 fr. d'amende, Clomesnil
« à 200 fr. d'amende, et Garnier à 100 fr. d'amende;

« Ordonne la confiscation des objets saisis et décrits
« par les procès-verbaux des 10 septembre 1845, 18 avril
« et 20 juin 1846, et leur remise à Christofle.

« En ce qui touche la demande à fin de dommages-in-
« térêts et de suppression du Mémoire produit dans la
« cause par Roseleur, commençant par ces mots : *Per-*
« *mettez-moi de répondre*, et finissant par ceux-ci : *ne vous*
« *garde aucune reconnaissance;*

« Attendu que, par la contrefaçon dont il s'agit, il a
« été causé à Christofle un véritable dommage dont il lui
« est dû réparation, et que le Tribunal est à même d'ap-
« précier d'après les éléments du procès; que la publi-
« cité est le juste complément de ces réparations; que,
« d'un autre côté, il est constant que le Mémoire sus-
« énoncé contient, à la page 63, paragraphes 1er, 2 et 4,
« des imputations injurieuses et diffamatoires; »

Condamne Roseleur, Clomesnil et Garnier à payer à

Christofle, à titre de dommages-intérêts, par corps, savoir : Roseleur 10,000 fr., Clomesnil 1,500 fr. et Garnier 1,000 fr.; ces deux derniers, chacun en ce qui le concerne, solidairement avec Roseleur.

Vu l'article 23 de la loi du 17 mai 1819 dont il a été donné lecture par le président,

Ordonne la suppression des passages sus-relatés du mémoire dont il s'agit ; ordonne que le présent jugement sera inséré par extrait contenant ses motifs et son dispositif dans six journaux, au choix du demandeur et aux frais des condamnés.

Condamne Roseleur, Clomesnil et Garnier aux dépens, chacun en ce qui le concerne; lesdits dépens avancés par Christofle sont liquidés, savoir : pour ceux à la charge de Roseleur à 5,591 fr. 10 c.; pour ceux à la charge de Clomesnil à 1,440 fr. 35 c., et pour ceux à la charge de Garnier à 1,457 fr. 15 c.

Fixe à deux années la durée de la contrainte par corps contre chacun d'eux, conformément aux dispositions de la loi du 17 avril 1832.

La cause portée à l'audience publique du jeudi 10 février 1848, ouï le rapport de M. le conseiller de Bastard ;

Ouï les parties dans leurs dires et déclarations, ensemble dans leurs réponses aux interpellations de M. le président ;

Ouï pour les prévenus Me Liouville dans ses observations et conclusions.

A l'audience du vendredi 11 février, où la cause a été continuée, ouï pour lesdits prévenus Me André dans la première partie de sa plaidoirie.

A l'audience publique du lendemain samedi 12 février, ouï Me André dans la continuation de sa plaidoirie.

A l'audience publique du jeudi 17 février, ouï pour la partie civile Mᶜ Arago, avocat, dans ses observations et conclusions.

A l'audience publique du vendredi 18 février, ouï Mᶜ Crémieux pour les prévenus, en ses observations et conclusions tendantes à une nouvelle expertise;

Ouï Mᵉ Arago en ses observations nouvelles pour Christofle et compagnie ;

Ouï Roseleur en ses moyens personnels de défense.

A l'audience publique du jeudi 9 mars, où la cause a été de nouveau continuée, ouï pour le procureur général M. Lascous, substitut, qui a déclaré s'en rapporter à la sagesse de la Cour.

Vu enfin toutes les pièces du procès et après en avoir délibéré,

La Cour, statuant sur l'appel interjeté par Roseleur, Garnier et Clomesnil, du jugement du tribunal correctionnel de la Seine, en date du 28 août 1847, et y faisant droit,

Considérant qu'aux termes de l'article 2 de la loi du 5 juillet 1844, sont considérées comme inventions ou découvertes nouvelles, non-seulement l'invention de nouveaux produits industriels, mais encore l'invention de nouveaux moyens ou l'application nouvelle de moyens connus pour l'obtention d'un résultat ou d'un produit industriel ;

Considérant que les 15 décembre 1836, 15 novembre 1837, 2 mars et 1ᵉʳ juin 1838, Henri Elkington a obtenu un brevet d'importation de quinze ans et des brevets de perfectionnement et d'addition pour un procédé de dorure par immersion sur certains métaux et autres objets ;

Que le 29 septembre 1840, par un brevet d'addition

au brevet principal du 15 décembre 1836, il s'est fait
breveter pour un procédé de dorure par immersion en
cas de l'obtention d'une couche d'or faible, de dorure
par la pile en cas qu'on veuille avoir une couche d'or
plus épaisse ;

Que le 22 mars 1839, Georges-Richard Elkington a
obtenu un premier brevet d'importation et de perfection de dix ans pour divers procédés propres à argenter et pour colorer tous les métaux qui en sont susceptibles ;

Que les 28 décembre 1840, 10 mars 1842 et 27 mars
1844, ledit Georges-Richard Elkington a obtenu des
brevets d'importation et de perfectionnement de quinze
ans pour divers procédés propres à argenter les métaux,
tant par immersion que par la pile ;

Considérant que les descriptions jointes auxdits brevets dont Christofle et compagnie sont aujourd'hui cessionnaires sont suffisantes pour leur exécution ; qu'elles
indiquent d'une manière complète et loyale les véritables
moyens des inventions ;

Considérant qu'il résulte de l'examen desdits brevets,
du Rapport des experts, des pièces et documents produits,
que ces brevets contiennent l'invention de nouveaux
moyens ou l'application nouvelle de moyens connus pour
obtenir des produits industriels ;

Que si avant Henri et Richard Elkington , *de savants
chimistes français et étrangers avaient cherché à obtenir les
mêmes résultats, il est constant, par tous les documents de la
cause, que leurs travaux ne peuvent être considérés que
comme de simples essais qui n'ont reçu aucune application
industrielle, d'où il suit que les brevets sus-énoncés contiennent une véritable invention* ;

Considérant qu'il est établi par les bains saisis, les

expertises auxquelles il a été procédé et par toutes les circonstances de la cause, que Roseleur et Clomesnil se sont servis pour la dorure et l'argenture, et Garnier pour la dorure, des substances brevetées par lesdits Elkington ; que Roseleur a fourni à Clomesnil et Garnier les moyens de contrefaçon ;

Qu'en vain les prévenus soutiennent avoir employé des substances différentes de celles brevetées par lesdits Elkington ; *qu'il a été démontré par l'expertise que ses substances ne sont que des équivalents, dont la base est la même, qui n'ont eu pour objet que de masquer la contrefaçon et ne peuvent en faire disparaître le caractère*;

Adoptant au surplus les motifs des premiers juges,

Considérant qu'il résulte de ce qui précède que les demandes en nullité des brevets Elkington ne sont pas fondées; qu'il n'y a lieu, la Cour étant suffisamment éclairée, de faire droit aux conclusions subsidiaires des prévenus tendantes à de nouvelles expertises, et que c'est avec raison que les premiers juges ont déclaré Roseleur, Clomesnil et Garnier coupables du délit de contrefaçon prévu et puni par les articles 40 et 49 de la loi du 5 juillet 1844.

La Cour, par ces motifs, sans s'arrêter aux demandes en nullité des brevets d'Elkington, non plus qu'aux dites conclusions subsidiaires,

Met les appellations au néant, ordonne que ce dont est appel sortira effet, et néanmoins réduit à 250 fr. l'amende et à 5,000 fr. les dommages-intérêts auxquels Roseleur a été condamné.

Réduit aussi à une année la durée de la contrainte par corps prononcée.

Condamne les appelants aux frais du procès, lesquels

sont liquidés : ceux faits à la requête du ministère public
à 18 fr. 20 c., et ceux avancés par la partie civile à
33 fr. 46 c., non compris le timbre, l'enregistrement,
le coût et la signification du présent arrêt.

Déclare la partie civile tenue personnellement des dépens envers le trésor, sauf son recours de droit.

Fait et prononcé au Palais de Justice à Paris, le
9 mars 1848, en l'audience publique de la Cour où sié-
geaient M. de Glos, président, MM. Chaubry, Chalret-
Durieu, de Bastard, Perrot de Chézelles aîné, Roussigné,
Zangiacomi et Boulloche, conseillers, lesquels, ainsi que
le greffier, ont signé le présent arrêt.

Nous, membres du Gouvernement provisoire, man-
dons et ordonnons à tous huissiers sur ce requis de
mettre le présent arrêt à exécution ;

Aux commissaires du gouvernement près les tribunaux de première instance et aux procureurs généraux
d'y tenir la main ;

A tous commandants et officiers de la force publique
d'y prêter main-forte lorsqu'ils en seront légalement
requis.

En foi de quoi le présent arrêt a été signé par le président, par les conseillers et par le greffier.

En marge de la minute est écrit :
Enregistré à Paris, le 18 mars 1848, folio 38, case 6,
reçu 3 fr. 50 c., dixième compris.

Signé : CÉZERAC.

Par la Cour.

Pour le greffier en chef.

Signé : Martin CRAPOUEL, greffier.

Nota. Par acte reçu au greffe, le 11 mars 1848, les

sieurs Roseleur, Clomesnil et Garnier ont formé un pourvoi en cassation contre le présent arrêt.

Signé : Martin Crapouel [1].

§ (1) Ainsi que nous avons eu occasion de le dire, il faut remarquer, dans cet arrêt, que pour condamner M. Roseleur comme contrefacteur, la Cour d'appel de Paris ne s'est appuyée que sur les brevets Elkington. Nous pouvons dire, en appliquant à M. de Ruolz l'un des principaux *Considérants* de cette mémorable décision judiciaire : « Les substances, *brevetées par M. de Ruolz,* ne « sont que des équivalents, dont la base est la même, qui n'ont eu « pour objet que de masquer la contrefaçon et ne peuvent en faire disparaître le caractère. »

C. C.

REJET DE LA DEMANDE EN DÉCHÉANCE DES BREVETS DE M. H. ELKINGTON.

EXTRAIT DE L'ARRÊT DE LA COUR D'APPEL DE PARIS CONTRE SIMON, BÉDIER ET CONSORTS.

En ce qui touche la question de déchéance :

Considérant qu'aux termes de la loi du 7 janvier 1791, tout idée nouvelle dont la manifestation ou le développement peut devenir utile à la Société sert de base légale à l'obtention d'un brevet d'invention ou d'importation ;

Considérant qu'à la date du 15 décembre 1836, Henri Elkington a obtenu en France un brevet d'importation de quinze ans, pour un procédé perfectionné de dorure sur certains métaux et autres objets ; que dans le Mémoire descriptif annexé à sa requête il déclare qu'aux anciens modes de dorer, et notamment à l'amalgame d'or et de mercure en usage dans le commerce, il entend substituer l'emploi du carbonate de potasse ou de soude combiné avec une dissolution d'or ; que c'est là particulièrement ce qu'il réclame comme sa propriété ; que ce procédé constitue une véritable invention ; qu'à la vérité le bain d'or alcalin, tel qu'il est composé par Elkington, était connu depuis longtemps et décrit dans les ouvrages de plusieurs chimistes, mais que personne ne lui avait reconnu la propriété de dorer les objets en cuivre ou en alliage de ce métal ; que du moins il n'est justifié d'aucune publication qui ait indiqué le bain d'or alcalin comme ayant la propriété de dorer ces objets; qu'ainsi, jusqu'à l'obtention du brevet, la découverte était restée purement scientifique, et que c'est Elkington qui le premier en a fait l'application spéciale et positive à l'industrie de la dorure; qu'il a donc pu par l'obtention d'un brevet s'assurer en France la jouissance exclusive du procédé nouveau par lui importé;

Considérant, d'autre part, qu'il n'est nullement établi que, dans son Mémoire descriptif, Elkington ait dissimulé une partie essentielle de son procédé de dorure, ou qu'il ait employé dans sa fabrication des moyens secrets non détaillés par lui dans sa spécification ; qu'en 1836, époque à laquelle son brevet lui a été délivré, le procédé était nouveau et réclamait des améliorations pour lesquelles il a depuis obtenu des brevets de perfectionnement ; que néanmoins il est résulté *des expériences faites devant la Cour, en présence des experts et de toutes les parties, qu'en se conformant aux formalités indiquées au Mémoire descriptif annexé au brevet originaire, Elkington a obtenu de belles dorures, des dorures évidemment acceptables par le commerce;* qu'ainsi, sous l'un comme sous l'autre rapport, Elkington n'a point encouru la déchéance de son brevet d'importation ;

En ce qui touche les dommages-intérêts réclamés par Simon, Bédier et consorts ;

Considérant que le Tribunal de police correctionnelle est resté saisi de la plainte en contrefaçon portée par Elkington contre Simon, Bédier et autres ; qu'à lui seul par conséquent appartient le droit de statuer sur le mérite des saisies auxquelles cette plainte a donné lieu, et sur les dommages-intérêts qui pourraient en être la conséquence ;

A mis et met les appellations et la sentence dont est appel au néant[1].

(1) Cet arrêt comme le précédent a été confirmé par la Cour de cassation.   C. C.

DOCUMENT N° 11 TER.

TABLEAU

DU NOMBRE DES SAISIES EFFECTUÉES CHEZ DES CONTREFAC-
TEURS DE MM. ELKINGTON.

1842.	1
1843.	3
1844.	44
1845.	47
1846.	80
1847.	47
1848.	16
1849.	22
1850.	15
1851 (six mois).	12
Total.	287

Dans tous nos procès, sauf pour ceux antérieurs à
1844, les tribunaux ne se sont appuyés, pour condamner
les contrefacteurs, que sur les brevets de MM. Elkington.
S'ils ont, dans l'origine, visé les brevets de M. de Ruolz,
cela tient à ce que M. de Ruolz rédigeait d'abord nos dires
auprès des experts et préparait les plaidoiries. Mais à
partir de 1845, on a été édifié sur la nullité de ses droits.

C. C.

DOCUMENT N° 12.

LETTRE DE M. DE RUOLZ

AUX MEMBRES DE L'ASSEMBLÉE NATIONALE.

Paris, le 15 novembre 1850.

Monsieur le représentant,

Au moment où la maison Christofle vous fait proposer le rachat des brevets qu'elle exploite depuis nombreuses années, je crois servir les intérêts publics en présentant à l'Assemblée quelques observations de nature à lui faire repousser une telle proposition.

M. Christofle, au premier abord, semble agir dans un but de philanthropie et d'utilité générale ; il vous expose les entraves apportées par son monopole dans l'industrie des métaux ; il vous montre de malheureux ouvriers ne pouvant se servir des procédés dont il est possesseur, et obligés de subir l'empoisonnement par le mercure.

Si tels étaient ses motifs, certes, on ne pourrait qu'admirer sa conduite ; mais cette apparence de dévouement à la cause publique couvre des intérêts moins respectables.

En effet, Monsieur, il est essentiel de vous éclairer sur

la valeur des brevets dont on vous propose l'achat.

Les brevets possédés par la maison Christofle appartiennent à deux catégories : brevets de Ruolz et brevets Elkington.

Les brevets de Ruolz ont été obtenus pour l'invention de la dorure et de l'argenture par l'action de la pile électrique, et tombent dans le domaine public le 19 décembre 1850.

Les brevets Elkington sont au nombre de deux : un brevet de dorure qui expire en septembre 1851, et un brevet d'argenture qui se prolonge jusqu'en 1855.

La sollicitude des intérêts généraux, les préoccupations philanthropiques, se manifestent chez M. Christofle au moment où mes brevets vont tomber dans le domaine public, lorsqu'il a suffisamment joui de dix années d'exploitation, *en faisant peser sur l'industrie toutes les rigueurs de la loi, et usé, au dire du commerce, jusqu'à l'abus des droits concédés aux inventeurs.* Il en aurait abusé, au dire des intéressés, en ce sens que, depuis l'achat fait par lui de mes brevets, depuis la fondation de la Société par actions dont il est le gérant, il aurait toujours été en contradiction avec l'esprit de la loi sur les brevets ; car cette loi, non-seulement autorise l'inventeur ou le concessionnaire d'une invention à en exploiter le brevet, mais encore elle l'y oblige sous peine de déchéance ; et en ceci, le législateur a été très sage, puisque, sans cette clause, un commerçant, ayant le monopole d'une industrie, pourrait l'annihiler en refusant de l'exploiter si bon lui semblait. Or, qu'a fait la maison Christofle, monopolisant la dorure et l'argenture par les nouveaux procédés ? Elle s'est créé le monopole de la fabrication du couvert ; elle a fait une concurrence désastreuse aux autres fabricants, dont elle n'acceptait qu'à son corps défendant les commandes d'argenture[1].

Après avoir acheté mes droits d'abord, puis ceux de M. Elkington ensuite, M. Christofle, peu soucieux des décisions de l'Académie des Sciences, qui m'avait accordé un prix Montyon pour la découverte et l'application industrielle d'un grand nombre de moyens propres à dorer, argenter ou platiner les métaux, par l'action de la pile électrique, et de la manière la plus économique, M. Christofle prétendit que ces nombreux moyens ne devaient être considérés que comme perfectionnements au moyen, unique et coûteux, trouvé par l'inventeur anglais. Cette prétention était peu *nationale*, sans doute[2]; mais elle servait à merveille ses intérêts, puisque le brevet d'argenture Elkington doit durer, selon lui, cinq ans de plus que le mien.

M. Christofle, possesseur des brevets français et anglais, céda à une Société d'actionnaires des droits réels à son point de vue, litigieux en fait, et cette Société a dû croire que son monopole allait de plein droit jusqu'en 1855. C'était un procès pour l'avenir[3].

Aujourd'hui que l'heure de ce procès est arrivée, M. Christofle ne trouve rien de mieux à faire que de vendre à l'État des droits contestables.

(1) Jamais nous n'avons refusé d'effectuer aucune commande d'argenture. Nous argentons les couverts que nous apportent tous les fabricants de couverts et même ceux fabriqués par *une association d'ouvriers cuilleristes*, et nous pensons avoir rendu service en créant une fabrique d'orfévrerie argentée, qui fournit au commerce des produits nouveaux. ..   C. C.

(2) Serait-il *national* de dépouiller M. Elkington, inventeur réel, au profit de M. Ruolz, contrefacteur audacieux?   C. C.

(3) M. de Ruolz voudrait-il faire croire que notre procès provient d'une autre cause que lui-même? c'est lui qui excite des industriels à contrefaire les procédés de MM. Elkington. Il appelle cela se faire l'*auxiliaire* de l'industrie opprimée.   C. C.

L'Assemblée, en faisant cette acquisition, n'achèterait donc en réalité que les chances d'un procès, qui doit nécessairement s'entamer le 1er janvier prochain, entre M. Christofle d'une part, et *de l'autre, toute l'industrie, avec moi pour auxilliaire.* Or, quand un brevet est tombé dans le domaine public, il est la propriété de tous, et si quelqu'un prétend avoir le droit d'en jouir seul, c'est à lui de le prouver devant les Tribunaux, qui n'auront prononcé en dernier ressort qu'après deux ans au moins[1]. Jusque-là tout le monde en use de plein droit. Si donc, je le répète, l'État achetait les prétentions de M. Christofle, il n'achèterait que le gain très peu probable d'un procès qui ne serait terminé qu'en 1853.

Quant à l'intérêt hygiénique, il est tout aussi facile de démontrer qu'il est illusoire. En effet, le mercure, cet agent pernicieux dont on se servait jadis, n'est employé que dans la dorure, et la dorure n'est pas ici en cause, puisque (ainsi que j'ai eu l'honneur de l'exposer plus haut), mes brevets expirent le 19 décembre 1850, et le brevet de dorure de M. Elkington quelques mois après. On doit donc écarter la question philanthropique; car les prétentions de M. Christofle n'ont trait qu'à l'argenture, et le mercure n'y est pas employé. Toutefois, je dois faire observer que le procédé de M. Elkington présente encore de graves inconvénients, et qu'il vient d'être proscrit en Autriche et en Prusse, pour cause d'insalubrité[2].

(1) C'est là une attaque injuste contre les Tribunaux. Les parties cherchent le plus souvent à traîner en longueur, et rejettent sur la justice ensuite les lenteurs qu'elles ont amenées. En outre il n'est pas vrai de dire qu'on peut user impunément d'un procédé breveté jusqu'à ce que les Tribunaux aient prononcé; une pareille doctrine serait la légitimation du vol.   C. C.

(1) C'est là une allégation complétement dénuée de fondement.   C. C.

Je profite de cette circonstance pour soumettre à votre appréciation s'il ne serait pas convenable que l'Assemblée fît, au début de toute découverte d'une utilité incontestable, et consacrée par les récompenses académiques, ce qu'on a fait pour le daguerréotype : qu'elle en fît l'acquisition pour le public. Je pense qu'il y aurait là bien-être pour tous, et économie pour l'Etat; car j'aurais été heureux, à l'origine de mon invention, de vendre au pays, pour 6,000 fr. de rente viagère[1], c'est-à-dire 80,000 fr. à peu près, ce que l'on veut vendre aujourd'hui plus de 300,000 fr. après dix années d'exploitation.

Sans faire appel aux sentiments de nationalité de l'Assemblée, contre des prétentions qui tendraient à faire d'une invention française une découverte anglaise, contre des prétentions qui condamneraient les décisions de l'Académie des Sciences à mon égard, j'ai l'honneur de lui répéter que les questions d'hygiène, de philanthropie et d'utilité générale, n'ont été mises en avant que pour couvrir des intérêts tout personnels.

RÉSUMÉ.

1° La question, réduite à l'argenture, comme on l'a vu, est purement industrielle, et en dehors de toute question hygiénique.

2° Comme principe général, l'Assemblée voudra-elle admettre le rachat de brevets d'invention, dans la dernière période de leur durée?

3° Voudra-elle, en présence d'un procès imminent,

(1) Nous avons versé plus de 179,000 fr. (Document n° 10), entre les mains de M. de Ruolz ou de ses créanciers.   C. C.

et dont la solution lointaine ne pourrait empêcher que plus tard et pour bien peu de temps le retour des procédés en question au domaine public, l'Assemblée, dis-je, voudra-t-elle disposer de l'argent des contribuables pour acheter ce qui, jusqu'à preuve du contraire, appartient à tous de plein droit ?

Tel est le résumé des observations que j'ai cru devoir vous présenter afin d'éclairer votre conscience sur la valeur réelle de l'acquisition qu'on veut faire faire au pays.

En terminant, j'ai l'honneur de vous prier de remarquer que, bien qu'ayant essentiellement à me plaindre des procédés de M. Christofle à mon égard, je ne suis poussé à la démarche que je fais aujourd'hui par aucun sentiment d'animosité ; mais vous comprendrez, Monsieur, que lorsqu'il s'agit d'attribuer à un étranger tout le mérite d'une invention nationale, lorsqu'on veut déprécier, aux yeux de tous le fruit de mon travail et de mes veilles, il y va de mon honneur, et que je dois intervenir.

Agréez, Monsieur le Représentant, l'assurance de mon respect.

H. DE RUOLZ.

Chimiste, membre de la Société des Ingénieurs civils, chevalier de la Légion-d'Honneur, de Charles III d'Espagne, etc., prix Montyon de l'Académie des Sciences, médaille d'or 1849.

Rue de Verneuil, 53.

NOTA. Pour appuyer les prétentions de M. Christofle, on fait valoir les avantages que l'État retirerait de l'établissement d'un droit de contrôle et de poinçonnage de l'argenture galvanique, et l'on présente le revenu qui en résulterait comme une compensation du capital que M. Christofle recevrait comme prix de son privilége prétendu. Avons-nous besoin de faire remarquer qu'il n'existe aucune connexité entre ces deux propositions? En effet, soit que le monopole de l'argenture existe au profit d'un seul, soit, et *à fortiori*, que ce procédé appartienne au domaine public, le contrôle est une question de police générale et de morale publique, qu'il est toujours dans le droit, comme dans le devoir du gouvernement, d'imposer, sans être tenu pour ce fait à aucun sacrifice ou indemnité quelconque.

DOCUMENT N° 12 bis.

RÉPONSE DE M. CHRISTOFLE[1]
A LA LETTRE
ADRESSÉE PAR M. DE RUOLZ A L'ASSEMBLÉE NATIONALE.

Paris, 29 novembre 1850.

Monsieur le Représentant,

Vous avez reçu de M. de Ruolz, à l'occasion de la proposition de M. Peupin concernant nos brevets d'argenture, un libelle exclusivement dirigé contre moi. J'ai dû opposer immédiatement à ce libelle une réponse préparatoire. Permettez-moi de vous en donner communication.

Agréez, Monsieur le Représentant, l'hommage de mon profond respect.

Signé : CH. CHRISTOFLE.

A MONSIEUR DE RUOLZ.

Vous êtes bien toujours, Monsieur, l'homme que j'ai connu ; avec quelle habileté vous attaquez mon hon-

---

(1) Comme annexe à la lettre précédente adressée par M. de Ruolz à l'Assemblée nationale, nous devons placer ici la réponse que nous avons faite.　　　　　　　　　　　C. C.

neur, vous attaquez mes intérêts ! Je pourrais, sans doute, vous traduire devant les Tribunaux et vous faire infliger une punition correctionnelle.

Mais il est un tribunal, dont il ne vous sera pas permis aujourd'hui de décliner la juridiction, et devant lequel je vous appelle pour décider la question d'honneur ; celle des intérêts matériels viendra plus tard.

C'est le tribunal de l'opinion publique.

Devant ce tribunal je vous somme d'accepter la proposition suivante :

Qu'un jury d'honneur, composé de quatre personnes, dont deux à votre choix et deux au mien, soit juge entre nous, et que sa décision, rendue publique par la voie de la presse, devienne pour nous un arrêt souverain et sans appel.

Vous pourrez prendre, Monsieur, vos juges parmi les membres de l'Assemblée nationale, qui jusqu'à ce jour, vous ont témoigné le plus d'estime et d'intérêt.

Toutes les questions soulevées par votre libelle seront débattues devant ce jury d'honneur ; je m'engage notamment à prouver :

1° Que les brevets de M. Elkington sont antérieurs aux vôtres de plusieurs mois, bien que vous ayez laissé dire et imprimer : « Le brevet de perfectionnement de « M. Elkington est du 8 décembre 1840 ; celui de M. de « Ruolz du 19 décembre. Tout démontre que M. de « Ruolz a travaillé de son côté sans connaître la de- « mande de M. Elkington ; » quand les documents authentiques prouvent que le brevet de M. Elkington est du 29 septembre 1840, — et le vôtre du 17 juin 1841, c'est-à-dire qu'il y a huit mois et dix-huit jours d'intervalle ;

2° Que je n'ai pas attendu la constitution de ma nou-

velle Société pour manifester nettement, catégorique-
ment mon opinion sur la prééminence et l'antériorité
des brevets de M. Elkington;

3° Que vous avez connu mon opinion à ce sujet dès
l'origine de nos rapports communs avec M. Elkington ;

4° Que j'ai toujours loyalement rempli mes engagements envers vous ;

5° Que vous n'avez point tenu vos engagements vis-à-
vis de moi ;

6° Que, par votre acte de vente, vous vous êtes *interdit expressément et sous peine de tous dépens, dommages et
intérêts, de vous occuper*, SOIT DIRECTEMENT, SOIT
INDIRECTEMENT, *de l'exploitation des procédés brevetés
avant l'expiration du dernier brevet de M. Elkington;* et
que néanmoins, au mépris de cette clause formelle, vous
annoncez, dans votre libelle, que vous serez *l'auxiliaire*
des futurs contrefacteurs de mes brevets;

7° Que, dans ce même libelle, vous regrettez bien à la
vérité de n'avoir pu recevoir dès l'origine une rente in-
cessible et *insaisissable* de 6,000 fr., mais que vous laissez complétement ignorer que je vous ai payé, tant à
vous qu'à votre associé, une somme 160 mille fr.;

8° Que toutes vos assertions enfin, calculées dans un
intérêt de dénigrement et de passion, dénaturent les
faits, faussent les situations, font violence à la vérité.

Voilà, Monsieur, ce que je suis prêt à prouver devant
le jury que je vous propose. Je ne veux pas croire que
vous puissiez récuser ce jury d'honneur et d'équité.
Mais, si par cas vous le récusiez, vous n'échapperiez pas
pour cela à la démonstration promise. Car le jour du
procès, de ce grand procès où vous conviez toute l'industrie, approche, et ce jour-là vous aurez certainement

à subir la responsabilité de vos provocations et de vos actes.

CH. CHRISTOFLE.

P. S. Si dans cinq jours je n'ai pas reçu votre acceptation, ce sera pour moi un signe de refus. Dans le cas contraire, veuillez me faire connaître le nom des personnes que vous aurez choisies, et immédiatement je vous donnerai le nom de celles qui m'ont fait l'honneur d'accepter cette mission [1].

(1) M. de Ruolz a répliqué par la lettre qui forme le Document n° 12 *ter*.   C. C.

RÉPLIQUE DE M. DE RUOLZ

A M. CHRISTOFLE.

L'offre que vous m'avez adressée de soumettre nos contestations à ce que vous appelez un *jury d'honneur* est une proposition complétement dérisoire, puisque, dans la même page, vous déclarez faire réserve pour vous des intérêts matériels [1].

Si les intérêts matériels sont réservés, votre honneur de fabricant est hors de cause [2], le mien seul serait engagé ; mais il m'a paru, ainsi qu'à mes honorables amis, que mon honneur était au-dessus et en dehors des relations d'affaires que j'ai eues et que je puis avoir avec vous.

Il y a tout bonnement un procès à juger par les Tribunaux ordinaires entre vous et moi, et comme ma cause est juste, je crois que je la gagnerai.

Dans ce procès, je démontrerai sans peine :

Que la question de priorité, sur laquelle vous cher-

---

(1) M. de Ruolz annonce, dans sa lettre à l'Assemblée nationale, qu'il ne s'agit pour lui que d'une question d'honneur ; ici il refuse de nous suivre sur le terrain de l'honneur, sous prétexte que les intérêts matériels n'y seraient pas engagés.　　　C. C.

(2) M. de Ruolz fait le gentilhomme ; les fabricants, selon lui, n'ont pas d'*honneur*, mais *des intérêts*.　　　C. C.

chez à détourner l'attention, a été, à juste titre, sans importance aux yeux de l'Académie [1], aux miens et à ceux du public ;

Qu'il ne s'agit pas de priorité, mais de similitude [2] ;

Que la Commission académique a eu raison de dire en 1841, et que celle (autrement composée) des prix Montyon a eu raison d'établir en 1842, que :

En outre de nombreuses applications de tous les métaux usuels les uns sur les autres (sur lesquelles M. Elkington n'a jamais pu avoir la moindre prétention), qu'en outre, dis-je, et pour ne parler que de dorure et d'argenture, mes brevets renferment de *nombreux procédés*, très différents du procédé de M. Elkington , et préférables à tous égards [3].

Je démontrerai, sans plus de peine, avec toute la publicité de pareils débats, l'inexactitude de vos autres allégations.

L'arrêt à intervenir résoudra, en même temps, les questions matérielles pour vous, celles d'un autre ordre pour moi ; car elles sont liées d'une manière indivisible.   H. DE RUOLZ.

P. S. J'adresse copie de la présente lettre aux personnes qui ont reçu votre lettre du 29 novembre 1850.

---

(1) La question de priorité n'a été aux yeux de l'Académie, sans importance, que parce que M. de Ruolz a fait croire à la simultanéité de ses brevets et de ceux de MM. Elkington ; le public a maintenant prononcé, et M. de Ruolz n'est pour lui qu'un contrefacteur.   C. C.

(2) *Similitude* est un mot charmant pour désigner un délit puni par les Tribunaux.   C. C.

(3) La Commission de l'Académie des sciences a été induite en erreur par M. de Ruolz ; il est prouvé maintenant (Documents nᵒˢ 1 et 9) que M. Elkington n'a pas été appelé à contredire son adroit contrefacteur.   C. C.

DOCUMENT N· 13.

CIRCULAIRE INTITULÉE

RÉPONSE

FAITE PAR M. DE RUOLZ

AUX QUESTIONS POSÉES PAR QUELQUES FABRICANTS DE PARIS.

Le brevet de M. de Ruolz relatif à l'argenture est-il tombé dans le domaine public ?	Oui, le 15 février dernier ; voir aux brevets.
Les procédés de M. de Ruolz sont-ils la copie exacte et littérale de ceux de M. Elkington, ainsi que le prétend M. Christofle ?	Non. Ils renferment des procédés complétement différents, ainsi que l'a reconnu, dans son Rapport, la commission de l'Académie, après avoir fait opérer successivement, en sa présence, M. de Ruolz et M. Elkington [1], ainsi que l'a également

(1) Non, il n'est pas vrai que M. Elkington ait opéré en présence de la Commission de l'Académie des Sciences ; M. Wright seul a été entendu, et M. Truffaut, au nom de M. Elkington, a protesté (Document n° 1, p. 91) contre les assertions du Rapport à cet égard ; ces assertions ont été suggérées par M. de Ruolz qui voudrait aujourd'hui se prévaloir des erreurs qu'il a fait commettre.　　　　　　　　　　C. C.

reconnu la commission des prix Montyon, qui a accordé (textuel) un prix à M. Elkington pour un moyen de dorure et un moyen d'argenture[1], tandis qu'elle accordait à M. de Ruolz un prix pour un grand nombre de moyens propres à dorer, argenter, cuivrer, etc., les métaux.

Peut-on argenter ou dorer par les procédés de M. de Ruolz sans se servir d'aucun des moyens ou agents pour lesquels M. Elkington est breveté ?

Évidemment oui[2], d'après ce qui précède ; et nous ajouterons qu'en suivant littéralement, aux termes de la loi, le seul brevet Elkington pris avant ceux de M. de Ruolz, il est impossible d'obtenir une argenture industrielle[3].

M. Christofle a-t-il, par pure complaisance et amitié, laissé pendant dix ans exploiter les brevets Ruolz qui, à son dire,

M. Christofle a vécu dans la plus grande hostilité avec M. de Ruolz depuis 1842[4], époque à laquelle, dans le but de se

---

(1) C'est encore là une assertion fausse ; on peut lire précédemment (p. 58) le texte de la décision académique ; M. Elkington a obtenu son prix pour son procédé de dorure par voie humide (au trempé), et pour ses procédés de dorure et d'argenture galvaniques ; quant à ce qui concerne M. de Ruolz, il a été couronné pour la découverte de l'*application industrielle* de nombreux procédés qui ne sont pas *appliqués* dans l'industrie.   C. C.

(2) Evidemment non, car on argente ou on dore toujours, en suivant les indications de M. de Ruolz, dans un sel double alcalin de potasse ou de soude, ce qui est l'invention de MM. Elkington.   C. C.

(3) Cela est complétement faux ; les proportions indiquées par MM. Elkington tant pour l'argenture que pour la dorure, employées littéralement, donnent des résultats parfaitement industriels ; d'ailleurs M. de Ruolz n'a pas décrit des bains différents, et son livre de laboratoire (Document nᵒ 3) lui donne sur ce point un démenti irréfragable. C. C.

(4) Le document nᵒ 14 répond a cette étrange assertion de M. de Ruolz.   C. C.

ne sont qu'une contrefaçon, qu'il ne lui a pas plu de poursuivre, mais qu'il poursuivra dans les mains de tous ceux qui en feront usage?

procurer un monopole de cinq ans de plus, il a fait alliance avec M. Elkington. Ce n'est donc point par amitié, mais par nécessité, que M. Christofle a agi comme il a fait en exploitant les brevets Ruolz, qui lui ont été nécessaires pour gagner ses procès en contrefaçon, y compris même, en ce qui concerne l'argenture, le fameux procès Roseleur, lequel n'a été condamné que comme contrefacteur des *hyposulfites* des brevets de Ruolz[1]; c'est après cinq ans d'exercice, en 1845 seulement, que M. Christofle a acheté, pour un capital de 150,000 fr., les brevets de M. de Ruolz, jusqu'alors intéressé seulement dans les bénéfices. Dans la même année, M. de Ruolz a:

1° Devant un tribunal arbitral;

(1) Sauf dans le procès Ockeckiles pour lequel M. de Ruolz a fait tous actes de poursuite, les Tribunaux ne se sont pas appuyés sur les brevets de M. de Ruolz; on a vu (Document n° 11, p. 161) que si le Tribunal de première instance, dans l'affaire Roseleur, a visé les brevets de Ruolz, la Cour n'a pris pour base de son arrêt que les brevets Elkington. Ce n'est pas, ainsi que le dit M. de Ruolz, comme contrefacteur des hyposulfites que M. Roseleur a succombé dans ce procès; tous les brevets de MM. Elkington sont visés par l'arrêt. M. Roseleur a été condamné pour l'emploi des pyrophosphates et des sulfites alcalins, et le Tribunal déclare seulement que d'autres gens que ceux de la Science seuls peuvent regarder les hyposulfites comme une invention à côté de celle de M. Richard Elkington, ce qui implique que, pour les gens de la Science, M. de Ruolz est un contrefacteur.   G. C.

Résulte-t-il des droits de M. Elkington que l'Académie a été indignement trompée en accordant à M. de Ruolz un prix de 6,000 fr. pour une prétendue découverte qui n'était que la copie de celle de M. Elkington ?

En un mot, M. de Ruolz ou Chappéé n'est-il qu'un plagiaire de M. Elkington, et M. Christofle a-t-il été volé, ainsi qu'il le prétend, en ache-

2° Dans une lettre publiée, imprimée et mentionnée dans le compte rendu de l'Académie, offert à M. Christofle (qui n'a pas accepté) de lui restituer, dans les vingt-quatre heures, lesdits 150,000 fr., à charge par Christofle d'attaquer Ruolz en déchéance, et de se renfermer, pour son industrie, dans les termes des brevets Elkington [1].

L'Académie ne peut pas avoir été trompée, puisqu'elle a déclaré, après avoir fait opérer successivement les deux parties, que les procédés de l'une étaient très différents de ceux de l'autre [2].

Ce sont d'ignobles injures dont M. de Ruolz se réserve de faire justice en temps et lieu, et sous telle forme que le soin de sa dignité le lui conseillera ;

(1) La proposition de M. de Ruolz n'était pas sérieuse, car il savait qu'au moment où il la produisait, nous avions vendu notre exploitation à une Société dont nous étions le gérant, et que nous n'avions pas le droit de prendre un engagement pareil à celui dont il parle. En outre, consentir à nous renfermer pendant tout un procès dans l'interprétation judaïque donnée par M. de Ruolz aux brevets Elkington, c'eût été entraver notre exploitation, car M. de Ruolz n'eût pas manqué d'intervenir à chaque instant pour s'écrier : Vous sortez des brevets Elkington ! M. de Ruolz sait bien qu'on ne peut prendre d'engagement avec lui, car il n'en tient aucun.   C. C.

(2) L'Académie a été trompée par M. de Ruolz, nous l'avons démontré à satiété; dates inexactes, textes dissimulés ou altérés, M. de Ruolz n'a reculé devant aucune intrigue.   C. C.

tant le brevet de Ruolz, qui n'avait aucune valeur, puisqu'il est impossible de s'en servir si l'on n'est possesseur de celui de M. Elkington?

on se bornera à faire remarquer qu'en 1845, après cinq années d'expériences industrielles, M. Christofle, venant d'acheter les brevets de Ruolz pour 150,000 fr., les fournissait comme apport à sa Société par actions pour une somme beaucoup plus considérable [1]; si les brevets de Ruolz avaient été sans valeur, qui donc aurait été volé?

15 mars 1851.

H. DE RUOLZ.

[1] Ce ne sont pas les droits que pouvaient nous assurer les brevets de M. de Ruolz que nous cédions à la Société qui exploite avec nous la nouvelle industrie de la dorure et de l'argenture electro-chimiques, c'est une usine entière, c'est une maison de commerce considérable.

C. C.

DOCUMENT N° 14.

RÉPONSE

DE M. CHRISTOFLE

A LA CIRCULAIRE DE M. DE RUOLZ ADRESSÉE
AUX FABRICANTS.

Paris, le 8 avril 1851.

Monsieur,

Si les excitations de M. de Ruolz n'avaient pour résultat d'entraîner nombre de fabricants dans une voie
qui nous mettrait dans la dure nécessité de les poursuivre et de les faire condamner, nous laisserions tomber
dans le silence qu'ils méritent tous les libelles émanant
de lui.

Dans la dernière Note intitulée : RÉPONSE FAITE PAR
M. DE RUOLZ AUX QUESTIONS POSÉES PAR QUELQUES FABRI
CANTS DE PARIS, M. de Ruolz s'exprime ainsi :

« M. Christofle a vécu dans la plus grande hostilité
« avec M. de Ruolz depuis 1842, époque à laquelle, dans
« le but de se procurer un monopole de cinq ans de

« plus, il a fait alliance avec M. Elkington. Ce n'est donc
« point par amitié, mais par nécessité, que M. Chris-
« tofle a agi comme il a fait en exploitant les brevets
« Ruolz, etc., etc. »

Ainsi, il est bien avéré, M. de Ruolz le déclare, que
M. Christofle a été son ennemi depuis 1842.

Voici ma réponse écrite de la main de M. de Ruolz
lui-même.

—

M. DE RUOLZ A M. CH. CHRISTOFLE.

4 avril 1843.

     « Monsieur,

« Véritablement et sérieusement malade par suite des
« chagrins que j'éprouve depuis si longtemps, et qui ont
« fini par mettre à bout, non mon courage, mais mes
« forces physiques, j'éprouve avant tout, dans l'impos-
« sibilité d'aller vous voir, le besoin de vous offrir mes
« remerciements pour le service que j'apprends que
« vous avez bien voulu me rendre hier.

« En principe d'abord, vous ne me devez rien au
« monde, je n'ai aucun droit à vous demander secours
« dans mes affaires, et je ne veux pas plus longtemps
« qu'elles augmentent et vos embarras et vos préoccu-
« pations.

« Je vais prendre un parti qu'Arago vous expliquera
« et qui seul peut, sans vous être onéreux, mettre fin à
« mes tourments, et me rendre la liberté de m'occuper

« exclusivement des travaux qui vous sont dus. Je vous
« demanderai seulement d'être assez bon pour m'affran-
« chir par l'autorité de *vos paroles* des obsessions de
« madame Maréchal, et de vouloir bien écouter les ex-
« plications que M. Tardif vous donnera sur cette af-
« faire.

« Veuillez agréer, avec l'expression de mes regrets,
« celle de tous mes sentiments dévoués.

« *Signé :* DE RUOLZ. »

---

31 janvier 1844.

« Monsieur,

« Il y a quelque temps, au Palais, vous avez eu l'obli-
« geance de me dire que, si quelques billets de 1,000 fr.
« pouvaient m'être nécessaires pour me délivrer des
« affaires qui troublent encore gravement ma tranquil-
« lité et celle de ma famille, vous m'offriez votre aide.
« J'ai eu l'honneur de vous répondre que, reconnaissant
« de cette preuve d'amitié, je n'en userais qu'à la der-
« nière extrémité ; malheureusement cette extrémité est
« arrivée, et toutes les espérances que j'avais pour cette
« fin de mois se trouvent ajournées de façon à me lais-
« ser dans le plus grand embarras. Heureusement, ce
« n'est pas quelques billets, mais un qui me serait néces-
« saire ; vous m'éviteriez de graves désagréments. S'il
« vous était impossible de m'avancer cette somme de

« 1,000 fr., je puis vous assurer en honneur qu'elle vous
« sera restituée *au 1ᵉʳ mars :* si même il pouvait vous
« arriver que je ne vous remette qu'en un effet cette
« somme, vous pourriez le mettre en circulation avec
« *certitude* du paiement exact.

« Seulement je dois vous avouer que j'aimerais mieux
« que cette affaire fût en dehors des comptes de caisse,
« et que ce fût chose d'amitié et de parole sans intermé-
« diaire.

« Si, ce que je conçois, les dépenses considérables de
« notre affaire vous empêchaient de me rendre ce ser-
« vice, soyez persuadé que je le considérerais comme
« rendu de cœur, si ce n'est de fait.

« Votre bien dévoué,

                    « *Signé :* H. DE RUOLZ. »

Et il ose dire que depuis 1842 j'ai été son ennemi !

Mais puisqu'il est si certain de son droit, pourquoi ne
prend-il pas en main la défense des fabricants qui ont
eu le malheur de céder à ses excitations et que nous
avons saisis [1] ?

S'il avait sérieusement à cœur l'intérêt de la fabrique, il agirait ainsi ; car enfin tous prétendent s'être
servis de ses procédés, ce que nous ne cherchons pas à

____

(1) M. de Ruolz a soin, en effet, de n'intervenir directement que
dans un procès au Tribunal civil ; il s'arrange de manière à ne donner
aucune prise à une responsabilité sérieuse. Des industriels seront condamnés pour avoir suivi ses conseils ; il fuira, quant à lui, devant la vindicte publique.   C. C.

contester, et ce débat mettrait fin en quelques jours à l'incertitude vraie ou simulée de quelques-uns.

Veuillez agréer, Monsieur, l'assurance de ma parfaite considération.

CH. CHRISTOFLE ET Cie,

56, rue de Bondy.

MÉMOIRE

DE M. SAINTE-PREUVE.

DORURE ET ARGENTURE

ÉLECTRO-CHIMIQUES.

A MM. DUVERGIER et CHAIX-D'EST-ANGE,
anciens bâtonniers de l'ordre des avocats.

Vous me demandez, Messieurs, quelle est l'opinion que m'ont faite les recherches scrupuleuses auxquelles je me suis livré, dans ces derniers temps, sur certaines contestations qu'ont fait porter, depuis tantôt douze ans devant les académies et devant les tribunaux, la *dorure* et l'*argenture* électro-chimiques.

Vous me demandez aussi mon opinion sur les contestations inséparables de celles que je viens de rap-

peler, et qui sont relatives à des opérations analogues
dont on a fait, je ne sais pourquoi, une classe à part :
je veux dire les opérations qu'on appelle des noms
d'*immersion* et de *trempé*.

Cette tâche est pénible, et, néanmoins, je vais essayer de la remplir, non d'une manière complète, mais
en attaquant les points principaux sur lesquels ont dû
porter les débats passés et sur lesquels porteront encore les débats à venir.

I.

OBSERVATIONS PRÉLIMINAIRES.

Des observations préliminaires doivent être faites
ici sur cette distinction dont je parlais tout à l'heure,
entre les opérations par immersion simple et les opérations à l'aide de la pile.

La plupart des gens du métier et des gens du monde,
je dirai même des hommes de loi, s'imaginent qu'entre
ces deux genres d'opérations il n'y a de commun
qu'un caractère chimique proprement dit, et qu'il n'y
a pas de pile en fonction dans l'immersion, dans le
trempé.

Une erreur aussi préjudiciable aux progrès de l'art
et à l'exacte appréciation des faits doit être hautement
repoussée.

La science moderne ne distingue pas au fond ces deux genres d'opérations[1] : dans l'immersion, dans le trempé, elle voit des courants électriques ; elle en constate l'existence, elle en apprécie plus ou moins nettement les effets divers. Il y a plus : la science ne comprend pas de fait chimique sans accompagnement d'un fait électrique : elle ne connaît, elle n'imagine pas d'assemblage d'atomes sollicités par des forces chimiques qui ne soit une pile électrique.

Les savants connaissent tous cette grande vérité, mais ils ne la vulgarisent pas avec assez de sollicitude ; et, si jamais il fut nécessaire de la rappeler, c'est bien évidemment dans la circonstance présente. Disons donc que la dorure, que l'argenture, que le zincage, que le plombage au trempé, etc., sont des opérations nécessairement électriques.

Si des distinctions doivent être faites entre ces opérations et celles que l'homme active par l'intervention d'un appareil spécial auquel les constructeurs d'instruments donnent tantôt les noms de pile électrique de Volta, de batterie électro-chimique, tantôt celui de *couple électrique*, alors qu'il est réduit au *minimum*, ce

(1) **La** science distingue parfaitement ces deux opérations, et le bon sens les distingue aussi en se rendant à l'évidence. Dans l'immersion, s'il y a des courants électriques, ils ne sont pas dus à un appareil spécial, tandis que cet appareil existe dans la dorure galvanique par la volonté de l'opérateur. Les gens du métier, les gens du monde, les hommes de loi ne disent pas autre chose. En constatant un fait aussi simple, ils ne jettent aucune obscurité sur la question actuelle, tandis que M. Sainte-Preuve cherche par des théories fort contestables à confondre des questions distinctes, dans le but de dépouiller MM. Elkington de toute invention au profit de M. de Ruolz : triste entreprise dans laquelle des hommes ayant plus d'autorité que M. Sainte-Preuve ne réussiraient pas davantage. C. C.

ne peut être qu'au point de vue de la plus ou moins
grande énergie des réactions, de leur plus ou moins
grande promptitude, de leur achèvement plus ou moins
complet; mais ici encore faut-il remarquer avec soin
que la plus insaisissable modification apportée à telle
de ces opérations va la faire passer d'un genre à l'autre, au gré de l'opérateur, et d'un bain de trempé faire
ce que le vulgaire appelle une *pile* proprement dite.

Par exemple, un opérateur a plongé tout à l'heure,
sous vos yeux, dans une dissolution d'or contenue
dans une marmite de fonte, des bijoux de laiton convenablement dérochés, décapés et lavés, et suspendus
à un fil de laiton; au sortir du bain, les bijoux ont une
mauvaise apparence, que pourra tout au plus relever
une opération subséquente toujours usitée par la dorure, et qu'on appelle la mise en couleur; mais l'opérateur recommence sur d'autres bijoux, dont, cette
fois, l'aspect est plus satisfaisant. Un *rien* a suffi pour
produire une si grande différence, et ce rien, les yeux
du vulgaire ne l'auront pas vu. Il a suffi au chimiste
de faire toucher l'extérieur du vase de fonte par l'extrémité du fil de laiton. Ce contact des deux métaux
produit un couple de Volta, comme en produit, mais
avec une toute autre puissance, le contact des bijoux
à dorer avec le bain d'or. Alors, le circuit électrique
est complet; le courant électrique a lieu du dedans de
la marmite au dehors, du dehors au dedans, comme il
a lieu dans les batteries voltaïques des constructeurs,
quand on réunit par un fil métallique leurs deux extrémités. Direz-vous à l'ouvrier doreur qu'il faisait
tout à l'heure de la chimie simple, et qu'il fait mainte-

nant de la chimie électrique? Lui direz-vous qu'il ne
fait plus du trempé[1]?

Il est donc impossible, non-seulement dans la discussion scientifique, mais encore dans un débat industriel, d'établir entre les divers genres de dorure
une barrière infranchissable.

Ces observations préliminaires pourraient être cor-
roborées par une exposition détaillée des fonctions
électriques des diverses substances employées dans
les diverses espèces de dorure au trempé, comme aussi
par l'exposition des fonctions de celles qu'emploie la
dorure dite à la pile ; mais quelque intéressant que pût
être un tel travail pour les gens du métier et pour les
gens de science, il serait ici déplacé peut-être, et pas
n'est besoin de s'y livrer pour atteindre le but que
vous m'avez proposé. Plus tard, nous pourrons l'en-
treprendre.

Entrons maintenant dans l'histoire des débats, afin
de donner à chaque inventeur, ou du moins à chaque
compétiteur, son rang de date et d'importance.

(1) Il n'est pas vrai que l'on ne puisse pas dorer au trempé dans
d'autres vases que les vases en fonte. Dans toute l'expertise Roseleur, MM. Barral, Chevallier et Henry ne se sont jamais servis que
de vases en porcelaine. En outre, certains bains, comme celui d'au-
rate de potasse, peuvent servir pour la dorure à la pile, mais sont
inefficaces pour la dorure au trempé. Réciproquement, le bain d'Elkington, pour la dorure au trempé, ne peut servir sans modification pour la dorure à la pile. Au surplus, les premiers brevets
de M. H Elkington ne sont pas en discussion, car leur déchéance
a été repoussée (Document n° 11 *bis*) par un arrêt mémorable,
et ils n'ont pas été pris pour la même opération que les brevets de
M. de Ruolz.   C. C.

Les luttes judiciaires, qui ont commencé en 1839, ont porté sur des brevets d'invention pris à partir de 1836. Il nous suffira donc de produire un seul document authentique constatant l'existence, avant cette époque de 1836, de tel ou tel procédé de dorure, ou d'argenture, ou de zincage, etc., pour avoir prouvé qu'aux termes de la loi ce procédé n'était plus dès lors brevetable.

En second lieu, nous aurons à examiner si les auteurs de ces brevets ont satisfait aux prescriptions légales.

II.

DORURE ÉLECTRO-CHIMIQUE.

DORURE AU TREMPÉ.

Le premier procès qui doit nous occuper ici fut intenté dans les années 1839, 1840 et 1841 à plusieurs bijoutiers et doreurs de Paris par les cessionnaires d'un étranger, M. Elkington (Henri), qui avait lui-même acheté d'une autre personne un procédé de dorure au trempé[1], et qui s'était fait privilégier en France à la date du 11 octobre 1836.

(1) C'est là une assertion gratuite de M. Sainte-Preuve.
C. C.

Le tribunal reconnut que le mémoire descriptif déposé en France se taisait sur certains détails *essentiels* pour la réussite du procédé, et il prononça la déchéance du brevet[1]. Peut-être eût-il été indulgent pour le breveté, s'il eût pu croire qu'il n'y avait pas là dissimulation volontaire; car d'habitude les Tribunaux français sont, et à juste titre, aussi favorables que le permet le texte de la loi, aux preneurs de brevets d'invention ou de brevets d'importation.

Elkington avait, *entre autres omissions*, négligé de déclarer que sa dorure devait s'opérer dans un vase en fonte de fer[2].

Ni les experts[3], ni les agents des-cessionnaires d'Elkington ne purent dorer convenablement dans le vase en terre du brevet français; il fallut bien déclarer aux juges que, dans la réalité, on se servait d'un vase en fonte, doré par dedans. Bien plus, on ne put encore dorer convenablement sans un tour de main particulier que révéla l'un des doreurs poursuivis, et sans ajouter au bain d'or une substance dont ne parlait pas le brevet français. Le Tribunal ne pouvait entrer dans les détails de la théorie électrique, et il motiva la condamnation tant sur la différence dans la nature du

---

(1) Ce jugement a été réformé par la Cour d'appel (Document n° 11 *bis*) après des expériences comparatives faites devant elle dans le laboratoire de la Monnaie.

(2) Nous venons de rappeler que la nature du vase est indifférente, et que dans les expériences faites devant la Cour d'appel on s'est servi avec un égal succès de vases et en fer et en terre. C. C.

(3) M. Gay-Lussac était l'un des experts; il s'est prononcé en faveur d'Elkington (Document n° 19). M. Raspail seul se déclara contre Elkington. En lui joignant M. Sainte-Preuve, on a deux savants contre l'inventeur, mais tous les autres chimistes se sont prononcés en sa faveur. C. C.

vase que sur l'insuccès de la dorure dans les bains
préparés conformément au brevet français.

Cette composition écrite des bains du brevet Elkington doit être ici mentionnée. Il y entre les substances
dont voici les noms :

Or, eau régale ou composé d'acide azotique et d'acide
chlohydrique, *eau, bicarbonate de potasse ou de soude*[1].
Et l'auteur avait grand soin d'insister sur ces deux
sels alcalins, mais sans réclamer, comme il l'a fait plus
tard, le privilége de l'emploi de tous les sels de potasse et de soude, de toutes les substances alcalines.

Appel fut interjeté de ce jugement que la Cour cassa
en se fondant sur ce motif principal, que les cessionnaires d'Elkington étaient parvenus, en présence des
membres de cette Cour, et lorsqu'ils étaient livrés à
eux-mêmes, à dorer convenablement dans leurs ateliers, en suivant les prescriptions du brevet de France.

Le privilége de la dorure par immersion dans un bain
de chlorure d'or alcalinisé par un carbonate de soude
ou de potasse n'a donc pas été frappé définitivement
de déchéance ; mais il est encore permis d'en discuter
la validité, soit devant les magistrats, comme question
d'intérêt personnel, soit devant le monde savant,
comme question de science et d'histoire.

Ce débat n'était qu'un acheminement aux débats
beaucoup plus importants, auxquels donnèrent lieu les
additions faites en 1837, en 1838, en 1840, par M. H.
Elkington à son brevet primitif de 1836.

____

(1) Pas n'est besoin de signaler ici la différence dans les doses
de ces substances dans le brevet anglais et dans le brevet français.

Sainte-Preuve.

Le 11 octobre 1837, il vint réclamer le privilége de l'emploi dans la dorure au trempé de *tous les sels de potasse et de soude autres que les carbonates* inscrits par lui dans sa première demande et de celui du *muriate d'ammoniaque !*

Le 28 mars 1838, il alla plus loin encore : il réclama le privilége de l'emploi de toutes les *substances alcalines*, et, en particulier, celui des solutions d'or dans les *sels ammoniacaux!!*

Avant de passer aux autres additions de brevet déposées par M. H. Elkington, examinons la validité des deux précédentes :

Quelques documents sur l'ancienneté de l'emploi des alcalis dans les bains de dorure.

Les livres de tous les pays, nous dirions presque de tous les temps, nous disent que la dorure par immersion a presque partout été pratiquée dans des bains où prenaient place des sels de potasse, de soude et d'ammoniaque. Voici quelques passages pris entre mille autres dans quelques-uns des livres publiés en France et en langue française.

Un vieil auteur a réuni dans un ouvrage en 4 volumes sous ce titre : *Secrets concernant les arts et métiers,* un nombre immense de recettes suivies jadis dans nos ateliers. Nous y voyons, tome 1er, p. 234, un procédé *pour donner aux médailles et lamines d'argent une couleur d'or qui pénètre le métal...*

La préparation est la suivante : sel de nitre (azotate de potasse) traité à chaud par l'huile de vitriol (acide sulfurique) ; sel de Glauber (sulfate de soude) plus ou moins pur ; évaporé à siccité ; dissoudre le résidu ; ajouter à la dissolution de l'or en chaux (oxyde d'or) [1].

Plus loin, page 458, *Dorure sur fer :* l'auteur prend une partie d'alun (sulfate d'alumine et de potasse), une de sel marin (chlorure de sodium, ou pour parler le langage de l'époque intermédiaire, hydrochlorate de *soude*), une demi-partie de sel de nitre (azotate de potasse). Il fait bouillir ce mélange dans de l'eau, et y ajoute de l'or en feuilles et de l'esprit-de-vin [2].

Plus loin, page 461, *Autre manière avantageuse de dorer sur argent :* surtartrate de potasse, une partie ; sel ou chlorure de sodium, deux parties ; un peu de limaille d'acier ; faire bouillir l'argent dans ce mélange,

(1) Ce bain n'est pas alcalin ; il est entièrement acide, et cette observation est complétement applicable aux quatre recettes suivantes encore citées par M. Sainte-Preuve. Tous les chimistes et tous les industriels sont d'accord sur ce point, que l'on donne le nom de liqueur alcaline, non pas à une combinaison où il y a de la potasse ou de la soude saturée par des acides énergiques, mais à une combinaison où le caractère alcalin domine.   C. C.

(2) Nous mentionnons ici, en dehors de l'emploi des bains alcalins, la préparation suivante, à cause de l'idée du cuivrage intermédiaire. Klaproth et Wolff, dans leur *Dictionnaire de chimie*, disent, au mot *Dorure* (voyez édition de Klostermann, Paris, 1810) : « La dorure humide consiste à tremper le métal dans une solution *neutre* étendue de muriate d'or ; l'or s'attache à la surface du métal. Cette espèce de dorure résiste assez bien sur le cuivre. Pour l'appliquer au fer, il faut le tremper préalablement dans une solution de sulfate de cuivre [*]. » (Voir aussi *Annales* O'Reilly, an X.)
                                              SAINTE-PREUVE.

[*] M. Sainte-Preuve fait tort à ses connaissances technologiques ; l'idée de mettre du cuivre sur le fer pour le dorer remonte jusqu'à Boyle, et quant à la dorure dans le chlorure d'or simple et neutre, elle est indiquée par Baume comme imparfaite, parce que l'art le ne tarde pas à devenir en excès. Tout cela a été établi dans les Rapports de MM. Bérard, Chevallier et Henry.   C. C

Idem, page 464, *Façon de dorer à la manière des Grecs.*
Remarquons d'abord que ce titre ne mentionnant au‑
cun métal exclusivement aux autres, s'applique au cui‑
vre, au laiton, etc., comme à tous autres métaux et al‑
liages. Une partie de sel ammoniac (chlorhydrate
d'ammoniaque); une partie de mercure sublimé (chlo‑
rure de mercure); dissoudre le mélange à l'aide de l'eau
forte (acide azotique); y faire dissoudre l'or fin battu
en lames minces.

Travaux de Brugnatelli, chimiste de Pavie.

Brugnatelli, professeur à l'Université de Pavie, pu‑
blia, au commencement de ce siècle, un procédé de do‑
rure qu'on paraît en général avoir mal compris en
France, et qui reposait sur l'emploi d'un bain ammonia‑
cal, contenant, outre de l'ammoniure d'or à l'état liqui‑
de, et par conséquent non fulminant, un sel d'ammonia‑
que. Cette publication a été reproduite à cette époque
en Italie, en France, mais avec plus ou moins d'exac‑
titude. Voici le procédé tel que Brugnatelli l'a prati‑
qué (voir la *Bibliothèque de campagne* publiée à Milan,
tome X, pages 185 et suiv., 1807) :

« Prenez une partie saturée d'or dissous par l'acide
hydrochloronitrique; ajoutez-y six parties d'ammonia‑
que liquide ; la dissolution s'y décompose, et il se pré‑
cipite un *thermoxyde* d'or qui se dissout aussitôt en
partie pour former l'ammoniure d'or. On recueille CE MÉ‑
LANGE dans un vase de verre. Les objets destinés à être

dorés sont fixés solidement à un fil d'acier ou d'argent, etc. »

On le voit, Brugnatelli appelait du nom d'*ammoniure*, comme on le faisait de son temps, autre chose que ce que nous appelons aujourd'hui ammoniure, et qu'il nomme, lui, *thermoxyde*. L'ammoniure était pour lui, comme pour ses contemporains, une dissolution d'oxyde dans l'ammoniaque ; aussi est-ce une dissolution qu'il emploie, mais non pas une dissolution d'oxyde d'or seulement : car il y avait en outre des sels d'ammoniaque dans le bain.

Une autre description moins explicite du procedé de Brugnatelli, et tirée du *Journal de physique et de chimie* de Van-Mons, a été produite devant les magistrats en 1847[1]. Comme cette description ne parlait que d'ammoniure, comme l'ammoniure seul ne fonctionne pas

---

(1) M. Sainte-Preuve se trompe encore ici ; il prétend que le texte de Brugnatelli extrait de la *Bibliothèque de campagne* de Gagliardo n'a pas encore été produit ; c'est une erreur. Ce texte est cité page 16 du Supplément du Rapport d'expertise dans l'affaire Roseleur, par MM. Barral, Chevallier et Henry. Nous reproduisons l'appréciation donnée par ces savants à la suite du texte de Gagliardo :

« Le texte de Gagliardo légitime l'objection que l'on a faite au
« procédé de Brugnatelli de fournir la dorure dans une espèce de
« pâte, car en employant les proportions qui sont données par l'au-
« teur, en n'obtient qu'une dissolution partielle, comme il le dit lui-
« même. Une partie de l'or reste précipité, comme le Tribunal peut
« le voir par l'échantillon que nous lui montrons. Nous faisons
« aussi passer deux pièces de 2 francs sous les yeux du Tribunal pour
« lui montrer la mauvaise couleur de la dorure obtenue par l'ammo-
« niure de Brugnatelli décrit par Gagliardo. Toutefois, la portion
« liquide est alcaline, mais d'une instabilité très-grande, car l'am-
« moniaque s'échappe très rapidement, et l'or se dépose au fur et
« à mesure, de telle sorte que *la dorure industrielle est imprati-*
« *cable.* C'est sans doute ce qui a conduit les divers professeurs
« italiens qui se sont occupés de ce sujet, afin de revendiquer
« pour leur pays la gloire de l'invention de la dorure électrique

aussi bien que son mélange avec les sels ammoniacaux,
on crut pouvoir prouver que Brugnatelli n'avait pu
dorer. Remarquons que, devant les Tribunaux, la question n'est pas de savoir comment un auteur a pu comprendre la théorie scientifique des procédés qu'il a employés, mais qu'elle est de savoir quels sont les détails
pratiques qu'il mentionne pour le succès de l'opération,
C'est sous ce point de vue que nous avons considéré et
que nous considérerons de nouveau, un peu plus loin,
l'extrait de la *Bibliothèque de campagne*.

On a dit, dans les débats de l'un des procès faits par
M. Elkington, que le bain de Brugnatelli ne pouvait
servir à une dorure vraiment commerciale; nous re-

« et qui ont exhumé les textes dont nous nous occupons, c'est ce
« qui les a sans doute conduits à rechercher d'autres manières de
« répéter l'expérience de Brugnatelli.
    « Brugnatelli, en disant seulement qu'il se servait d'un ammo-
« niure dissous, et n'indiquant pas la nature du disolvant qu'il
« fallait employer, a laissé planer une grande incertitude sur l'effi-
« cacité de son procédé. Et, en effet, après 1842, quand on s'oc-
« cupe, après le bruit que fait dans le monde le célèbre Rapport
« de M. Dumas sur les travaux de MM. de Ruolz et Elkington,
« quand on s'occupe de rechercher les faits anciennement trouvés
« sur le même sujet, on ne sait pas quels dissolvants employer.
« Ainsi, Selmi se sert du chlorhydrate d'ammoniaque, et Giovani
« Giorgini de Modène a recours à l'acide hydrochlorique. Cela ré-
« sulte de la note suivante, extraite du *Journal de Modène*, du
« 9 mai 1844, et qui est insérée page 10 du *Manuel Roret*.

   Note sur la nature du dissolvant à employer pour répéter l'expérience de
Brugnatelli.

   « Voici dans quels termes Grimelli rend compte de mes essais.
« F. Selmi a fait aussi des expériences sur la dorure électrique; il es-
« saya de l'ammoniure d'or à la manière de Brugnatelli, et fit connaître,
« dans un Mémoire qu'il lut publiquement, les résultats les plus intéres-
« sants. Je signale comme un des plus importants la préparation du bain
« d'or avec l'ammoniure d'or, que l'on fait digérer et dissoudre à chaud
« dans une solution aqueuse de sel ammoniac, pour arriver à dorer l'ar-
« gent. Selmi trouva aussi que le bain d'or s'améliore en ajoutant du
« cyanoferrure de potassium.

viendrons sur cette objection quand nous achèverons
la description du procédé de dorure de ce chimiste :
nous nous bornerons à faire remarquer de nouveau que
l'on n'avait pas bien compris en France la composition
réelle de son bain.

Les *Annales des arts et manufactures* de l'an X (1803),
par O'Reilly, nous donnent, tome X, pages 182, 186,
une formule de bain de dorure ammoniacale pour le laiton. On dissout à saturation du sel ammoniac dans l'a-
cide nitrique du commerce ; on y ajoute l'or en feuilles ;
on fait cristalliser ; puis nouvelle solution de ces cristaux dans l'eau pure ; on y plonge les pièces à dorer.

En résumé, les sels d'ammoniaque, de potasse, de

« D'après cet artiste, il paraît que Grimelli avait aussi, tout récem-
« ment, vérifié la méthode de dorure de Brugnatelli, et qu'un habile
« professeur de chimie à l'université de Modène, M. Giovanni Gior-
« gini, avait répété avec succès les mêmes expériences en dissolvant
« en outre l'ammoniure d'or dans l'acide hydrochlorique étendu. (*Manuel Roret*, sur la dorure et l'argenture, page 10.)

« Ainsi donc, quand il s'agit d'appliquer la formule de Brugna-
« telli, on emploie succesivement :
« Gagliardo : un alcali, l'ammoniaque ;
« Selmi : un sel neutre, le chlorhydrate d'ammoniaque :
« Giorgini : un acide, l'acide hydrochlorique.
« C'est-à-dire qu'on essaie tous les corps possibles.
« On voit donc bien que Brugnatelli n'a pas mis l'alcalinité dans
« le domaine public, et qu'après lui, le choix industriel restait en-
« core à faire. M. Elkington, le premier, a tranché la question, en
« disant dans son brevet du 29 septembre 1840 (page 265 de notre
« Rapport) : « *Je fais observer que par solutions convenables, j'en-
« tends celles dans lesquelles* LES SUBSTANCES ALCALINES TERREUSES
« *sont combinées avec l'or*, c'est-à-dire qu'Elkington désigne les
« sels à base de potasse ou de soude, de préférence à ceux d'am-
« moniaque. »
Après cette citation, nous n'avons plus qu'à remarquer que
M. Sainte-Preuve a cru entrer dans une discussion nouvelle, tandis
qu'il n'a fait que renouveler une discussion épuisée. Après de longues plaidoiries, le Tribunal de 1re instance et la Cour d'appel
nous ont donné raison sur tous les points (Document n° 11.)

C. C.

soude, ont été employés dans la dorure à une époque
antérieure à la demande de privilége faite en France
par M. Elkington. *Sous ce rapport* il y a donc déchéance
obligée de son brevet [1].

Vices de la rédaction du brevet Elkington.

Abordons une autre considération. La loi n'accordant
de privilége d'exploitation que pour les idées, pour les
faits mentionnés nettement dans un brevet, nous avons
dû nous attacher à la lettre des mémoires explicatifs de
M. Elkington. Ce négociant a dit qu'il demandait le
monopole de l'emploi des substances alcalines dans la
dorure, mais il n'a pas dit qu'il entendait rendre son
bain alcalin par un excès de matière alcaline, comme
ont voulu le faire entendre les avocats de ses cessionnaires et les experts du second des procès que nous
avons rappelé. — Bien loin de là, Elkington dit, dans
une troisième addition à son brevet de 1837 (addition
demandée le 28 mars 1838 et délivrée le 1er juin 1838),
qu'il faudra *neutraliser* le bain [2].

---

(1) Le bain d'O'Reilly, cité par M. Sainte-Preuve, est encore un
bain à réaction acide très énergiquement prononcée. Sous le *rapport* de l'alcalinité, personne n'est venu avant M. Elkington. C. C.

(2) M. Elkington, dans ce brevet, ne parle pas de *neutraliser le
bain*, mais bien de neutraliser un certain bain qui est acide de
lui-même, par du carbonate d'ammoniaque. Ce qu'il dit de ce
bain particulier ne doit pas être généralisé; il s'agit uniquement
de la dorure à l'aide d'une mixture spéciale pour la dorure rouge.
M. Elkington dit : « Je fais encore dissoudre l'or dans une eau que
« j'appelle royale (*aqua regia*); elle est composée de deux onces
« d'acide nitrique, du poids spécifique de 1,45, de trois onces d'eau

Remarquez que c'est en 1838 que M. Elkington déclare qu'il *neutralise* l'acide azotique par des sels d'ammoniaque. Or ce mot *neutralise* est d'une précison théo-
rique vraiment accablante pour l'ignorant rédacteur
de ce brevet. Il semble rappeler au lecteur que tout le
monde sait comment on reconnaît l'état neutre, acide,
ou alcalin (langage usuel des chimistes); comment parlent aux yeux le papier réactif au tournesol, la teinture
de tournesol, etc. Et, d'ailleurs, si la sévérité, la précision du langage peuvent être exigées en matière de
brevets, ce devait être en 1838, bien plus encore qu'en
1800, car l'enseignement scientifique s'est propagé
chaque jour de plus en plus ; et puis, ce qui sert de base
générale aux brevets de 1838, ce qui donne à M. El-

« et trois onces de muriate de soude ou autre, pour chaque once
« d'or. A ces diverses substances j'ajoute six livres de muriate
« d'ammoniaque, trente-six grains environ de sublimé corrosif ou
« de chlorure de mercure et une livre de carbonate d'ammoniaque.
« *Toutes ces proportions peuvent aussi varier ; il convient seule-*
« *ment qu'il y en ait une quantité suffisante pour neutraliser l'acide.*
« S'il y a une trop grande quantité de carbonate d'ammoniaque
« dans la solution, l'or qui aura été précipité sera d'un jaune rou-
« geâtre ; dans ce cas je continue à faire bouillir la mixture afin
« de faire évaporer l'excédant de carbonate d'ammoniaque, et l'or
« précipité est dissous de nouveau.
« La dorure des métaux a lieu par immersion dans la solution
« d'or ammoniacée ainsi préparée. On comprendra sans peine que
« la dorure obtenue par cette sorte de *mixture sera différente de*
« *celle dans laquelle il entre de la potasse ou de la soude ; la cou-*
« *leur, au lieu d'être jaune,* sera d'un rouge plus ou moins foncé,
« connu dans le commerce sous le nom de *dorure rouge.* Si l'on
« désire que l'or soit d'une couleur jaune, on l'obtient par les
« moyens et procédés décrits dans mes premiers brevets. »
Ainsi M. Sainte Preuve, quoique M. Elkington ait dit expressément que ce qui concerne cette *mixture ammoniacale* n'a aucun rapport avec la dorure à l'aide des dissolutions précédemment brevetées, dans lesquelles il entre de la potasse ou de la soude, M. Sainte-
Preuve veut appliquer un mot tout spécial à l'invention tout
entière. Il traite M. Elkington d'ignorant : nous ne voulons lui infliger aucune épithète.   C. C.

kington la prétention d'embrasser dans un vaste privilége un nombre considérable de sels, c'est précisément
l'emprunt qu'il fait au langage scientifique, le plus généralement accepté alors : « *Les sels alcalins, les substances alcalines.* » Mais quand, avec quelques *mots*, au sens
très général, de ce langage, on veut, chose si facile, se
constituer un monopole immense, il faut au moins qu'il
y ait précision et netteté dans le langage ; que sera-ce
donc si l'on descend jusqu'à la contradiction, si l'on
veut cumuler la double prétention du caractère alcalin et de la neutralisation? Comprend-on un bain alcalin et neutre tout à la fois? Des savants, consultés par
les magistrats, ont donné raison à M. Elkington[1], en
appuyant plus particulièrement sur ce droit au monopole des bains alcalins, constitué à son profit par quelques mots à double sens de son brevet. A ces quelques
mots nous pouvons, comme on le voit, en opposer d'autres du même brevet, car ici *la lettre tue la lettre.* Mais
un argument plus puissant encore nous a été fourni par
les preuves que nous avons données de l'emploi antérieur des bains de potasse et de soude[2]. Quant à l'ammoniaque, les cessionnaires de M. Elkington y ont renoncé de fait.

(1) Ces savants qui ont donné raison à M. Elkington sont, outre
les experts, MM. Balard, Frémy, Cahours, Payen, Peligot, Pelouze; ces savants ont jugé les textes vrais, et ils n'ont pas commis
les *méprises* dans lesquelles M. Sainte-Preuve s'est jeté. C. C.
(2) Nous devons ici nous contenter de constater que nulle part,
dans aucun livre, on n'a pu déterrer l'emploi d'un bain formé de
chlorure d'or et de carbonates, ou de prussiates de potasse ou de
soude, ou, en d'autres termes, de sels dits alcalins. C. C.

DORURE A L'AIDE D'UNE PILE DISTINCTE.

Nous abordons maintenant le point le plus important des débats, la prétention au monopole de la dorure par la pile : M. Elkington a demandé, le 27 novembre 1840 (par une quatrième addition à son brevet de 1836), 1° le privilége de l'emploi d'un courant galvanique [1]; 2° celui de certaines compositions chimiques du bain de dorure dont nous parlerons plus bas ; 3° celui de l'emploi d'un excès d'oxyde d'or non dissous, pour entretenir le degré du bain, etc.

Parlons d'abord de la pile.

Travaux de Brugnatelli.

Brugnatelli, dont nous avons déjà cité une partie du procédé, soumettait aussi, en 1800, son bain à l'action d'une pile. Voici la fin du passage cité plus haut : « *Les objets destinés à être dorés sont fixés solidement à un fil d'acier ou d'argent, que l'on fait ensuite communiquer au pôle négatif d'une pile voltaïque. L'objet en argent qui doit être doré doit être plongé entièrement dans le liquide contenant l'ammoniure d'or* (nous avons discuté le sens de ce mot) ; *le courant galvanique est fermé par une grosse bande de carton mouillé, qui de l'ammoniaque passe au pôle positif de la pile. En quelques heures l'argent se trouve entièrement doré*

(1) Malgré les essais faits avant M. Elkington pour la dorure à l'aide d'une pile distincte, il n'en est pas moins vrai que le premier il a rendu cette opération industrielle. Il est donc sur ce point très légitimement inventeur selon la loi et le bon sens. C. C.

par l'action galvanique. LA DORURE PEUT ÊTRE MISE EN COU-
LEUR PAR LES MOYENS ORDINAIRES, ET ON LUI FAIT PRENDRE
LE PLUS VIF ÉCLAT AVEC LE GRATTE-BROSSE DES DOREURS. »

On le voit, Brugnatelli mentionne l'une des plus ru-
des épreuves que puisse subir la dorure et à laquelle
résiste seule celle que le commerce peut accepter :
l'action du *gratte-brosse*, c'est-à-dire d'une brosse formée de fils métalliques courts, roides, serrés. Quant à
la mise en couleur, c'est le rehausssement du ton de la
pièce dorée par son immersion dans des bains particuliers dont nous n'avons pas à donner ici la composition,
et qui appartiennent à tous les procédés de dorure.

Comme on pourait croire que Brugnatelli n'a appliqué la pile qu'à la dorure et à la dorure sur argent seulement, citons un autre compte rendu de ses travaux
d'électroplastie.

Nous lisons dans le *Journal de physique et de chimie de
Van-Mons*, qui seul a été cité jusqu'à ce jour dans les
procès Elkington[1] : «*La méthode la plus expéditive de réduire, à l'aide de la pile, les oxydes métalliques dissous,
est de se servir à cet effet de leurs ammoniures* (rappelons encore que ce mot a été expliqué par nous au
moyen de l'extrait de la *Biobliothèque de campagne*) :
*c'est ainsi qu'en faisant plonger les extrémités de deux fils
conducteurs de platine dans l'ammoniure de mercure, on voit
en peu de minutes le fil du pôle négatif se couvrir de goutte-
lettes de ce métal : de cobalt, si on opère avec du cobalt ; d'ar-*

______

(1) Mais c'est une erreur de fait provenant de l'ignorance de
M. Sainte-Preuve; tous les textes que ce dernier croit avoir découverts, ont été examinés par les Experts et par les Tribunaux.
(Supplément du Rapport dans l'affaire Roseleur déjà cité par
nous.)   C. C.

senic, etc., etc. Je me servis de fils d'or pour réduire de cette manière l'ammoniure de platine que j'ai dernièrement obtenu et examiné ; le platine ainsi réduit sur l'or a une couleur qui tourne vers le noir ; mais étant frotté entre deux morceaux de papier, il prend l'éclat de l'acier. Je fis usage de fil d'argent pour réduire l'or, ce qui réussit promptement. »

Ailleurs, dans le même journal : « J'ai dernièrement doré d'une manière parfaite deux grandes médailles d'argent en les faisant communiquer à l'aide d'un fil d'acier avec le pôle négatif d'une pile de Volta, et en les tenant, l'une après l'autre, dans des ammoniures d'or nouvellement faits et bien saturés. »

Ainsi le *Journal de Van-Mons* parle de la *réduction des oxydes métalliques dissous en général*, et nul n'a le droit de restreindre le sens de ce titre général. Si ce journal ne cite dans cette classe de substances que quelques exemples, en faisant suivre le membre de phrase d'un *etc.*, pour se dispenser d'écrire la longue série des noms de métaux, nul n'a le droit de restreindre le sens de cette expression générale, *réduction des oxydes dissous*, à ces quelques exemples, et de déclarer qu'elle ne peut s'appliquer aux métaux non dénommés dans la phrase, soit comme matière à faire déposer électriquement sur d'autres corps, soit comme corps sur lesquels aura lieu ce dépôt.

Ainsi donc, nous pouvons déclarer que le sens général de ces mots : *réduction des oxydes dissous*, comprend le dépôt d'un métal quelconque, et, en particulier, le dépôt de l'or, de l'argent sur le cuivre, sur le fer, sur le laiton, sur tous les alliages, etc., etc.

Mais il nous faut citer encore Brugnatelli : car on

pourrait nous dire qu'il n'a parlé d'opérer à l'aide de
la pile que dans les bains ammoniacaux, et que dès
lors le droit conféré au premier venu en France par la
publication de ses travaux ne va pas, non plus, au delà
du bain ammoniacal.

Brugnatelli s'est servi de diverses dissolutions, mais
le *Journal de Van-Mons* dit qu'il *préférait* les bains ammoniacaux, auxquels il donnait le nom d'ammoniures,
en parlant un langage qui n'est plus le langage usuel
des chimistes de 1851. « La méthode la plus expéditive est de se servir des ammoniures, etc. »

Puis donc que Brugnatelli[1] a opéré dans divers bains,
puisqu'il nous rappelle qu'il y a d'autres bains possibles que le bain ammoniacal, chacun pourra, en France,
appliquer l'idée de Brugnatelli, c'est-à-dire la dorure
ou la réduction à l'aide de la pile, de tous autres métaux, dans tous les bains métalliques qui étaient, en
1807, dans le domaine public, comme aussi dans tous
ceux qui, depuis lors, ont été mis dans ce domaine.

D'où suit qu'en particulier les bains de dorure cités
plus haut et contenant des alcalis autres que l'ammoniaque, à savoir, la potasse, la soude, etc., et que Brugnatelli n'a pas eu besoin d'inventer, puisqu'ils étaient

---

(1) Toutes ces déductions sont curieuses au suprême degré. De
ce que Brugnatelli a dit: Je *préfère* les sels ammoniacaux, on conclut qu'il a dû tout essayer, tout employer, qu'il n'y avait plus d'invention à faire. Quand on soutient une mauvaise cause, on ne re-
cule pas devant l'absurde. N'est-il pas absurde, en effet, de dire
que Brugnatelli aurait choisi, parmi tous les bains, les plus mauvais, ceux qui ne sont pas industriels, c'est à dire les bains *ammoniacaux*, pour rejeter ceux qui rendent des services, les bains
alcalins de potasse ou de soude? On veut une grande précision chez
M. Elkington ; on invoque contre lui-même le silence des textes ;
es textes se taisent, mais on conclut comme s'ils avaient parlé. C. C.

déjà mentionnés dans les livres antérieurement publiés ; d'où suit, dis-je, que ces bains de dorure peuvent être employés, concurremment avec la pile, par tout le monde.

D'où suit encore que personne n'a pu, après 1807, se faire breveter d'une manière générale pour les bains alcalins de dorure soumis à l'action de la pile ; d'où suit que des brevets n'ont pu être pris valablement que pour des compositions chimiques spéciales de bains, pour des dispositions particulières de bains, pour des dispositions spéciales de piles voltaïques et des modes particuliers de leur application aux bains de réduction métallique.

Ainsi, nous concevons un brevet pris pour un bain de chlorure d'or ou tout autre sel d'or combiné avec le cyanure de potassium, comme l'a fait M. Elkington (Henri) ; pour un bain de chlorure d'or et de cyanoferrure de potassium, pour un bain de sulfure d'or et d'hyposulfite de soude, de cyanure d'or et d'hyposulfite de soude, etc., etc., comme l'a fait M. de Ruolz, sous son nom et sous celui de Chappée.

Mais si, à ces mentions de faits nouveaux, d'innovations industrielles, on ajoute dans le même brevet d'autres faits déjà vieux, comme l'emploi de la pile et celui des alcalis (et tel est le cas dans lequel s'est placé M. Elkington), le privilége n'en sera pas moins restreint aux *faits nouveaux* seuls.

Travaux de M. de La Rive.

Après avoir cité Brugnatelli, plus n'est besoin d'autres exemples. Aussi ne mentionnerons-nous M. de La

Rive, de Genève, qui, en 1839, a publié les résultats de ses expériences de dorure à l'aide de la pile et du chlorure d'or (déjà employé dans la dorure au trempé. Voir *Secrets concernant les arts et métiers*, t. 1er, p. 457, Dorure sur cuivre), que parce que M. de La Rive a modifié la disposition de la pile.

Brugnatelli laissait sa pile à l'extérieur du vase de réduction, et certainement il lui donnait plusieurs couples, tandis que M. de La Rive n'emploie qu'un couple qui fait corps avec ce vase à dépôt métallique. Cette deuxième disposition convient parfaitement à certaines petites opérations de dorure, d'argenture, par exemple sur des pièces d'horlogerie isolées, et elle est très économique, très maniable. La disposition générale de Brugnatelli convient à tous les cas et permet d'atteindre jusqu'aux opérations les plus difficiles sur les pièces les plus volumineuses, comme aussi sur des réunions de pièces nombreuses.

Quoi qu'il en soit, M. de La Rive, postérieur de trente-neuf ans à Brugnatelli, est lui-même antérieur à Elkington, mais sous le rapport seulement de l'idée de l'emploi de la pile combiné avec l'emploi des chlorures purs.

Vices de la rédaction du brevet de Henri Elkington. — Bains qui lui appartiennent. — Bains à la composition desquels il est étranger.

Examinons maintenant les droits particuliers de M. Elkington à l'emploi de certains bains de dorure.

Passons par-dessus les bains rendus alcalins par les
carbonates de soude ou de potasse qu'aucun document
antérieur aux brevets Elkington ne nous avait révélés
et qui ne sont plus employés que pour le trempé, qui,
lui-même, a perdu presque toute son importance dans
l'industrie française, attendu que l'emploi de la pile
(extérieure au bain) permet de dorer à bien plus
grande épaisseur[2].

Arrivons aux cyanures simples et mixtes[3] de **M. H.
Elkington.**

Nous lisons dans la quatrième addition de son brevet :

« En général, j'ai remarqué que les sels à double
base, et plus particulièrement ceux connus sous le nom
de sels haloïdes, sont aussi susceptibles de dissoudre
l'or. Ils font également partie du droit privatif que je
réclame. » Nous reconnaissons que cette phrase est
suffisamment nette ; mais malheureusement pour **M. H.
Elkington,** il n'est pas évident que les bains décrits
plus haut ne contiennent pas aussi des sels doubles. —
Celui de Brugnatelli est dans ce cas.

Nous lisons plus loin : « Je réclame l'emploi des
oxydes d'or ou de *l'or métallique* dissous dans le prussiate de potasse, ou *de* tous autres prussiates solubles

---

(1) Pourquoi avoir si violemment attaqué cette invention de
M. Elkington dans les pages précédentes, puisque vous êtes forcé,
par l'évidence, de la lui concéder ici ?   C C.

(2) Dorer par la pile ou par immersion, ce n'est donc pas la
même chose, comme vous l'avez prétendu au commencement de cet
incohérent Mémoire.   C. C.

(3) *Cyanures mixtes* de M. Elkington ! Expression charmante pour
désigner, sans contredire M. de Ruolz, les cyanoferrures que ce dernier prétend n'avoir pas été employés par M. H. Elkington.   C.C.

pour couvrir les métaux, *ou avec quelques-uns* des sels susindiqués, combinés avec les oxydes d'or. »

Même en mettant de côté la dissolution de *l'or métallique*, c'est-à-dire de l'or pur dans le cyanure de potassium, en enlevant de la phrase cette intercalation de *l'or métallique*, qui n'a rien à voir avec les applications, en nous bornant aux oxydes d'or, il faut bien que nous disions que la construction de la phrase est inacceptable dans un brevet. En changeant en *dans* le *de* que nous avons mis en italique, ce commencement de phrase aurait un sens ; mais que signifie la fin : *ou avec quelques-uns des sels...?* L'auteur veut-il dire qu'il dissout l'oxyde d'or avec quelques-uns des sels, ou que ses prussiates seront combinés avec quelques-uns des sels?

Une observation semblable sur l'obscurité dans la rédaction s'applique à la phrase suivante, qui a joué un grand rôle dans les procès Elkington :

« Je réclame également l'application du courant galvanique pour dorer les métaux avec quelque solution convenable d'or (excepté le chloride d'or qui est peu propre à cet usage). *Je fais observer que, par solutions convenables, j'entends celles dans lesquelles les substances alcalines terreuses ou autres sels sont combinés avec l'or.* »

L'examen de ces phrases doit être fait avec d'autant plus de soin, qu'avec une rédaction aussi générale, aussi confuse dans sa forme, un demandeur de brevets pourrait embrasser toute la chimie, sans rien entendre aux réactions, sans avoir opéré préalablement, sans savoir où il va, mais avec l'intention de saisir dans ses filets toutes les inventions à venir.

Quant à ces mots : *substances alcalines*, nous en avons déjà fait justice; quant à ceux-ci : *autres sels*, c'est embrasser la chimie tout entière, même les bains de dorure de nos pères, même le chlorure d'or de nos pères, même les bains ammoniacaux de Brugnatelli, même...; c'est donc une mention sans valeur aucune comme brevet.

D'un autre côté, ces phrases ambiguës pourraient sembler dire, si on les généralisait complaisamment, que M. Elkington avait songé à employer les prussiates de soude ou de potasse avec quelques-uns des sels *indiqués* par lui plus haut ou avec *tout autre sel*, c'est-à-dire avec les prussiates d'or, avec les prussiates ferrugineux; et alors M. Elkington primerait, par exemple, M. de Ruolz, qui a fait, lui aussi, breveter un peu plus tard les prussiates ferrugineux (ferrocyanure de potassium) combinés avec les prussiates d'or (cyanure d'or), mais qui a eu grand soin de les indiquer bien nettement! Non, de telles rédactions de brevet ne sont pas acceptables : ce serait, comme nous l'avons fait plus haut, embrasser toute la chimie dans un privilége[1]!

Mais, d'ailleurs, voici des preuves qui, dans l'espèce,

____

(1) Quoi qu'en dise M. Sainte-Preuve, le texte de M. H. Elkington est parfaitement acceptable dans sa généralité, car il est accompagné d'une formule de proportions bien explicite, dans laquelle les divers sels d'or, chlorure, iodure, cyanure, tous congénères, peuvent se substituer les uns aux autres en même temps que les divers sels alcalins se remplacent également, équivalents pour équivalents. — Enfin M. Elkington a dit prussiate de potasse ou tous prussiates solubles.   C. C.

et indépendamment du principe que nous invoquons sur la nécessité de la clarté, de la précision dans la rédaction, doivent faire considérer ces mentions vagues de M. Elkington comme non avenues.

1° Les phrases de M. Elkington sont absurdes en tant que trop générales. Si tous les sels à double base pouvaient être réclamés par M. Elkington, il faudrait, *par exemple*, qu'un bain de chlorure de fer et de chlorure de potassium (ils sont embrassés par M. Elkington, car il a nommé spécialement les muriates) pût donner une bonne dorure; de même pour le sulfate de fer uni au sulfate de soude; de même pour tout sel alcalin, avec un sel de fer ou avec un sel de tout autre métal.

2° M. Elkington lui-même, assisté de son chimiste M. Wright, *a été mis en demeure* par des commissaires de l'Institut d'expliquer ce qu'il entendait par ces mots *prussiate de potasse;* car il en est trois qu'on comprenait naguère sous cette dénomination (de ce nombre sont le cyanoferrure de potassium jaune et le cyanoferrure rouge de M. de Ruolz). M. Elkington et M. Wright ont déclaré qu'ils entendaient par là le cyanure de potassium simple, blanc. Aussi furent-ils, nous assure-t-on, très surpris quand on leur dit, quand on leur *apprit* que le cyanure de potassium combiné avec le fer opérait beaucoup mieux.

3° Il y a dans l'emploi du cyanoferrure une circonstance remarquable. Un mélange avec le chlorure d'or produit un précipité abondant d'un certain bleu de Prusse qui trouble le bain de telle façon qu'on est obligé de filtrer ou de décanter avant de passer outre. Or, si M. Elkington avait pratiqué le cyanoferrure, il

aurait vu cette circonstance si grave du trouble du bain
bleu ; il aurait mentionné dans son brevet, car la loi
le veut aussi, l'opération intermédiaire de la filtration
ou de la décantation [1].

Il demeure donc évident pour nous que M. Elkington
ne saurait réclamer les cyanoferrures de potassium ni
leurs combinaisons avec d'autres sels. Quelle différence, sous ce rapport, entre les brevets de M. de Ruolz
et ceux de M. Elkington ! Du côté du premier, clarté,
netteté dans les détails ; du côté du second, confusion,
désordre d'idées, désordre poussé jusqu'à l'impossibilité [2].

Nous passons aujourd'hui sous silence les deux dernières additions (5ᵉ et 6ᵉ) au brevet Elkington, et qui
concernent, en particulier, le choix d'un électrode d'or
pour alimenter le degré du bain et les formes les plus
convenables à donner à cet électrode développé sous
une grande surface. L'examen de ces questions serait
ici un hors-d'œuvre ; il reviendra ailleurs : nous ver-
rons alors quel est le premier auteur de chacune de
ces nouveautés industrielles.

---

(1) M. Truffaut, au nom de MM. Elkington, a déjà répondu à
cette argumentation (Document n° 1, p. 91) ; c'est par la calcination préalable du cyanoferrure que M. Elkington évite le bleu de
Prusse dontparle M. Sainte-Preuve. Nous reviendrons sur ce point
à propos du Mémoire de M. de Ruolz (Document n° 16).　C. C.

(2) M. de Ruolz a cherché à dépouiller MM. Elkington ; il l'a fait
dans un langage grammatical ; soit. La loi ne reconnaît pas, que
nous sachions, une pareille invention.　　　　　　　　C. C.

III.

ARGENTURE ÉLECTRO-CHIMIQUE.

ARGENTURE AU TREMPÉ.

L'argenture électrique a aussi donné lieu à plusieurs brevets et à des débats judiciaires d'une haute importance.

M. George-Richard Elkington a pris un brevet pour l'argenture par immersion, le 14 juillet 1838; et un autre pour l'argenture à l'aide de la *pile*, le 27 septembre 1840.

Dans le premier, il a réclamé le privilége de l'emploi de toutes les *substances alcalines* dans le bain d'argenture, et, grâce à cette expression, ses défenseurs, appuyés de nombre de savants, ont déclaré qu'il avait fait là une découverte capitale en matière d'industrie électro-plastique. Des documents inédits[1] jusqu'à ce jour vont prouver que l'argenture au trempé s'opérait jadis à l'aide de ces *substances alcalines*.

---

(1) Documents inédits pour M. Sainte-Preuve, mais connus de tout le monde savant, des experts, des Tribunaux, et qui démontrent que les bains employés avant M. R. Elkington n'ont jamais été alcalins, mais qu'ils étaient faits avec des sels où la base et la soude étaient saturés par des acides énergiques ou en excès. C. C.

Quelques documents sur l'ancienneté de l'emploi des alcalis dans les bains d'argenture.

Dans les *Secrets concernant les arts et manufactures,* nous lisons (t. Ier, p. 488) :

Manière d'argenter le cuivre ou l'airain. « Calcinez dans un creuset quatre onces d'argent en feuilles avec du sel commun (chlorure de sodium). Cela étant fait, vous y mêlerez autant de tartre de vin blanc (tartrate de potasse) ; mêlez ensuite le tout dans un pot de terre avec de l'eau commune, et le faites bouillir, Alors vous y plongerez tout ce que vous voulez argenter, puis vous le frotterez avec le gratte-brosse. Réitérez....... »

Autre procédé (t. Ier, p. 489) : « Broyez ensemble sur une pierre, parties égales de tartre de vin (tartrate de potasse), d'alun (sulfate de potasse et d'alumine) et de sel commun (chlorure de sodium) ; ajoutez-y ensuite une feuille ou deux d'argent; continuez de broyer jusqu'à ce que le mélange soit parfait, et mettez le tout, avec de l'eau, dans un pot de terre bien vernissé ; plongez le cuivre dans ce mélange et le frottez ensuite ; ce que vous répéterez, jusqu'à ce qu'il ait pris la couleur d'argent convenable. »

Le *Mémorial pratique du chimiste manufacturier* de Colin Mackensie nous dit (traduction française ; Paris, 1824, chez Barrois), t. I, p. 32 :

« Précipitez par la potasse le nitrate d'argent ; filtrez l'acide, et séchez l'oxyde ; traitez celui-ci par l'ammoniaque : vous obtiendrez une dissolution jaunâtre;

ployez-y une tige de cuivre poli ; laissez se dissiper
l'humidité. Quand elle sera bien sèche, tenez-la sur des
charbons ardents ; l'oxyde, réduit sur le cuivre, se re-
vêtira d'une couche qui deviendra superbe par le po-
lissage. »

M. d'Arcet, le célèbre chimiste praticien, a publié,
dans le *Dictionnaire de l'industrie manufacturière*, tome I,
pag. 492, 493 (Paris, chez Baillière, 1835), un article
sur l'argenture. On y lit :

« La base des préparations employées pour l'argenture est presque toujours le chlorure d'argent, que
l'on rend soluble au moyen des chlorures *alcalins*. »

Suit la recette (page 493), où l'on voit : Chlorure de
sodium, sel ammoniac, chlorure de potassium, nitrate
de potasse, tartrate de potasse.....

On lit plus bas :

« Le sel marin, le sel ammoniac et le sel de verre
(chlorure de potassium), qui se trouvent presque entièrement formés de chlorures *alcalins*, rendent complétement soluble le chlorure d'argent. »

Depuis une époque fort reculée, on argente certains
alliages de cuivre dans un bain électro-chimique où
entrent des matières alcalines. Les épingles, les agrafes, sont, entre autres objets, argentées de cette façon,
alors qu'on demande une surface plus belle, plus riche
que celle que donne l'étamage électro-chimique. Cette
manipulation, bien connue dans les ateliers de Laigle
et de Paris, s'opère dans un vase en fer ou dans un vase
en zinc, qui fait, avec la masse des objets à argenter,
un couple électrique.

Voici la composition de l'un des bains usités : tartrate de potasse, chlorure d'argent. (Voyez Francœur, *Technologie*. Paris, chez Thomine, 1833.)

Les bains alcalins[1] de potasse, de soude, d'ammoniaque, pour l'argenture électro-chimique au trempé, étaient donc dans le domaine public bien avant 1833 ; mais, au reste, *la durée du brevet pris par M. Henri Elkington en 1838 est présentement expirée, puisque ce brevet a été pris pour dix années seulement.*

ARGENTURE A L'AIDE D'UNE PILE DISTINCTE.

Travaux de Bœttger et de Brugnatelli.

BOETTGER.

Un chimiste allemand, M. Bœttger, a publié en juillet 1840, dans l'*Ami de l'industrie de Francfort,* un mémoire où l'on trouve un mode d'argenture sur cuivre et laiton dans une solution ammoniacale d'azotate d'argent avec excès d'ammoniaque, à l'aide d'une pile distincte.

---

(1) Parmi toutes les mixtures que vient de citer M. Sainte-Preuve, il n'en est pas une seule qui soit alcaline. Il ne faut pas établir une confusion entre l'expression *chlorures alcalins,* qui signifie chlorures de potassium et de sodium, sels parfaitement neutres, et l'expression *bains alcalins de potasse ou de soude,* qui signifie liqueurs à réaction alcaline.

Du reste, le procédé d'argenture au trempé du brevet de 1838 n'est plus en question, puisque ce brevet est expiré. Mais nous tenons seulement à faire remarquer que la question a été vidée en faveur de M. R. Elkington, dans le jugement de l'affaire Roseleur (*voir* p. 155); il a été démontré alors que M. R. Elkington avait amélioré le procédé dit *du bouillitoire,* par l'addition du bichlorure de mercure. Toutes les recettes citées par M. Sainte-Preuve, et qu'il donne fièrement comme des documents inédits, ont été produites et réfutées dans le Rapport et le Supplément de Rapport d'expertise de l'affaire Roseleur.   C. C.

Il dit : « *Pour argenter le cuivre et le laiton, ce qu'il y a de plus avantageux, c'est d'employer une solution de nitrate double d'argent et d'ammoniaque avec un petit excès d'ammoniaque* [1]. »

BRUGNATELLI.

Les passages que nous avons cités du *Journal de Van-Mons* et de la *Bibliothèque de campagne milanaise* disent à qui ne veut pas fermer les yeux à la lumière, que Brugnatelli avait traité non pas exclusivement la question spéciale de la dorure par la pile, mais bien la question générale de la réduction des oxydes dissous à l'aide de la pile, et que le bain ammoniacal, qu'il préférait en tant que plus expéditif, convenait très bien à

(1) Il est très vrai que M. Bœttger a essayé d'argenter avec du nitrate double d'argent et d'ammoniaque au mois de juillet 1840, deux mois environ avant que M. R. Elkington brevetât, en France, l'emploi des cyanures. Mais le procédé de M. Bœttger est inapplicable autrement que dans un essai. Nul industriel ne voudrait s'en servir. Après ce procédé, l'invention de l'argenture galvanique reste tout entière à faire. Aussi les contrefacteurs s'adressent-ils toujours à l'emploi des prussiates ; ils n'ont pas recours non plus au bouillitoire *perfectionné*, qui ne donne qu'un blanchiment et non pas une argenture à épaisseur. C'est que l'argenture par immersion et l'argenture par la pile sont deux opérations fort distinctes, quoique M. Sainte-Preuve ait cherché à les confondre. Les faits lui donnent complétement tort.

Nous terminerons en ajoutant que M. R. Elkington a, en fait, précédé M. Bœttger. Effectivement, l'invention de M. R. Elkington, pour l'argenture, date, en Angleterre, du 4 mars 1840, jour de la demande de son brevet, qui lui a été délivré le 25 du même mois. Comme la spécification, suivant la loi anglaise, ne doit être fournie qu'après un délai de six mois, M. Elkington n'a pas dû prendre son brevet en France avant le 29 septembre 1840, afin de jouir de toute la latitude accordée en Angleterre.

C'est ainsi que se trouve expliqué comment l'invention de M. Elkington, fort antérieure aux travaux de M. Bœttger, ne porte pourtant que la date du 29 septembre.   C. C.

cette réduction, puisqu'il était composé du métal à déposer électriquement, d'ammoniaque en grand excès, d'acide azotique et d'acide chlorhydrique.

A ces citations nous pourrions en ajouter plusieurs, tirées d'autres ouvrages, qui montreraient que, particulièrement, l'argent, le cuivre, le zinc ont été réduits aussi sur divers métaux par Brugnatelli. Mais à quoi bon cette surabondance de témoignages, et ne suffit-il pas d'un seul passage pour établir l'ancienneté d'une invention ? Bornons-nous donc à quelques mots qui prouveront que Brugnatelli comprenait l'argent dans cette indication générale : *réduction des oxydes dissous.* Dans un journal consacré aux arts et manufactures, Brugnatelli a reproduit, en 1808, diverses phrases d'un Mémoire sur des effets chimico-électriques, publié par lui en 1800 : « *J'ai très-bien vu, et fort souvent, l'argent se déposer sur le platine ou sur l'or, et les argenter parfaitement* [1].... *Dans d'autres expériences analogues, j'ai vu l'or et l'argent se cuivrer, se zinguer par le courant de l'électricité....* » (Raccolta di Memorie sulle scienze, arti e

***

[1] Ceci prouve que Brugnatelli ne savait pas argenter, car il n'a pu déposer de l'argent que sur du platine ou de l'or, c'est à-dire sur des métaux inattaquables par les agents chimiques énergiques les plus ordinaires. S'il avait pu argenter du cuivre ou du fer, il n'eût pas manqué de le dire. Il est impossible qu'il soit permis d'attribuer à un auteur, non plus qu'à un breveté, une invention qu'il ne désigne pas nominativement.— Mais quand même Brugnatelli eût argenté par de l'ammoniure d'argent, ou par un sel double d'argent et d'ammoniaque, cette invention de sa part n'eût pas fait avancer d'un pas l'industrie, de même que son procédé de dorure par une dissolution d'or ammoniacale n'a pas fait naître, de 1800 à 1840, la dorure galvanique. Il faut arriver à MM. Elkington pour trouver enfin un procédé industriel dans l'emploi de la pile combiné avec l'emploi d'un sel double alcalin d'or ou d'argent et de potasse ou de soude.   C. C.

manufatture, 1808, Pavie.) Mais, encore une fois, à quoi bon tant de détails? et cette expression générale, *réduction des oxydes métalliques*, ne suffit-elle pas?

Nous avons aussi prouvé que ce choix du bain ammoniacal n'était qu'une préférence de Brugnatelli, et que ce praticien savait très-bien, *puisqu'il le dit*[1], qu'il existait d'autres bains autrement composés. Parmi ces bains, étaient ceux que nous avons cités plus haut, et dont les ouvriers se servaient depuis un temps immémorial pour l'argenture, pour la dorure, etc., ainsi que de bien d'autres encore qui se sont transmis, par la tradition orale, dans les ateliers d'Europe et d'Orient.

L'Italie qui, depuis des milliers d'années, a été habitée par des peuples amis des arts; l'Italie que les Égyptiens, les Grecs et tant d'autres peuples exercés au traitement des métaux avaient initiée de bonne heure à la pratique des arts; l'Italie connaissait, bien avant le temps où vivait Pline, les procédés autres que celui de l'amalgamation pour revêtir les métaux d'une couche mince d'autres métaux. Et ce sera bien le moins que d'accorder à Brugnatelli le praticien, l'érudit, la connaissance des bains d'argenture, de dorure au trempé qui se pratiquaient de son temps, et dont les recettes se trouvaient, alors comme aujourd'hui, dans

---

(1) Où Brugnatelli dit-il qu'il a employé d'autres bains que des dissolutions ammoniacales? Ah! si vous aviez un passage quelconque où il fût dit un seul mot d'un pareil emploi, vous ne manqueriez pas de vous en servir, vous qui écrivez plusieurs pages pour démontrer que *préférer un bain ammoniacal* signifie dorer et argenter dans un bain formé d'un sel double de potasse ou de soude et d'or ou d'argent. Toutes les phrases que vous faites ici prouvent la faiblesse de la cause que vous défendez; mais cela n'empêchera pas M. de Ruolz de dire : M. Sainte-Preuve a démontré dans son excellent Mémoire que M. Elkington a copié Brugnatelli.   C. C.

toutes les bibliothèques, ainsi que nous l'avons prouvé par quelques citations.

En apprenant aux ouvriers à déposer des métaux sur d'autres métaux à l'aide de la pile, Brugnatelli leur a *donné* à tous la libre application de ce procédé galvano-plastique énergique dans tous les bains d'argent, d'or, de cuivre dissous déjà connus de son temps[1] ; et, de même, il a donné à chacun de nous la libre application de ce procédé dans tous les bains qui ont été découverts depuis lors, et qui sont entrés dans le domaine public[2]. Ainsi le veut la loi.

L'argenture à l'aide de la pile dans les bains rendus alcalins par l'ammoniaque, la soude, la potasse, en particulier, est donc dans le domaine public en tant qu'*emploi de la pile* et *emploi des alcalins*[3].

Le privilége n'a plus, en 1851, à s'exercer que sur

---

(1) Brugnatelli a appliqué la pile à des sels *ammoniacaux*, rien de plus. Il n'a pas appris à dorer ou à argenter dans des sels alcalins de *potasse ou de soude*. Aussi, en 1840, c'était une invention capitale que la découverte d'un pareil procédé.   C. C.

(2) En suivant logiquement le raisonnement de M. Sainte-Preuve, on arrive à dire que l'application de la pile à la dorure dans un bain de cyanure double de potassium et d'or par M. Elkington n'est plus une invention après les travaux de Brugnatelli, quoique le cyanogène ne fût pas connu en 1800. Mais M. Sainte-Preuve prétend en même temps que M. de Ruolz a réellement inventé quelque chose par l'emploi du cyanoferrure de potassium ou de l'hyposulfite de soude. Ni la bonne foi, ni la rigueur de l'argumentation ne distinguent donc l'auxiliaire de M. de Ruolz.   C. C.

(3) Encore une fois, il n'est pas vrai que qui que ce soit au monde ait doré ou argenté, avant MM. Elkington, en combinant l'emploi de la pile et d'un bain alcalin d'or ou d'argent et de potasse ou de soude. Une telle persistance à affirmer un fait faux, absolument faux, sans même administrer un semblant de preuve, présente quelque chose de bien triste de la part d'un homme qui se dit un savant. Nous aimons à croire qu'une amitié aveugle pour M. de Ruolz empêche M. Sainte-Preuve de se rendre bien compte de ses actes et de ses paroles.   C. C.

des perfectionnements dans la construction des piles
électriques employées à l'argenture, dans l'agence-
ment de ces piles avec les bains d'argenture, dans la
composition des bains de telle ou telle espèce. Et ce
que nous disons de l'argent s'applique au cuivre, au
bronze, au fer, au zinc, et à tous les métaux aussi bien
qu'à l'argent et à l'or.

Qu'à l'exemple de M. George-Richard Elkington,
un autre négociant achète ou découvre une nouvelle
composition de bain propre à l'argenture électrique,
comme le cyanure de potassium uni au chlorure d'argent que M. Elkington a produit en 1840, rien de
mieux : si nouveauté il y a dans l'espèce, un brevet
pourra valablement être demandé, mais seulement pour
cette espèce de bain. Ainsi a su faire, de son côté, le
chimiste français que nous avons déjà cité à propos de
la dorure, M. de Ruolz, et qui, pour l'argenture, a
trouvé des bains nouveaux autres que celui de cyanure
de potassium et de chlorure d'argent [1].

____

(1) M. Roseleur a été condamné comme contrefacteur de MM. Elkington pour avoir fait ce que conseille ici M. Sainte-Preuve. En
effet, M. Roseleur avait combiné le pyrophosphate de potasse et le
chlorure d'or. Les Tribunaux (Document n° 11) ont déclaré que
la substitution de l'acide pyrophosphorique à l'acide cyanhydrique,
dans un bain où restaient les autres éléments, n'était qu'une contrefaçon punie des peines édictées par la loi. Même jugement a été
rendu pour l'argenture. Cependant M. Roseleur avait fait, devant
le Tribunal de première instance et devant la Cour d'appel, exactement le raisonnement reproduit ici par M. Sainte-Preuve.

IV.

DANGERS

DE CERTAINS MODES DE DORURE ET D'ARGENTURE.

Parmi les espèces de bains qui ont pu ou qui peuvent être brevetées à bon droit, il en est beaucoup que devront faire proscrire, par les fabricants eux-mêmes, leurs mauvais effets sur la santé des ouvriers, nous dirons même sur la santé du public qui achète les produits de l'électro plastie. Ainsi, le bain de M. Elkington au cyanure de potassium, pour la dorure, ceux de M. George-Richard Elkington, pour l'argenture, sont nuisibles aux ouvriers, et par eux-mêmes, et parce qu'ils ne donnent des effets convenables sur les objets en cuivre ou en alliages de cuivre, que lorsque, préalablement, on a préparé la surface de ces cuivres par une immersion dans le nitrate de mercure que nos pères employaient aussi pour le même usage[1].

(1) Il n'est pas vrai que la dorure à l'aide des bains de cyanure de potassium et de la pile soit dangereuse pour les ouvriers. Depuis dix ans nous employons ces bains dans nos ateliers, et il n'y a pas eu le moindre accident, le moindre effet délétère produit sur la santé de nos ouvriers. Les nombreux cessionnaires des brevets Elkington, auxquels nous avons permis de dorer par les mêmes bains, n'ont pas non plus signalé la moindre influence pernicieuse due à leur usage. Il n'est pas vrai davantage qu'une immersion dans le nitrate de mercure soit indispensable pour la dorure des objets en cuivre. A des assertions aussi étranges que celles de MM. Sainte-Preuve et de Ruolz, nous ne pouvons pas seulement opposer une dénégation absolue. Nous présentons toute notre pratique comme preuve de la fausseté de leurs allégations, et le lecteur doit être bien certain que si ces messieurs pouvaient citer un seul fait à l'appui

Telle est l'action pernicieuse de ce cyanure de potassium, que le gouvernement français l'a fait classer
parmi les poisons, et que ceux de Prusse et d'Autriche
en ont proscrit l'usage dans l'industrie [1] !

De beaucoup sont donc préférables, hygiéniquement
et industriellement, les bains aux cyanoferrures, aux
hyposulfites doubles, aux sulfures que M. de Ruolz a introduits dans les ateliers parisiens[2], et qui joignaient [3] à
la nouveauté, réellement digne du privilége, l'avantage
d'être plus salubres par eux-mêmes, de délivrer enfin
l'industrie de la dorure et de l'argenture de ce mercure, dont les fâcheux effets ont été si souvent signalés
par l'Académie des sciences, par l'Académie de méde-

de ce qu'ils avancent impudemment, ils n'y manqueraient pas.

Nous ajouterons, quant à l'emploi du nitrate de mercure, que
M. de Ruolz lui-même s'en servait alors qu'il dirigeait notre laboratoire, tant pour les bains au prussiate jaune que pour ceux au
cyanure simple. Tout le monde sait d'ailleurs que le passage des
objets à dorer ou à argenter dans une dissolution très faible de
nitrate de mercure n'est qu'un simple décapage infiniment moins
nuisible à la santé des ouvriers que le décapage à l'aide des acides
sulfurique et nitrique mélangés.

C. C.

(1) De ce que des sels sont rangés parmi des poisons, leur usage
n'en est pas pour cela interdit. Il n'est que bien peu de combinaisons chimiques qui ne soient pas vénéneuses, et le prussiate jaune
n'est pas plus à l'abri de ce reproche que le prussiate blanc. Ni en
France, ni en Prusse, ni Autriche, on n'a cessé de dorer et d'argenter par le cyanure simple.   C. C.

(2) Les ateliers parisiens ne se servent ni des hyposulfites, ni des
sulfures alcalins que M. Sainte-Preuve suppose y avoir été introduits par M. de Ruolz. Quant au cyanure simple et au prussiate
jaune que nous employons simultanément, leur usage est dû à
MM. Elkington. Pour obtenir du cyanure blanc économiquement,
ce qu'il y a de plus simple à faire, c'est de calciner le cyanoferrure
jaune et de reprendre par l'eau. C'est le procédé que la pratique a
sanctionné. M. de Ruolz n'y est absolument pour rien.   C. C.

(3) Les brevets pris par M. de Ruolz, sous son nom et sous
celui de M. Chappée, sont tombés dans le domaine public.

SAINTE-PREUVE.

cine, par toutes nos Sociétés savantes, par le Conseil
de salubrité de Paris, par tous les organes du Gouvernement.

Et non-seulement il est prudent de renoncer à ces
bains de cyanure non ferrugineux qui attaquent les
ouvriers et par l'épiderme des mains et par l'organe
de la respiration ; qui réclament un auxiliaire dangereux, le mercure ; mais il faut renoncer aussi à l'argenture sur couverts en laiton, en alliages de cuivre, de
nickel. Alors même qu'ils sont neufs, ces couverts ne
peuvent, sans danger, être laissés dans des préparations culinaires acides et grasses; une fois désargentés
par places, ils produisent là du vert-de-gris en quantité bien autrement sensible ; et, en dehors de ces accidents, dus à la négligence, ils mettent chaque jour
en contact avec la bouche du cuivre dénudé qui, à la
longue, nuit à bien des organisations débiles [1].

(1) Sans aucun doute, le manque absolu de soins dans l'usage
des couverts *désargentés* peut causer des accidents. Mais quand les
couverts sont argentés à une forte épaisseur, comme cela a lieu
dans nos ateliers, il n'y a pas d'exemple qu'ils aient amené le moindre inconvénient. C'est dans une pareille argumentation que devient bien manifeste l'animosité personnelle de nos adversaires ;
non-seulement ils veulent nous enlever les droits que nous donnent
des traités qui devraient être sacrés pour eux, mais encore ils attaquent une industrie que nous avons créée, et que M. Dumas, en 1841,
appelait de tous ses vœux dans les termes suivants (Document n. 20):
« Des ustensiles en cuivre, laiton ou étain qui seraient dangereux
« ou désagréables, peuvent recevoir la même opération (dorure ou
« argenture), en couches plus épaisses, et en devenir inaltérables à
« l'air, *inodores et d'un emploi salubre...*
    « Nous demandons à l'Académie la permission de l'arrêter quel-
« ques moments sur un art qui aura pour effet presque certain de
« détruire tous les ateliers si dangereux de dorure au mercure,
« *qui transportera jusque dans la plus humble chaumière l'usage*
« *agréable et salubre de l'argenterie...* » MM. de Ruolz et Sainte-
Preuve nous reprochent aujourd'hui d'avoir réalisé l'avenir prédit
par le savant académicien.   C. C.

V.

RÉSUMÉ.

La dorure et l'argenture dans des solutions métalliques sont des opérations électro - chimiques, alors même qu'on n'emploie pas une pile distincte. On ne saurait séparer par une barrière infranchissable le mode d'opération dit *au trempé* et le mode dit *à la pile*.

———

La dorure électro-chimique, au trempé, dans des bains contenant des sels de potasse, de soude et d'ammoniaque, dans des bains alcalins [1], s'opère depuis un temps immémorial en Europe. Les livres et la tradition orale des ateliers en font foi.

Le brevet d'Henri Elkington (addition du 11 septembre 1837 et du 28 mars 1838) est, sous ce rapport, frappé de déchéance légale. D'ailleurs, quant à l'alcalinité, il déclare qu'il *neutralisera* son bain [2].

Dans ses expériences, sur la réduction des oxydes en général, Brugnatelli a opéré en 1800 à l'aide d'une pile distincte, et il n'a parlé du bain ammoniacal que comme plus expéditif. La réduction des oxydes, en général, et en particulier la dorure, l'argenture, à l'aide

(1) M. Sainte-Preuve n'a cité que des mixtures ou des bains *acides;* cela ne l'empêche pas d'affirmer avec aplomb que de temps immémorial on a doré au trempé dans des bains *alcalins.* C. C.

(2) Nous avons répondu précédemment à cet abus des interprétations fausses (note de la page 209).   C. C.

de la pile distincte, sont donc, depuis 1800, dans le *domaine public* [1].

M. de La Rive, de Genève, a doré, en 1839, à l'aide de la pile, dans du chlorure d'or.

Le brevet de dorure par la pile, pris en 1840 par Henri Elkington, est, sous le rapport de l'emploi de la pile, dans le domaine public [2].

La partie du même brevet (addition du 27 novembre 1840) qui est relative à la composition de certains bains de dorure nouveaux, n'est suffisamment claire qu'en ce qui concerne les *sels à double base, susceptibles de dissoudre l'or*, et *l'oxyde d'or dissous dans le prussiate de potasse;* mais le reste de la rédaction est inacceptable comme manquant de précision, de netteté, comme inintelligible. Sous ce rapport, le brevet est frappé de déchéance légale [3].

Henri Elkington n'a pas inscrit dans cette rédaction les bains de ferrocyanure de potassium et de cyanure d'or [4], brevetés en 1841 par M. de Ruolz, pour dix ans ;

----

(1) L'emploi combiné de la pile et d'un sel double alcalin d'or et de potasse n'a pas été même soupçonné par Brugnatelli. C. C.

(2) Il n'est pas permis de décomposer ainsi une invention. La pile seule ne donne pas la dorure : c'est son application à des bains alcalins de potasse ou de soude qui fournit des produits industriels ; cette invention utile, la seule qui ait rendu des services, n'est pas dans le domaine public. C. C.

(3) La spécification des brevets Elkington est assez nette, assez intelligible, pour que des contrefacteurs la copient tous les jours avec succès , pour que nous faisions condamner ce délit par les Tribunaux, qui ont repoussé constamment les nombreuses demandes de déchéance que les contrefacteurs, imités aujourd'hui avec une rare fidélité par M. Sainte-Preuve, n'ont jamais manqué d'invoquer. C. C.

(4) M. Henri Elkington a breveté l'emploi de tous les prussiates solubles avec tout sel d'or : le cyanoferrure de potassium est un prussiate soluble, et M. de Ruolz n'a été qu'un plagiaire. C. C.

ces bains sont donc tombés en 1851 dans le domaine public, par expiration de la durée du brevet. Henri Elkington a d'ailleurs déclaré qu'il n'employait que le cyanure de potassium simple et non le cyanoferrure de potassium [1].

L'argenture électro-chimique au trempé, sans pile distincte, s'opère depuis un temps immémorial en Europe, non-seulement dans des solutions contenant des substances alcalines, mais encore dans des solutions incontestablement alcalines [2].

Sous ce rapport, le brevet de dix ans pris en 1838 par George-Richard Elkington, présentement expiré, était frappé de déchéance légale avant l'expiration de sa durée [3].

Bœttger a décrit, dès juillet 1840, l'argenture à la pile dans un bain alcalin [4].

(1) M. Henri Elkington n'a jamais fait cette prétendue déclaration ; dès qu'on a rapporté qu'elle avait été produite en son nom, M. Truffaut, alors son *unique* mandataire en France, a énergiquement protesté. (Document n° 1.)   C. C.

(2) Nous sommes attristé d'être obligé à chaque instant de donner des démentis aux assertions de M. Sainte-Preuve. M. Sainte-Preuve n'a pas pu citer précédemment un seul bain alcalin de potasse ou de soude servant par l'argenture.   C. C.

(3) Il est vrai que le brevet pris en 1838 pour dix ans par M. R. Elkington est aujourd'hui expiré ; mais les Tribunaux ont refusé, dans le procès Roseleur, d'en prononcer la déchéance, en déclarant qu'il renfermait un perfectionnement aux anciens procédés analogues n'amenant pas une argenture, mais seulement une sorte de blanchiment.   C. C.

(4) M. Bœttger n'a décrit. en juillet 1840, que l'argenture à la pile dans du nitrate double d'argent et d'ammoniaque ; avant lui, au mois de mars précédent, M. Elkington avait inventé et breveté en Angleterre l'argenture à la pile dans un sel double alcalin d'argent et de potasse ou de soude.   C. C.

Brugnatelli ayant parlé de *la réduction des oxydes dis-sous*, en général, et l'ayant pratiquée à l'aide d'une pile distincte, l'argenture ainsi effectuée est, depuis 1800, dans lé domaine public[1].

Il n'y a de brevetables, en 1851, que des compositions de bains d'argenture autres que les bains ammoniacaux, potassiques et sodiques employés par Brugnatelli et par nos pères, autres que les bains brevetés dans ces derniers temps et tombés depuis lors dans le domaine public, comme l'étaient ceux d'hyposulfites doubles, de sulfures inscrits par M. de Ruolz sous le nom de Chappée.

Les bains au cyanure simple sont dangereux pour la santé des ouvriers, tant par eux-mêmes que parce qu'ils nécessitent l'emploi préliminaire du mercure à l'état de nitrate.

L'argenture, pour couverts, sur cuivre, sur laiton, sur maillechort, sur tous autres alliages où domine le cuivre avec ou sans nickel, est elle-même la source de bien des affections morbides[2].

---

(1) Brugnatelli n'a pas seulement prononcé le mot argenture des métaux communs; il ne l'a pas pratiquée; il n'a pas songé seulement à cette opération industrielle. Il faut être absolument dénué d'esprit de vérité pour oser affirmer qu'il a argenté des objets commerciaux. C. C.

(2) Nous n'avons presque pas à répondre à ces trois derniers paragraphes; il n'est pas vrai que l'emploi d'un sel double alcalin de potasse ou de soude combiné avec la pile soit dans le domaine public; que les bains de cyanure soient nuisibles; que l'emploi du nitrate de mercure soit indispensable; que cet emploi soit nuisible, bien qu'on s'en serve journellement comme moyen de décapage; que l'usage des couverts argentés soit la source d'affections morbides. Nos adversaires ne connaissent pas ce que c'est que de dire une chose exacte. C. C.

VI.

CONCLUSION.

Nous sommes parfaitement convaincu que si l'on avait placé les documents que nous venons de passer en revue sous les yeux des savants, des magistrats auxquels a été soumise, à d'autres époques, la question des droits de MM. Elkington à l'invention de la dorure et de l'argenture électro-chimiques, par trempé ou à l'aide d'une pile distincte dans des bains alcalins, nous sommes convaincu , disons-nous , qu'ils auraient répondu négativement, comme ils ont répondu positivement sur la présentation de documents incomplets, insuffisants pour motiver alors la déchéance des brevets attaqués[1].

———

Si jamais est difficile, pénible, méritoire la mission du juge, c'est lorsqu'il est appelé à statuer sur les questions de brevets d'invention. On n'exige pas seulement alors du magistrat la connaissance des lois et

(1) Nous avons fait voir qu'il n'y a pas une ligne, dans tous les prétendus documents donnés comme édités pour la première fois par M. Sainte-Preuve, qui n'ait été, à maintes reprises, soumise à l'examen des Tribunaux et des hommes de science. Tous ils ont donc prononcé en parfaite connaissance de cause, et, comme M. Sainte-Preuve compte sur les *nouveautés* de ses documents pour faire triompher M. de Ruolz, il doit avouer aujourd'hui que la défaite de ce dernier est assurée.   C. C.

la consciencieuse application de ces lois aux faits qui
lui sont soumis ; on exige encore de lui une appréciation nette des questions scientifiques et technologiques ! Mais au-delà de ces qualités, si communes dans
la magistrature française, tout le monde le reconnaît,
on ne peut plus rien exiger ; et quant à la recherche
du passé, recherche qui joue un grand rôle dans ces
débats, ce doit être l'œuvre des érudits de profession.

Aux érudits qui ont involontairement induit en erreur les chimistes théoriciens, les magistrats, lors des
procès précédents, revient donc toute la responsabilité morale de cette erreur, qu'ils répareront en reconnaissant que la dorure et l'argenture électro-chimiques, dans les bains alcalins et dans les bains de
ferro-cyanures, d'hyposulfites, de sulfures, découverts
par de Ruolz, sont dès à présent dans le domaine
public [1].

Agréez...

Sainte-Preuve [2].

---

(1) Les érudits n'ont rien à se reprocher dans cette question ; ils
avaient fait connaître exactement, *sans les tronquer*, tous les documents que M. Sainte-Preuve a cherché à interpréter contre la
vérité, contre le bon sens. Ses efforts ont été vains ; aussi bien
M. de Ruolz est trop évidemment un contrefacteur pour que personne
puisse le laver de l'accusation que nous portons contre lui de la
condamnation que tous les honnêtes gens ont déjà prononcée.
C. C.
(2) Le lecteur nous pardonnera la vivacité de nos réponses à
M. Sainte-Preuve, en présence de la légèreté avec laquelle ce dernier a accueilli les attaques passionnées et déloyales que lui fournissait contre nous M. de Ruolz.
C. C.

MÉMOIRE

DE M. DE RUOLZ.

MÉMOIRE SUR MES TRAVAUX ÉLECTRO-CHIMIQUES.

—

*A Monsieur le Président et à Messieurs les Juges de la qua-
trième Chambre du Tribunal de première instance.*

*A Messieurs les Membres des Académies des Sciences de Paris
et de Saint-Pétersbourg.*

—

PREMIÈRE PARTIE.

I

But de ce mémoire. — Origine des attaques dirigées contre moi
par M. Christofle [1].

MESSIEURS,

Je viens défendre [2] tout à la fois mon honneur attaqué,
celui de l'Académie des sciences, du Jury de l'Exposi-

---

(1) On peut vérifier que M. de Ruolz a commencé les hostilités
contre nous par sa lettre à l'Assemblée nationale (Document nº 12,
p. 169). C. C.

(2) Nous avons répondu, dans notre *Avant-propos* (p. 1 à 5), à
cette introduction prétentieuse de M. de Ruolz ; nous avons fait
voir qu'il s'illusionnait complétement en se figurant que l'honneur
de l'Académie des sciences de Paris, de l'Académie des sciences de
Saint-Pétersbourg, du Jury de l'Exposition et du Gouvernement
était le moins du monde engagé dans l'impasse honteuse où il a
fourvoyé le sien. C. C.

tion et du gouvernement, qui m'ont successivement
jugé digne de leurs récompenses;

Je viens réclamer la libre jouissance de mes droits
d'inventeur [1];

Je viens défendre les intérêts d'une classe importante de l'industrie parisienne [2].

Un homme qui s'estimait trop heureux, il y a dix ans,
de s'assurer par des traités l'exploitation privilégiée
des découvertes brevetées que j'avais faites antérieurement dans les arts de la dorure, de l'argenture, du
zincage et des autres branches de la galvanoplastie;
un homme qui s'est souvent armé de mes titres [3] pour
faire condamner plusieurs de ses confrères; cet homme
a trouvé qu'il avait intérêt à me dénigrer [4], à diminuer
la valeur de mes travaux; et voici le secret motif de
son étrange conduite :

Je n'avais cru devoir assigner qu'une durée de dix
ans aux brevets pris, à partir de 1840, par moi ou au
nom d'un premier cessionnaire (M. Chappée), et par lui

(1) M. de Ruolz sait bien qu'il a vendu la jouissance de ses prétendus droits d'inventeur au prix de 179,000 francs (Document
n° 10) jusqu'à l'expiration du dernier brevet Elkington (Document
n°6 , p. 136).   C. C.

(2) M. de Ruolz appelle défendre les intérêts d'une classe importante de l'industrie parisienne, exciter cette industrie à commettre le délit de contrefaçon.—Nous ajouterons que MM. de Ruolz
et Sainte-Preuve attaquent vivement une branche importante de
l'industrie parisienne, en cherchant à décrier l'argenture de l'orfévrerie de laiton et de maillechort; si leurs critiques avaient quelque fondement, il n'y aurait plus d'argenture électro-chimique,
puisque ces deux alliages seuls peuvent servir à fabriquer de l'orfévrerie argentée. Que deviendraient donc les intérêts de cette
classe importante de l'industrie parisienne, dont M. de Ruolz se pose
avant tout d'hypocrisie comme le défenseur?   C. C.

(3) On a vu que les titres de M. de Ruolz, s'ils avaient été vala-
bles, auraient fait absoudre les contrefacteurs, et notamment M. Roseleur.   C. C.

(4) Les contrefacteurs sont confrères de M. de Ruolz.

cédés[1], en 1842, à M. Christofle ; mais M. Christofle a voulu jouir d'un privilége plus durable, et il s'est fait céder d'autres brevets, pour d'autres procédés de dorure et d'argenture, par deux étrangers, MM. Henri et George-RichardElkington, de Birmingham[2].

L'appel qu'il a fait, il y a cinq ans, aux capitaux renfermait une première attaque contre moi[3] ; car, tout en revendant, avec un bénéfice énorme, mes inventions à ses nouvaux actionnaires, il leur promettait le monopole de la dorure et de l'argenture électro-chimiques en France, même après l'expiration de mes brevets ; car il prétendait, dès ce moment, que nul ne pourrait en France, même après cette expiration, user du droit que la loi reconnaît à tous d'appliquer des procédés tombés dans le domaine public ; car, et c'est là surtout qu'il faut admirer M. Christofle, il prétendait me tuer avant mon décès légal, et néanmoins me faire vivre malgré moi au-delà du terme que je m'étais librement assigné. Voici comment M. Christofle songeait déjà opérer à ce tour de force.

(1) M. de Ruolz était notre cessionnaire au même titre que M. Chappée. Si M. de Ruolz ne figuraitpas d'abord nominativement dans la vente qui nous était faite, c'est qu'il voulait cacher sa situation à ses nombreux créanciers, situation que nous ignorions au moment de la signature de notre traité d'association avec M. de Ruolz (15 février 1842).   C. C.

(2) M. de Ruolz a participé à l'achat des brevets de MM. Henri et Richard Elkington ; il n'avait pas d'autre moyen alors d'éviter d'être condamné, dès 1842, comme contrefacteur (Documents n⁰ˢ 5, 8 et 9, et pages 65 à 70).   C. C.

(3) Il tombe sous le sens que nous ne pouvions pas , pour faire plaisir à M. de Ruolz, diminuer de cinq ans la durée des brevets Elkington. Si la seule constatation de l'antériorité de MM. Elkington est, comme l'avoue ici M. de Ruolz, une attaque contre lui, cela démontre bien que sa position d'inventeur n'est qu'une position usurpée. M. de Ruolz sait bien qu'il a surpris la conscience des juges qui l'ont récompensé, et que le jour de la justice et de la condamnation est arrivé.   C. C.

Tout en se servant de moi vis-à-vis de ses concurrents, il me dépouillait audacieusement de mon individualité propre ; il prétendait que, sous un masque d'emprunt, je n'étais que le Sosie des deux Elkington ; et, comme ces messieurs doivent vivre (de la vie des brevetés), le premier, comme doreur, jusqu'en 1852, le second, comme argenteur, jusqu'en 1855, il déclarait que nul en France ne pourrait hériter de Ruolz doreur avant 1852, ou de Ruolz argenteur avant 1855. En d'autres termes, il ne me confisquait ainsi à son profit et au détriment de toute la fabrique parisienne, qu'en faisant de moi un pastiche du type Elkington, qu'en me déshonorant, qu'en signalant aux risées du public les jugements des corps savants et du gouvernement, je dirai même des tribunaux français ; car, dans plusieurs circonstances, les Tribunaux ont motivé leurs décisions sur la validité de mes titres. Ces jours-là [1], pour M. Christofle, je n'étais plus le Sosie, l'ombre des Elkington ; je reprenais mes traits, mon individualité [2] ; j'étais réellement Ruolz, le pauvre inventeur !... Il est temps de lui montrer que ces transformations successives qu'il a voulu me faire subir sont tout autant de mensonges, et qu'après avoir été réellement moi-même, je puis, après l'expiration de mon brevet, faire envoyer par les Tri-

[1] Quand même il serait vrai que les Tribunaux eussent toujours motivé leurs décisions sur les titres de M. de Ruolz, il faudrait seulement en conclure que MM. Elkington avaient consenti alors à s'effacer. Mais, nous le répétons, sauf dans le procès antérieurs à 1845, où M. de Ruolz conduisait les affaires de procédure, les Tribunaux ont constamment basé leurs décisions sur les brevets Elkington.
C. C.

[2] Il n'est pas vrai de dire que les Tribunaux ne connaissent pas depuis longtemps la position réelle de M. de Ruolz. On peut lire notamment (p. 66) ce que nous avons déclaré dans l'affaire Roseleur
C. C.

bunaux le public en jouissance de l'héritage de mes modestes inventions[1].

Je vais donc répondre, non-seulement aux premières attaques indirectes, mais évidentes, de M. Christofle, mais encore aux attaques directes et plus audacieuses qu'il a dirigées contre moi dans ces derniers temps. Je vais lui prouver que j'ai fait autre chose que mes devanciers, et, en particulier, autre chose que MM. Elkington ; je vais lui prouver que j'ai fait mieux que ceux-ci, et, en lui répondant, je répondrai en même temps aux auxiliaires que M. Christofle a trouvés dans un des organes de la presse parisienne (a).

II

Historique partiel de mes travaux en fait de dorure et d'argenture. — État de l'art en 1841. Oubli dans lequel était tombé Brugnatelli. — Que faisaient alors MM. Elkington ? Ils comparaissaient avec moi devant l'Académie des sciences ; leurs aveux. — Graves inconvénients de leur cyanure.

J'ai pris, à partir du 29 décembre 1840, divers bre-

(a) Cette réponse comprend aussi, et nécessairement, les étranges attaques portées contre moi par des intérêts rivaux auxquels les Tribunaux ont donné tort[*]. (*Voir le procès Roseleur.*)
DE RUOLZ.

(1) Vous savez bien, M. de Ruolz, que quand même vous auriez inventé quelque chose, vous n'auriez pas le droit, d'après les traités que vous avez signés (Document n° 7), de vous en servir avant la fin de 1855 ; mais vous n'avez rien inventé, et le public qui vous a beaucoup donné, ne peut pas hériter d'un homme qui a tout pris aux autres, qui n'a rien en propre.   C. C.

[*] Les Tribunaux ont donné tort à M. Roseleur parce qu'il était contrefacteur de MM. Elkington ; du reste, M. de Ruolz a raison, il est le rival de M. Roseleur.
C. C.

vets pour l'application, à l'aide de la pile inventée par Volta, et, depuis lui, si profondément transformée, de couches métalliques *adhérentes*, épaisses, sur d'autre métaux. A la dorure, à l'argenture, j'ai joint le zincage, le cuivrage, le platinage, le nickelage, etc., etc.

Quel était avant moi l'état de ces industries galvanoplastiques ? que savait-on ? que faisait-on ? M. de La Rive, le savant Genevois, venait de charmer le monde savant du récit de ses essais de dorure à l'aide d'une pile réduite à un seul couple et faisant corps avec le vase qui renfermait la solution d'or dans l'eau régale (chlorure d'or). Dans le sein de toutes les académies, ces essais de M. de La Rive avaient étés cités avec éloge comme une application vraiment neuve de la batterie voltaïque.

Frappé de l'insuffisance des moyens employés par M. de La Rive, je voulus aller plus loin en modifiant et la pile qu'il employait et le bain de dorure ; je voulus aussi embrasser l'argenture et les autres applications métalliques.

Dans le Mémoire descriptif qui accompagnait ma demande de brevet, je pris donc le travail de M. de La Rive pour point de départ [1], et dans un second Mémoire,

______

(1) Nous sommes bien forcé de prendre ici M. de Ruolz en flagrant délit.... *d'erreur;* car entre M. de La Rive et lui étaient venus se placer MM. Henri et Richard Elkington, pour la dorure et l'argenture galvaniques. Il n'y a pas autre chose dans le Mémoire descriptif qui accompagne le premier brevet (19 décembre 1840) de M. de Ruolz, que l'emploi de la pile pour décomposer le sulfate de cuivre et recouvrir l'argent d'une couche de cuivre, afin de pouvoir ensuite dorer à l'aide des procédés alors connus, soit par celui d'Elkington par immersion, soit par celui de M. de La Rive, soit par l'immersion dans du chlorure d'or mélangé à un grand excès de potasse ou de soude, soit pure, soit à l'état de carbonate. Or tout cela, quoique de nulle valeur industrielle, était une série d'em-

j'expliquai la nécessité de substituer, à son couple
simple confondu avec le bain de dorure, une pile à plu -
sieurs couples et séparée de ce bain.

prunts faits au domaine public ou à M. H. Elkington. En effet,
Boyle, comme nous l'avons rappelé précédemment, Klaproth,
comme le rapporte M. Sainte-Preuve (même page 201), et beaucoup d'autres savants avaient indiqué qu'on pouvait cuivrer les métaux pour les dorer ensuite, par les procédés applicables à la
dorure du cuivre. En outre, le bain alcalin de chlorure d'or dans
la potasse ou la soude pures ou carbonatées était l'invention de
M. H. Elkington brevetée en 1836, et dont M. de Ruolz n'avait pas
droit de se servir. Enfin depuis le 29 septembre 1840 , c'est-à-dire
depuis deux mois et demi, M. H. Elkington aurait en outre breveté l'emploi de la pile combiné avec une dissolution alcaline d'or.
   Au surplus, nous reproduisons *in extenso* tout le Mémoire descriptif
de ce premier brevet de M. de Ruolz ; on jugera sur pièce qu'au
commencement, comme à la fin de ses brevets, il n'a été que plagiaire, toujours plagiaire. Tous les autres brevets de M. de Ruolz
sont reproduits en entier, pour ce qui concerne la dorure et l'argenture, de la page 30 à la page 53 de ce Livre. Voici donc ce
document essentiel qui prouve bien qu'en 1840 M. de Ruolz n'a-
vait breveté aucun des bains qui sont examinés dans le Rapport de
M. Dumas à l'Académie des sciences.

« Brevet d'invention et de perfectionnement de dix ans, demandé par
 « M. de Ruolz, pour un procédé de dorure sans mercure de l'argent,
 « de l'orfévrerie et de la bijouterie d'argent, et spécialement des objets
 « les plus délicats, tels que le filigrane d'argent. (*Demandé le* 19 *dé-*
 « *cembre* 1840, *délivré le* 15 *février* 1841.) »

   « Depuis longtemps, dans l'intérêt du commerce et dans celui de
 « la salubrité publique, les savants et les artistes ont cherché avec
 « ardeur les moyens de substituer pour la dorure des métaux un
 « autre procédé à celui du mercure, dont les effets déplorables sur
 « la santé des ouvriers sont généralement connus. Ces effets con-
 « sistent dans la perturbation du système nerveux, l'affaiblisse-
 « ment et quelquefois la destruction complète de l'intelligence, et
 « toujours la diminution notable de la durée de la vie. Chaque pas
 « fait dans une voie nouvelle est à la fois un service rendu aux arts
 « et à l'humanité
   « RÉSULTATS OBTENUS JUSQU'ICI. — Dans un Mémoire des plus
 « remarquables inséré dans les *Annales de Chimie et de Physique*,
 « en avril 1840, M. de La Rive rend compte (d'après le Rapport an-
 « nuel de M. de Berzélius pour 1839 et un article du journal *Zür*
 « *praktische Chimie*, par Schubart) *d'un procédé depuis longtemps*
 « employé avec succès en Allemagne et en Angleterre pour la do-

Mais de fait, ni M. de La Rive, ni MM. Elkington, qui avaient, à mon insu, parlé dans leurs brevets d'un

« rure du cuivre et du laiton par immersion. Ce procédé consiste
« à dissoudre du chlorure d'or, aussi neutre que possible, dans
« 130 parties d'eau, y ajouter 7 parties de carbonate de potasse,
« et plonger le métal dans un bain bouillant de cette dissolution.
« Ce procédé se rapproche beaucoup de celui pour lequel M. El-
« kington a obtenu un brevet d'invention exploité à Paris depuis
« cinq ans, par la maison Elambert.

« Une longue expérience a constaté la bonté de ce procédé pour
« la dorure *du cuivre*, et il jouit dans le commerce d'une grande
« faveur, que prouvent les bénéfices considérables recueillis par
« cette maison. On s'accorde surtout généralement à reconnaître
« la beauté de la couleur de cette dorure, *mais par ce procédé on*
« *ne dore pas l'argent,* ou du moins on n'obtient que des résultats
« insuffisants ; car, bien que par une anomalie fort singulière le
« brevet dont nous venons de parler * s'applique à tous les métaux,
« il n'en est pas moins constant et de *notoriété publique* que la
« maison qui l'exploite ne dore pas l'argent, ce qu'elle n'eût pas
« manqué de faire si elle avait pu obtenir des résultats avantageux.
« Ce brevet est d'ailleurs en ce moment l'objet d'une contestation
« judiciaire sur le résultat de laquelle nous n'avons rien à pré-
« juger.

« Enfin, plus récemment, en avril 1840 (Mémoire déjà cité),
« M. de La Rive annonce être parvenu à dorer l'argent en se basant
« sur deux grandes et belles découvertes de M. Becquerel, savoir :
« 1° l'action chimique des faibles courants électriques, d'où résulte
« l'arrivée de l'or de molécule à molécule sur tous les points de la
« surface à dorer ; 2° l'emploi du sac de baudruche ou de vessie pour
« séparer les dissolutions traversées successivement par le même
« courant, le courant pouvant ainsi passer sans que les dissolutions
« se mêlent.

« Les inconvénients qui paraissent avoir empêché l'application
« industrielle de cet ingénieux procédé sont ceux-ci : Il est diffi-
« cile d'obtenir à l'état complétement neutre la dissolution de chlo-
« rure d'or, dans laquelle on plonge l'objet à dorer, et d'ailleurs il
« est évident qu'à chaque molécule d'or qui se dépose sur l'argent,
« la partie d'acide qui tenait cet or en dissolution, devenant libre,
« attaque les points non encore recouverts de l'argent, les ternit et
« empêche l'or d'y adhérer. Cet inconvénient paraît n'être évité
« qu'en partie par le transport, par le courant électrique, du chlore
« et de l'oxygène hors de l'enceinte à laquelle la vessie sert d'en-
« veloppe ; car il nous semble impossible de s'expliquer autrement
« la nécessité des lavages à l'eau acidulée et des frottements *assez*

« (*) Il est à remarquer que dans toute la notice et la description du procédé,
« on a évité avec affectation de prononcer une fois le mot ARGENT.   DE RUOLZ.

couple voltaïque, nous n'étions inventeurs de cette
application industrielle de la pile. Plusieurs savants

« *forts* prescrits par l'auteur à la suite de chacune des courtes im-
« mersions plus ou moins nombreuses, nécessaires pour dorer la
« pièce. Outre la délicatesse de cette manipulation, les frottements
« exigés la rendent inapplicable aux objets d'une forme compli-
« quée, chargés d'anfractuosités ou d'une grande délicatesse. De
« plus, elle rend impossible à *un seul ouvrier* de s'occuper à la fois
« du dorage de plusieurs pièces.
   « 2° D'après le savant auteur du Mémoire lui-même (*Ann. de*
« *Chimie et de Physiq.*, t. 73, p. 409), les cuillers d'argent dorées
« par lui n'avaient qu'une couche d'or *très mince* et étaient d'une
« nuance jaune vert, appelée communément couleur de l'or an-
« glais, laquelle n'est délivrée dans le commerce que dans les cas
« exceptionnels. Tels sont les motifs par lesquels nous sommes
« parvenu à nous expliquer comment le procédé si remarquable,
« si ingénieux de M. de La Rive ne paraît pas avoir été adopté par
« l'industrie.
   « ÉTAT ACTUEL DE LA QUESTION. — Il est un fait certain, c'est
« qu'au moment actuel le commerce entier regarde encore la do-
« rure de l'argent sans mercure comme une découverte à faire,
« comme une industrie à créer ; et qu'en offrant un procédé nou-
« veau, d'une application facile et produisant les mêmes nuances
« que le commerce recherche, on répondra à un véritable besoin.
   « EXPOSÉ DE NOS TRAVAUX. — Voici maintenant l'exposé des
« opérations successives qui nous ont conduit au procédé que nous
« proposons.
   « J'ai d'abord essayé de dorer l'argent en le plongeant dans des dis-
« solutions aussi neutres que possible de chlorure d'or, et en met-
« tant en même temps l'argent en contact avec une tige de zinc
« ou de fer poli pour le rendre négatif Ce procédé avait cet in-
« convénient (même en supposant le sel d'or parfaitement neutre),
« que le chlore rendu libre par la précipitation de l'or attaquait et
« noircissait les parties d'argent non dorées. Après bien des tâton-
« nements, je suis parvenu à éviter ce grave inconvénient, en
« plongeant pendant quelques secondes l'argent dans la liqueur,
« le lavant avec soin avec de l'acide sulfurique très étendu et le
« frottant vivement avec un linge doux ou de la peau, et répétant
« un grand nombre de fois cette série d'opérations ; mais ces ma-
« niements multipliés et ces frottements réitérés rendaient le pro-
« cédé d'une application difficile dans la pratique, et la plus petite
« négligence faisait manquer la dorure. Enfin, j'eus l'idée de mêler
« à la solution d'or une petite quantité d'acide sulfurique, qui ne
« pouvait noircir l'argent ; l'hydrogène résultant de la décompo-
« sition de l'eau par le fer se dégageait ainsi à la surface de l'ar-
« gent, et, décapant cette surface, s'opposait en grande partie à

étrangers avaient réalisé la précipitation électrique
des métaux usuels, l'or, l'argent, le cuivre, dès le

« l'action noircissante du chlorure; mais, d'une autre part, la li-
« queur se troublait promptement, et par les parcelles de fer qui
« se détachaient de la surface de ce métal attaqué, et par les par-
» ticules d'or métallique résultant de la décomposition du sel d'or
« par le sulfate de fer formé.

« Tel était l'état de mes travaux, lorsque je reçus quelques ren-
« seignements sur le procédé anglais ou allemand qui n'est autre
« que l'immersion dans une solution d'aurate potassique obtenue
« par des voies détournées et même nuisibles, et je reconnus
« qu'une simple solution d'hydrate d'or dans la potasse caustique
« produisait les mêmes effets, mais que ce procédé n'était appli-
« cable qu'au cuivre et au laiton.

« C'est alors que parut le remarquable Mémoire de M. de La
« Rive. Convaincu que le problème était résolu, j'avais abandonné
« mes recherches, lorsque des renseignements pris dans le com-
« merce m'apprirent que les industriels qui avaient fait l'essai de
« ce procédé ne l'avaient pas cru susceptible d'application, et l'a-
« vaient abandonné, principalement dans l'impossibilité d'obtenir
« la couleur franche d'or jaune foncé qui est celle exigée, et pro-
« bablement aussi par les motifs que j'ai signalés plus haut. Enfin,
« j'acquis la certitude qu'au lieu de regarder la découverte comme
« faite, au moins industriellement parlant, on la regardait encore
« comme à faire, et que de toutes parts les recherches étaient en-
« treprises à ce sujet.

« Je repris donc mes travaux et pensai que :

« 1° Ni le procédé chimique anglais, ni le procédé électro-chi-
« mique si habilement exécuté par M. de La Rive n'ayant produit
« *sur l'argent* des résultats avantageux ;

« 2° Que la bonté et le foncé de la couleur étant pour le com-
« merce une condition *sine quâ non* ;

« 3° Enfin, que par tous les procédés, même celui au mercure,
« la couleur étant toujours plus riche et plus belle sur le cuivre que
« sur l'argent, il fallait renoncer à dorer l'argent directement, et le
« dorer (soit par le procédé électro-chimique qui donne sur le
« cuivre de beaux résultats, soit par immersion dans une solution
« d'oxyde d'or dans la potasse) par l'intermédiaire d'une pellicule
« de cuivre précipitée à sa surface, de même qu'on agit depuis
« longtemps pour le fer sur lequel on précipite d'abord une pelli-
« cule de cuivre que l'on dore ensuite à la manière ordinaire ; on
« obtiendrait ainsi une dorure solide et de la plus belle couleur
« possible.

« Mais une première et grave objection se présentait : loin de
« précipiter le cuivre de ses dissolutions, l'argent est au contraire
« précipité des siennes par ce métal. Rien de plus simple que la

commencement de ce siècle ; et parmi ces expérimen-
tateurs, il en était qui avaient opéré d'une manière

« précipitation du cuivre sur le fer, métal beaucoup plus positif
« que lui, tandis qu'il s'agissait, au contraire, de précipiter le cuivre
« sur l'argent, métal beaucoup plus négatif ! fait entièrement op-
« posé à l'ordre ordinaire et naturel de précipitation des métaux
« l'un par l'autre.

« Quant au choix de la dissolution de cuivre, il fallait en em-
« ployer une dont l'acide ne pût avoir d'action noircissante sur
« l'argent ; le sulfate de cuivre remplissait parfaitement cette con-
« dition.

« J'essayai d'abord de mettre l'argent en contact avec un mor-
« ceau de fer poli dans la solution cuivrique. Effectivement, l'ar-
« gent fut cuivré par ce procédé ; mais, et les lames de cuivre s'ac-
« cumulant sur le fer et s'en détachant, et les particules de fer
« oxydé qui se séparaient de la surface de ce métal noircissant
« et ternissant le cuivrage, empêchaient le cuivre d'adhérer par-
« faitement à l'argent. De sorte que la pièce étant dorée offrait une
« teinte inégale, et que sous l'action du brunissoir la pellicule cui-
« vreuse était sujette à se soulever, à s'écailler.

« AVANTAGES DU NOUVEAU PROCÉDÉ PAR NOUS PROPOSÉ.—Enfin,
« à force d'essais successifs, je suis parvenu au procédé suivant,
« qui me paraît remplir toutes les conditions voulues ; savoir : uni
« et brillant de la pellicule cuivreuse, adhérence parfaite de cette
« pellicule à l'argent, de telle sorte que l'on peut courber, ployer
« la pièce d'argent et la redresser sans que la pellicule du cuivre
« offre au point ployé le moindre soulèvement, par suite d'adhé-
« rence parfaite de la pellicule d'or à celle de cuivre, de sorte que
« l'on ne peut enlever la première, sans enlever en même temps la
« seconde et attaquer la surface même de l'argent ; égalité parfaite
« de la dorure ; couleur d'or jaune foncé, telle que le commerce la
« recherche ; économie de frais, car le sulfate de cuivre est très
« bon marché et la consommation est presque inappréciable ; éco-
« nomie de temps, car un seul ouvrier peut opérer à la fois sur plu-
« sieurs pièces d'argenterie ; enfin application facile à certains
« objets tellement délicats, qu'il est impossible jusqu'ici de les dorer
« par les procédés connus, tels, par exemple, que le filigrane
« d'argent.

« DESCRIPTION DE NOTRE PROCÉDÉ. — Voulant user dans toute
« leur étendue des bénéfices de la loi, nous allons en remplir loya-
« lement et complétement toutes les prescriptions, de telle sorte que
« toute personne, même étrangère à l'art, qui suivra exactement la
« description suivante, pourra cuivrer, et, par suite, dorer l'argent
« aussi bien que nous-mêmes.

« Figure I. Plan Figure II.

« D, est une auge en bois garnie à l'intérieur d'un mastic isolant ;

définitive, nette, sur des objets communs, vendables,
comme dans une fabrication industrielle, en un mot,

« W, est une cloison verticale formée d'un morceau de vessie et
« disposée de manière à ce que la vessie puisse être changée au
« besoin, et à ce qu'il soit impossible aux liquides placés de chaque
« côté de se mêler.
   « La case S est remplie d'une eau acidulée par l'acide sulfurique.
« La case C *contient une dissolution de sulfate de cuivre bien pur ;*
« Z, morceau de zinc attaché à un fil de platine, PP, que l'on met
« en contact par un point, quelque minime qu'il soit (non par l'in-
« termédiaire d'un fil de cuivre, comme dans l'appareil de M. de La
« Rive, mais directement), avec l'objet à dorer.
   « E. Cet objet doit avoir été préalablement poli ou adouci et dé-
« capé dans l'eau acidulée d'acide sulfurique.
   « Dès que la pièce est suffisamment cuivrée d'un côté (il suffit
« qu'on ne voie plus paraître l'argent sur aucun point), on la re-
« tourne si la forme l'exige. *Lorsque toute la surface est couverte*
« *de cuivre*, on la retire et on prend un linge doux humecté d'a-
« cide sulfurique très étendu ; puis on prend avec le doigt ou la
« main couverte de ce linge un peu de blanc d'Espagne bien pulvé-
« risé, et on passe légèrement cette espèce de bouillie qui en ré-
« sulte sur la pièce : le dégagement du gaz acide carbonique qui
« s'opère ainsi à la surface la rend parfaitement unie, égale et bril-
« lante. Il ne reste plus qu'à laver dans l'eau acidulée.
   « *On dore ensuite, soit par le procédé électro-chimique qui donne*
« *sur le cuivre une belle couleur, soit par immersion dans une dis-*
« *solution bouillante d'hydrate d'or dans la potasse caustique, ou*
« *si l'on veut dans une solution neutre de chlorure d'or, à laquelle*
« *on ajoute un grand excès de potasse ou de soude, soit pure, soit*
« *à l'état de carbonate;* seulement, dans ce dernier cas, il faut
« d'abord chasser l'acide carbonique par la chaleur, puis filtrer
« pour séparer la partie d'oxyde d'or précipitée à l'état noir anhydre
« (*Voir* Thénard, *Chimie*, 5ᵉ édit., t. III, p. 380), précipité qui, se
« déposant à la surface de la pièce à dorer, nuirait au dépôt de l'or
« métallique.
   « Si l'objet est très délicat, tel qu'un objet en filigrane, par
« exemple, on passe à la surface avec un pinceau ou une petite
« brosse douce la bouillie de craie et d'acide sulfurique faible. On
« conçoit, du reste, qu'il est facile de modifier la forme de l'auge
« suivant les dimensions de l'objet à dorer. Ainsi la figure 1ʳᵉ ser-
« virait pour les couverts, la 2ᵉ pour les plats, etc.
   « Nous laissons à l'expérience à confirmer la réalité des avan-
« tages de ce procédé, sous les rapports de la salubrité, de l'éco-
« nomie et de la couleur.
   « CONCLUSIONS. — Sans avoir la prétention de regarder comme
« une découverte la simplification du procédé anglais, en y substi-

qui avaient résolu à leur manière le problème pratique [1].
De ce nombre était un chimiste italien, homme de pra-

« tuant l'aurate patassique, nous nous bornerons à constater ces
« deux points :
«   1° Jusqu'à présent dore-t-on *l'argent* sans mercure en lui
« donnant la couleur convenable? Non ! Existe-t-il une maison quel-
« conque dorant pour le commerce l'argent par immersion ? Non !
«   Notre procédé crée donc une industrie nouvelle.
«   2° Enfin, nous réclamons positivement, comme notre propriété
« exclusive, le procédé consistant à couvrir l'argent d'une pellicule
« très mince de cuivre qui le rend susceptible d'être doré par tous
« les procédés, quels qu'ils soient, qui conviennent à ce dernier
« métal.
«   OBSERVATIONS. — Nous ne terminerons pas sans prévoir et
« réfuter deux objections que pourraient mettre en avant les per-
« sonnes intéressées à inspirer à la masse du public des idées
« fausses ou des terreurs ridicules.
«   D'abord n'est-il pas bizarre de recouvrir de cuivre, métal
« commun, l'argent, métal précieux, à qui l'on donnerait ainsi
« l'apparence d'une pièce de cuivre doré ?
«   Enfin l'usage pour la table de la vaisselle ainsi dorée ne sera-
« t-il pas dangereux par la présence du cuivre? Il nous sera facile
« de prouver que ni l'une ni l'autre de ces objections n'est fondée
« en raison, en rappelant que la pellicule de cuivre est d'une té-
« nuité infinie, inappréciable en poids, qu'elle n'est pour ainsi
« dire qu'une soudure unissant l'argent à la couche d'or, telle-
« ment mince enfin, que nous ne saurions mieux la comparer
« qu'à la faible et inappréciable couche d'iodure d'argent dont se
« recouvre la plaque argentée dans l'expérience du daguerréo-
« type, d'ailleurs tellement liée à l'or, que l'on ne peut enlever
« ce dernier par usure sans mettre l'argent à nu. Nous pourrions
« ajouter que la dorure rouge (si longtemps employée pour le
« vermeil) contenait pour lui donner la couleur, et à l'état d'al-
« liage, une quantité de cuivre bien supérieure à notre pellicule.
« Nous pensons donc n'avoir pas à nous étendre davantage sur ce
« point. »
Ainsi, dans ce brevet, M. de Ruolz copiait M. de La Rive et
M. Henri Elkington. Il n'imaginait réellement que du *cuivrage* à
l'aide de la pile, et c'est cependant le titre à l'aide duquel il s'est
fait accorder par l'Académie *pour la dorure et l'argenture par la
pile* une simultanéité mensongère avec MM. Henri et Richard Elkington.   C. C.

(1) Il est absolument faux de dire qu'avant MM. Elkington
on ait vendu le moindre objet argenté par la pile.
                                                            C. C.

tique et de théorie tout à la fois, qui avait beaucoup écrit et opéré pour le progrès des arts et dont le monde savant avait oublié les travaux. Brugnatelli, de Pavie, avait doré, argenté, platiné, cuivré dès 1800, à l'aide de la pile et dans diverses dissolutions parmi lesquelles il préférait celles qui doivent à l'ammoniaque un caractère alcalin, que bien des gens considèrent à tort comme essentiel, et qui, un demi-siècle plus tard, a été proclamé avec un grand fracas comme une invention de MM. Elkington [1].

Les guerres presque continuelles qui ont interrompu si souvent, à la fin du dernier siècle et dans les quinze premières années de celui-ci, les rapports pacifiques des corps savants de l'Europe, ou du moins qui les ont ralentis, diminués, expliquent l'oubli dans lequel une partie de la France, celle qui compose le monde savant officiel, a tenu pendant si longtemps le travail si curieux, si net de Brugnatelli. Elles nous expliquent comment il a pu se faire que le grand Cuvier, Cuvier le polyglotte, Cuvier l'érudit, ait oublié ce travail dans son fameux *Rapport historique* fait en 1808 à l'empereur Napoléon et par son ordre au nom de l'Institut, sur *les progrès des sciences naturelles depuis* 1789. (Paris, 1810, imprimerie nationale.)

Ce sont bien probablement ces luttes européennes qui ont privé la bibliothèque de l'Institut des publica-

---

(1) MM. Elkington ont inventé la dorure et l'argenture *industrielles* dans des bains alcalins de *potasse ou de soude*; Brugnatelli n'avait fait que des essais informes de dorure de l'argent et de l'argenture de l'or ou du platine dans des dissolutions *ammoniacales*. Nous sommes obligé de répéter ce fait incontestable avec autant de persistance que l'on met à affirmer sans aucune preuve, en altérant ou en interprétant étrangement les textes, que Brugnatelli a essayé tous les bains alcalins.　　　　C. C.

tions italiennes originales, mises sous mes yeux depuis peu de temps, que possèdent d'autres établissements, que connaissaient des technologues, des industriels et qui renferment la description des procédés de Brugnatelli. La collection des *Annales de chimie, d'histoire naturelle*, etc., où ce savant avait tout d'abord décrit ces procédés, s'arrête au volume onzième (année 1796) sur les rayons de la bibliothèque de l'Institut, et c'est dans le dix-huitième (année 1800) qu'il aurait fallu chercher !

On comprend donc, non-seulement que j'aie ignoré les expériences de Brugnatelli, mais encore que les savants membres de l'Académie des sciences, qui ont eu plus tard à juger M. de La Rive, M. Elkington et moi, ne les aient jamais connues. Qui pouvait croire que Cuvier n'eût pas tout dit ? Et puis, dans ce siècle où la chimie marche si vite, où les académiciens comme MM. Dumas, Pelouze, ont tant à faire et pour les progrès de la science elle-même, et pour la propagation par le professorat, et pour le service des administrations publiques, qui donc trouve le temps de fouiller dans les bibliothèques [1] ?

(1) Pour se disculper de n'avoir pas connu les travaux de Brugnatelli, M. de Ruolz prétexte les guerres de la République, celles du Consulat et de l'Empire ; il s'en prend à la Bibliothèque de l'Institut, à Cuvier, à M. Dumas, à M. Pelouze, à tous les membres de l'Académie des Sciences ; il accuse l'univers entier d'être plongé dans l'ignorance. Qui donc trouve le temps de fouiller dans les bibliothèques ?—Puis, plus loin, oubliant que MM. de La Rive et Elkington se sont, avant lui, servis de la pile, il déclare qu'il lui reste la satisfaction d'avoir enrichi l'industrie d'un secret jusqu'alors enfoui dans des publications inconnues. — Mais toutes ces phrases ne prévaudront pas contre ce fait. M. de Ruolz n'a breveté les prussiates combinés avec la pile que huit mois et demi après MM. Elkington. Ces derniers ont pris leurs brevets le 29 septembre 1840, et ils ont été publiés plusieurs fois et notamment au mois de mars 1841, dans le *Mechanic's Magazine* ; M. de Ruolz n'a demandé son brevet au cyanure simple que le 17 juin 1841 !   C. C.

Et cependant, même après cette résurrection de Brugnatelli, qui nous a repris, à M. de La Rive et à moi, l'invention de la dorure à l'aide de la pile, l'approbation que nous a donnée l'Académie des sciences peut être parfaitement justifiée.

En effet, la simplicité de l'appareil de M. de La Rive, son bon marché, qu'on ne trouve ni dans la disposition Brugnatelli, ni dans la mienne, le rendent très commode pour certaines applications, et, au moment où j'écris cette justification, un grand nombre de ces appareils servent dans le pays de l'auteur lui-même à la dorure légère, mince, de certaines pièces en laiton de l'intérieur des montres. Et, quant à mes travaux, l'Académie n'y a pas vu seulement la pile à plusieurs couples, séparée du bain de dorure, pile qui m'a permis de dorer, d'argenter, de déposer à une grande épaisseur un métal quelconque sur un autre métal à couche très-adhérente ; elle y a vu surtout l'invention de divers nouveaux bains de dorure, d'argenture, de zincage, de platinage, etc., etc. ; invention que, malgré son incontestable talent, Brugnatelli n'aurait pu trouver que bien difficilement, parce que la chimie nouvelle naissait pour ainsi dire quand il faisait l'électroplastie, parce qu'il avait eu le malheur de ne pas comprendre les théories modernes, parce qu'il avait substitué à la chimie française de Lavoisier, de Guyton-Morveaux, de Berthollet, de Fourcroy, un système batard et faux qui masquait à ses yeux les vérités à découvrir.

En reportant donc à Brugnatelli l'honneur d'avoir fait, le premier, de l'électroplastie convenable, durable, à couche épaisse, en reconnaissant qu'aux termes de la loi française, si nets, si précis en matière de déchéance des brevets par suite de publications anté-

rieures, je n'ai, sous le rapport de la pile, pas plus de
droit à l'originalité que n'en ont MM. de La Rive et
Elkington, il me reste la satisfaction d'avoir rendu à
l'industrie française une disposition dont le secret demeurait enfoui dans quelques bibliothèques publiques
et privées, et l'honneur, qui m'est encore plus précieux, d'avoir été beaucoup plus loin que Brugnatelli [a],
que M. de La Rive, que M. Henri Elkington (c'est l'A-
cadémie qui le déclare [1]), dans la partie chimique du
procédé, c'est-à-dire dans la composition des bains [2].

Avant de soumettre mes recherches à l'Académie
des sciences, j'avais dû questionner l'industrie parisienne sur l'état de l'art. « Qu'a-t-on fait depuis M. de
La Rive, demandais-je à nos plus savants orfévres, à
nos plus habiles doreurs, argenteurs? — Dore-t-on,
argente-t-on à la pile dans quelque atelier de Paris? »
Et partout on me répondait que les modes de dorure,
d'argenture par l'amalgamation (mercure), ou par
l'application des feuilles d'or, d'argent, étaient, seuls
à peu près, en usage. Il y avait bien dans un coin de
Paris, me disait-on, un Anglais, M. Elkington, qui,
associé avec MM. Élambert et Moulé, exploitait, sur de
faibles dimensions, un procédé de dorure *au trempé*,

(a) Je renvoie, pour les travaux de Brugnatelli, au Mémoire
sur la dorure et l'argenture électro-chimiques que vient de publier
Sainte-Preuve.   DE RUOLZ.

(1) Comme il est prouvé que l'Académie des sciences a été induite en erreur par M. de Ruolz, que l'Académie n'a pas eu sous
les yeux les travaux de MM. Elkington, qu'elle n'a prononcé que sur
les affirmations d'étrangers à ces derniers, sans que MM. Elkington,
ou leur représentant M. Truffaut (Document n° 1 p. 93, ligne 19),
aient été appelés à donner aucun éclaircissement, il n'est pas possible d'invoquer le Rapport de M. Dumas. Dorénavant ce Rapport
n'est plus l'œuvre respectable d'un savant illustre, c'est une œuvre
surprise à sa bonne foi ou à celle d'un autre membre de la Commission académique par M. de Ruolz.   C. C.

c'est-à-dire dans un bain d'or dissous dans une solution aqueuse d'un sel de potasse, à savoir dans une solution de carbonate potassique[1]. Il y avait aussi, comme
il y en a toujours eu à Paris et dans toutes les villes de
l'Europe, de l'Asie et de l'Afrique, des ateliers où l'on
argentait, où l'on dorait dans d'autres solutions aqueuses; mais ces opérations au trempé n'avaient pas d'importance commerciale; elles ne pouvaient se pratiquer
que sur la petite bijouterie; d'ailleurs, je ne songeais
qu'à opérer à l'aide d'une pile, et, comme je l'ai reconnu
depuis, ces bains de dorure et d'argenture différaient
de la plupart des miens, et surtout de mes meilleurs.

Aussi, quand M. Elkington se présenta devant la
Société d'encouragement et devant l'Académie, soit en
personne, soit par représentant, il ne parla d'abord
que de dorure au trempé; il ne produisit qu'un dépôt
d'or à faible épaisseur et peu adhérent. Ce n'était plus
seulement un bain d'or dissous dans une solution
aqueuse de potasse carbonatée qu'employait devant
l'Académie le négociant anglais; c'était un autre bain
plus énergique où l'acide *prussique*[2] (vieux langage), si

---

(1) Malgré le dédain avec lequel M. de Ruolz parle ici du procédé
de dorure au trempé de M. Elkington, dont il n'a entendu parler, dit-
il, que vaguement, il n'a pas moins jugé à propos, dans le Mémoire
descriptif de son brevet du 19 décembe 1840, de le citer comme
très bon à employer pour dorer son argent cuivré. — Ajoutons que
ce procédé, *exploité dans un coin de Paris par un Anglais,
M. Elkington*, avait, dès 1840, opéré une révolution complète dans
l'industrie de la dorure, et avait déjà ému le monde savant par le
procès en déchéance intenté en 1839 à M Elkington, procès dans
lequel MM. Gay-Lussac, Payen, Gaultier de Claubry, Pelletier
avaient été appelés à donner leur avis!   C. C.
(2) Voici enfin l'aveu, fait d'une manière détournée par M. de
Ruolz, que M. Elkington l'a devancé. Seulement, il veut donner le
change en parlant d'acide *prussique* remplaçant l'acide carbonique, etc. M Elkington dit prussiate de potasse, ou de soude,
ou tous autres prussiates solubles (*voir* son brevet, p. 12 à 15).
L'acide *prussique* (hydrocyanique), si *vénéneux*, n'a été employé

vénéneux, remplaçait les acides carbonique, sulfurique, nitrique, que, dans son premier brevet de 1836,
Henri Elkington accouplait à la potasse, à la soude,
pour aider à la dissolution de l'or. J'avais aussi passé
par là avant cette époque (1841) où nous comparais-
sions tous les deux, M. Elkington et moi, devant
l'Académie des sciences; mais j'avais trouvé beaucoup mieux, et comme salubrité dans le travail, et
comme économie, et comme simplicité dans l'opération; j'opérais devant les commissaires de l'Académie
avec des bains où le *prussiate de potasse*, alors employé en leur présence par M. H. Elkington[1], était
remplacé par d'autres prussiates bien différents du
premier, prussiates plus complexes, mais infiniment
préférables : les *prussiates de potasse ferurgineux* (vieux
langage), que nous appelons maintenant *cyanoferrures
de potassium*. Cette différence est l'un de mes titres aux
récompenses que j'ai obtenues; elle jouera un grand
rôle dans les débats qui vont s'ouvrir; elle demande
des explications que voici.

Devant les commissaires de l'Académie parurent
successivement MM. Truffaut, mandataire de MM. Elkington, M. R. Elkington lui-même et M. Wright, chimiste anglais, employé de ces deux négociants. M. Truffaut, l'un de nos plus érudits technologues, et alors
sous-chef au bureau des brevets d'invention au minis-

libre que par M. de Ruolz, le 17 juin 1841 (*voir* le texte de son
brevet, p. 32). M. de Ruolz commettait alors une faute, qu'il voudrait faire partager à M. Elkington en disant négligemment : *J'avais
aussi passé par là.*   C. C.

(1) M. H. Elkington n'a pas opéré en présence de l'Académie;
c'est M. Wright qui a fait les essais qu'on lui a demandés. M. Elkington ayant breveté tous les prussiates, il avait aussi nécessairement breveté le prussiate jaune, ou cyanoferrure de potassium,
que M. de Ruolz nomme aussi prussiate ferrugineux.   C. C.

tère, n'était pas homme à laisser perdre à M. Elkington aucun de ses avantages; or, que fut-il répondu aux commissaires de l'Académie, quand ils demandèrent ce que M. Elkington entendait par ces mots *prussiate de potasse?* Il fut répondu *que le brevet entendait parler du prussiate simple, du cyanure simple* [1]. (*Voyez* le Rapport de la commission académique, novembre 1841.)

Cet aveu n'eût-il été fait que par M. Truffaut [2], le mandataire des Elkington, qu'il n'en serait pas moins l'interprétation certaine, officielle, immuable, du langage obscur qu'ils avaient tenu dans leurs brevets; car M. Truffaut, homme spécial en matière de brevets, M. Truffaut, qui avait reçu les instructions des deux négociants de Birmingham, parlait, en leur nom, à une société savante instituée par le gouvernement, aux commissaires d'un établissement d'utilité publique, en vue d'obtenir une récompense publique. Il parlait à la France entière, au gouvernement français, que représentait en ce moment, et pour cet objet spécial, l'Académie des sciences. Mais nous n'avons pas seulement la déclaration précise de M. Truffaut questionné par les commissaires de l'Académie; nous avons aussi l'assentiment donné à cette déclaration par M. G.-R. Elkington et par M. Wright lorsqu'ils sont venus opérer devant les mêmes commissaires dans le laboratoire de l'un d'eux, au Jardin-des-Plantes de Paris.

En présence de ce tribunal scientifique et artisti-

---

(1) Nous avons répondu à ces faits de la page 16 à la page 19 ; nous n'avons besoin de rien ajouter.   C. C.

(2) M. Truffaut n'a pas fait cet aveu ; MM. Elkington ne lui ont pas donné leur assentiment (Document n° 1). M. de Ruolz n'a aucun respect pour la vérité.   C. C.

que, il ne pouvait y avoir ni hésitation ni surprise.
MM. Elkington, Wright, Truffaut, questionnés loyalement, ont répondu loyalement[1], et d'ailleurs, s'ils
avaient eu à retirer un seul mot de leurs déclarations,
ils l'eussent fait dans les longs intervalles de temps qui
séparèrent les séances successives de la commission, et
dans l'intervalle plus long encore qui s'écoula depuis
le dépôt du Rapport de la commission des arts insalubres (29 novembre 1841) jusques à la distribution
des prix décernés à MM. Elkington et à moi (19 décembre 1842). On le voit, treize mois environ s'écou-
lent, et pas un mot de rétractation[2] relativement à leurs

(1) C'est étrangement abuser du mensonge. La vérité est que
M. Wright, questionné sur cette question : Quel est le prussiate
qui est dissous dans le bain dans lequel vous dorez actuellement? a
répondu : C'est du cyanure simple. Mais il n'a rien dit de plus.—Il n'a
pas dit, il n'avait pas mission de dire : MM. Elkington n'emploient
jamais et n'entendent employer que du prussiate simple.—M. Dumas,
d'ailleurs, n'a pas rapporté ce que M. de Ruolz lui prête si complaisamment ; il s'est ainsi exprimé (Document n° 20) : « Le manda-
« taire de M. Elkington nous a dit que le brevet entendait parler
« du prussiate simple, du cyanure de potassium. En effet, lorsqu'il
« a exécuté devant nous ses procédés , c'est le cyanure simple de
« potassium qu'il a employé. » M. Dumas, comme on voit, évite
de dire que M. Wright lui avait répondu : Il s'agit *seulement* du
cyanure simple. Ce mot *seulement* ôté explique tout. D'ailleurs,
M. Dumas eût dû se reporter au texte du brevet, où il aurait lu
tous prussiates solubles. Verba volant, scripta manent.   C. C.

(1) Le Document n° 1, dont M. de Ruolz ne peut être censé avoir
ignoré l'existence, puisqu'il a été mentionné dans les *Comptes
rendus* de l'Académie des Sciences (t. XIII, p. 1103), donne un
complet démenti à son assertion sur l'absence de toute réclamation
de la part de MM. Elkington. M. Truffaut a réclamé immédiatement et très énergiquement. — Que M. de Ruolz arrive donc enfin
à avouer, en voyant ainsi démolir, pièce à pièce, sa réputation
usurpée d'inventeur, qu'il a réellement copié MM. Elkington, qu'il
a fait plus encore, qu'il a tenté d'altérer le sens de leurs brevets
pour arriver à pallier le délit de contrefaçon, commis par lui devant l'Académie des Sciences, avec une audace qui va enfin recevoir son châtiment.   C. C.

cyanures simples; pas un mot de réclamation pour mes ferrocyanures ou pour mes autres combinaisons salines!

Et cependant, le premier Rapport, où se trouvait si clairement expliquée la différence de ces bains de cyanure et de ferrocyanure, où la part de chacun de nous était si nettement tranchée, ce rapport avait été imprimé dans le *compte rendu* officiel des séances de l'Académie, après avoir été lu en présence du public et des rédacteurs des journaux à qui l'Académie des sciences ouvre depuis vingt ans ses portes; et ce Rapports imprimé en novembre 1841, avait été analysé, commenté par les journaux; de sorte que les amis eux-mêmes de MM. Elkington, que leurs conseillers auraient pu les avertir qu'on les dépouillait d'un partie de leur bien, si ces amis, si ces conseillers, si les compatriotes de MM. Elkington n'avaient reconnu avec eux, si tout le monde enfin, à Londres, à Birmingham, comme à Paris, n'avait reconnu que les ferrocyanures m'appartenaient[1].

Ce *prussiate de potasse* simple, ce *cyanure de potassium* simple, auquel j'avais déjà renoncé, et que je n'avais fait breveter en 1841 que parce que j'ignorais alors l'existence des derniers brevets Elkington[2]; ce cyanure de potassium est coûteux; il se décompose ra-

---

(1) Non, les ferrocyanures ne vous appartiennent pas; vous les avez pris à MM. Elkington. Cela a été démontré par M. Truffaut à l'Académie des sciences (*voir* précédemment p. 16 et 17); et comme il vous était impossible de répondre, vous avez gardé le silence, espérant que la lettre de M. Truffaut ne ressusciterait pas des cartons académiques pour venir vous dénoncer. C. C.

(2) Dans son brevet du 17 juin 1841 (*voir* précédemment, p. 32), M. de Ruolz ne parle que du cyanure simple; ainsi il n'y avait pas renoncé à cette époque, puisqu'il ne brevetait pas autre chose.

pidement, je l'avais reconnu plus tard, pendant l'opération de la dorure; tandis que dans mes bains au
cyanoferrure le fer rend le sel plus stable et améliore
la dorure; et (autres défauts non moins graves) ce
prussiate simple est vénéneux[1], et il exige l'emploi préalable du mercure appliqué sur les pièces à dorer, lorsqu'on veut obtenir une dorure persistante, une dorure
acceptable par le commerce[2]; de sorte qu'en introduisant dans l'art de la dorure un nouveau poison, le
bain de M. Elkington laisse à cette industrie tous les
mauvais effets de l'action mercurielle sur la santé des
ouvriers, effets que le gouvernement et les sociétés
savantes médicales ou technologiques ont sans cesse
recommandé de combattre, d'écarter, et que devait
précisément annihiler la substitution des nouveaux
modes de dorure, dans les solutions aqueuses, à la dorure par la solution mercurielle. — C'est parce que
j'avais reconnu tous ces motifs d'exclusion du cya-

Au mois d'août il l'a breveté de nouveau (p. 33) exclusivement.
Le 27 septembre, il le brevète encore (p. 39), mais il indique
aussi un second bain contenant du prussiate jaune.
Le 29 novembre de la même année, c'est-à-dire le jour même
où M. Dumas lisait son rapport à l'Académie des sciences, M. de
Ruolz brevetait encore ce cyanure simple (p. 44).
Le 4 février 1842 (p. 47), le 7 mars de la même année (p. 51),
le 4 février 1843 (p. 52), le 2 avril 1845 (p. 53), M. de Ruolz continue à breveter ce même sel.
M. de Ruolz affirme donc un *fait faux,* en disant qu'il a renoncé
au cyanure de potassium simple. Tout ce qu'il dit ici n'est donc
qu'un tissu d'erreurs dont on doit s'étonner. Son livre de laboratoire est en outre le témoin de l'emploi permanent (Document n° 3)
que M. de Ruolz a fait de ses propres mains, dans nos ateliers, de
ce même cyanure simple.   C. C.
(1) Si la propriété d'être un poison est un défaut pour le prussiate blanc, elle l'est au même titre pour le prussiate jaune. C. C.
(2) Il n'est pas vrai que l'emploi du nitrate de mercure soit plus
nécessaire pour les bains au cyanure simple que pour les bains au
cyanoferrure.   C. C.

nure simple que je l'avais abandonné, bien avant d'apprendre des commissaires de l'Académie[1] que M. Elkington venait de leur soumettre ce bain de cyanure simple[a].

Remarquons, Messieurs, ce qui s'est passé en 1841 entre M. Elkington et les commissaires de l'Académie des sciences. M. Elkington n'avait d'abord parlé que de son procédé de dorure par immersion, et dans le bain de carbonate de potasse, sans l'aide de la pile[2]. Vaine-

[a] Je saisis cette occasion de répondre au puéril reproche que m'ont adressé M. Roseleur, lors d'un procès à lui intenté par la compagnie Christofle, et MM. Perrot et Darnis du *Moniteur industriel*. Qui ne sait qu'il est bien peu de brevets où ne soient mentionnés par leurs auteurs, et très sincèrement, comme découverts par eux, quelques détails déjà consignés par d'autres brevetés? La mention du cyanure simple dans mon brevet est précisément une preuve de l'ignorance où j'étais des brevets de M. Elkington. Mais, encore une fois, j'ai breveté autre chose, j'ai fait autre chose devant l'Académie.

L'Académie, qui nous a jugés, M. Elkington et moi, sur nos expériences et sur la rédaction de nos brevets, a donc constaté un fait évident quand elle a dit que chacun de nous avait travaillé de son côté : MM. Elkington, qui avaient eux-mêmes donné à l'Académie la date de décembre 1840 comme celle de leurs brevets sur les cyanures ; moi, dont les premiers brevets remontaient au 19 du même mois. L'Académie nous jugeait en novembre 1841, et mon brevet de cyanoferrure est de septembre.   DE RUOLZ.

(1) Nous venons de démontrer dans une note précédente, que le jour même où M. Dumas faisait son Rapport à l'Académie des sciences, M. de Ruolz, loin d'abandonner le cyanure simple, le brevetait pour la quatrième fois (17 juin, 27 août, 27 septembre, 29 novembre 1841). Réellement la patience d'un honnête homme se lasse a relever des *erreurs* aussi persistantes.   C. C.

(2) M. de Ruolz fait ainsi, comme toujours, un historique à sa manière, c'est-à-dire, rempli d'assertions fausses. S'il est vrai que M. Elkington n'a pas d'abord fait connaître à l'Académie des sciences son procédé de dorure par la pile, il faut uniquement attribuer cette circonstance à ce qu'il habitait l'Angleterre. M. de Ruolz était, au contraire, sur les lieux et suivait pas à pas le travail de la commission académique.

Le procédé de M. Elkington pour la dorure par immersion a été présenté à l'Académie des sciences, le 20 septembre 1841, par

ment les commissaires avaient-ils signalé la supériorité de la dorure à la pile de M. de La Rive, en tant
qu'elle était plus épaisse que celle de la dorure au
trempé de M. Elkington ; ce dernier n'avait pas dit un
mot de ses brevets (délivrés en décembre 1840), et où
cependant il a parlé de la pile. Pourquoi ce silence?
Parce que MM. Elkington n'avaient mentionné qu'ac-
cessoirement la pile dont ils ne comprenaient même
pas la puissance, qu'ils n'employaient pas, qui, dans
leur rédaction incertaine, apparaît comme un simple
couple formé de deux vases concentriques entre lesquels est de l'eau salée, dont le vase intérieur, fait
d'une terre poreuse, reçoit la solution d'or ; dont un
fil de cuivre, qui touche un morceau de zinc plongeant

M. Wright, alors à Paris. Il a été renvoyé à la commission des
arts insalubres, qui avait déjà à examiner le Mémoire présenté par
M. de Ruolz, le 9 août 1841.

Dans les réunions de la commission, M. Wright apprit que le
procédé du trempé ne satisfaisait pas complétement les savants
membres de l'Académie ; qu'ils désiraient une dorure à épaisseur ;
il leva immédiatement la difficulté en communiquant le brevet du
29 septembre 1840, délivré le 8 décembre suivant. M. Wright et
M. Elkington n'ont pas perdu de temps, puisque du 20 septembre
au 29 novembre 1841 il n'y a guère que deux mois, pendant lesquels ont eu lieu tous les essais dont parle le Rapport de l'Académie.

Cependant M. Dumas, sans doute alors sous l'empire des obsessions de M. de Ruolz, s'exprime ainsi sur ce point (Document
n° 20) :

« Le Mémoire de M. de Ruolz, les produits qui l'accompagnaient,
« avaient vivement excité l'intérêt de la commission, lorsque l'a-
« gent de M. Elkington à Paris *s'empressa* de soumettre à l'Aca-
« démie un *brevet pris par M. Elkington, et antérieur de quelques*
« *jours à celui de M. de Ruolz.* La commission reconnut, en effet,
« avec surprise, que ce brevet existait, qu'il renfermait la des-
« cription d'un procédé pour l'application de l'or ayant de l'ana-
« logie avec celui de M. de Ruolz, et elle en est encore à com-
« prendre aujourd'hui par quels motifs on lui a caché l'existence
« de ce brevet, *qui répondait victorieusement à toutes ses objec-*
« *tions,* tant qu'il n'était pas encore question de M. de Ruolz et de
« ses procédés. »

dans l'eau salée, ferme le circuit électrique ; en un mot, ce qu'on appelle l'élément voltaïque simple à cloison poreuse, élément déjà employé de la même façon par M. de La Rive.

C'est le 27 septembre 1840 que MM. Elkington avaient inscrit dans leurs brevets l'emploi de cette pile élémentaire employée peu de mois auparavant par M. de La Rive et racontée par tous les journaux d'Europe ; et, plus de treize mois après, en novembre 1841, devant l'Académie, ils sont encore complétement étrangers à l'emploi de cette pile élémentaire et à celui de toute autre espèce de pile ; si complétement étrangers que, n'en possédant pas, n'ayant jamais opéré que par

M. Elkington, au premier mot, a donné son brevet ; il ne l'a donc jamais caché.—Mais ce brevet est *de huit mois et demi antérieur* à celui de M. de Ruolz, et non pas de quelques jours seulement, comme le dit M. Dumas. —Mais ce brevet n'a pas seulement de l'analogie avec celui de M. de Ruolz ; il est identique à celui de M. deRuolz, qui n'est qu'un contrefacteur essayant de dissimuler ses plagiats. Nous constatons, du reste, que M. Dumas reconnaît que le brevet Elkington répond victorieusement à toutes les objections faites aux anciens procédés ; cela prouve que *les critiques de M. de Ruolz* ne sont nullement fondées dans l'esprit du savant rapporteur de l'Académie.

Résumons les dates.

M. de Ruolz prend son brevet concernant les cyanures, le 17 juin 1841 ; le 9 août suivant, il communique un travail à l'Académie des sciences, mais sans rien publier, car le *Compte rendu* (t. XIII, p. 352) contient seulement ces mots : « Notice sur un nouveau procédé de dorure et d'argentage sur tous les métaux employés dans « le commerce, par M. de Ruolz. -- Renvoi à la Commission du « concours concernant les arts insalubres. » Le brevet de M. de Ruolz n'a été délivré que le 11 octobre 1841. Donc, le 20 septembre, alors que M. Wright donne à l'Académie une Notice sur le procédé du trempé de M. Elkington, ce dernier ne pouvait pas connaître quelle était la nature des procédés sur lesquels l'Académie était appelée. Il a conséquemment communiqué son invention relative à la dorure à la pile, dans le prussiate, avant que M. de Ruolz ait rien publié, tandis qu'au contraire M. de Ruolz avait pu pendant six mois prendre au ministère connaissance du brevet Elkington relatif à la pile et à tous les prussiates.　　　　　　C. C.

immersion simple dans l'établissement de MM. Élambert et Moulé, ils sont obligés alors de demander un délai pour s'en procurer une [1]. Et encore, quand commencent-ils à parler à l'Académie de la mention de la pile dans leurs brevets de 1840? Lorsqu'ils apprennent des commissaires de l'Académie qu'un concurrent au prix Montyon, du nom de Ruolz, dore, argente parfaitement à l'aide de la pile! La veille encore, plus d'un an après la prise de ces brevets additionnels, ils ne croyaient pas au succès de la dorure et de l'argenture par la pile, ils ne l'avaient pas constaté; mais ce jour-là, excité par la révélation de mes résultats, MM. Elkington réclament, pour la dorure, la pile brevetée par eux! Mais si j'ai bien voulu me taire alors et les laisser opérer avec des piles séparées du bain de dorure, si je n'ai pas voulu rappeler à l'Académie les termes de leur brevet additionnel de 1840, je n'en suis pas moins libre aujourd'hui de tout dire, de montrer à la justice les Elkington tels qu'ils sont dans leurs brevets, c'est-à-dire copistes serviles de M. de La Rive [2], et encore copistes par écrit seulement, copistes hors d'état de répéter ses manipulations, et n'ayant pas même essayé de les répéter.

(1) Cela prouve que l'établissement de MM Elkington était en Angleterre, et voilà tout. Si M. de Ruolz avait été faire l'essai de ses procédés devant la Société royale de Londres, n'eût-il pas été obligé d'emprunter ou d'acheter ses appareils ou les ingrédients? Qu'on n'oublie pas, en outre, que la loi accordait à MM. Elkington deux années pour mettre ces procédés en exploitation.   C. C.

(2) M. de Ruolz prête maintenant à M. de La Rive l'emploi des prussiates; car, M. de La Rive ne dorant qu'avec du chlorure d'or simple, comment M. Henri Elkington pouvait-il le copier? Il est singulier aussi de voir M. de Ruolz accuser les autres de plagiat. Il en est arrivé à ne plus comprendre la *moralité de ses actes*.
                                              C. C.

Entre MM. Elkington et moi il y avait donc, à cette époque de novembre 1841, une triple différence. J'employais : 1° la pile à plusieurs couples [1]; 2° la pile séparée du bain de dorure ; séparation sans laquelle on ne fait pas de grands travaux, pas de travaux suivis, sans laquelle on gâte les bains ; j'avais 3° des bains de dorure, d'argenture, tout différents des leurs, mes bains aux ferrocyanures et bien d'autres encore [2]. Je ne parle pas ici des autres métaux, cette partie de mes travaux étant étrangère au procès actuel.

La commission académique, ne me voyant pas réclamer, usa comme moi d'indulgence et laissa MM. Elkington opérer avec de vraies piles séparées du bain, comme je l'ai raconté plus haut [3]; mais elle constata la troisième différence relative aux bains de dorure et d'argenture. Ici il eût été, pour MM. Elkington, plus difficile encore de nier que pour l'espèce de la pile et pour sa séparation du bain ; car si leurs brevets sont rédigés d'une manière vicieuse quand ils parlent de la

---

(1) Toujours une assertion fausse ! Dans son brevet du 29 septembre 1840, M. Elkington a indiqué un courant galvanique quelconque, ce qui implique une pile séparée du bain, et une pile à plusieurs couples, tout aussi bien que toute autre pile.

(2) Nous avons, dans une note précédente, fait remarquer que M. de Ruolz, en novembre 1841, brevetait pour la quatrième fois en trois mois le cyanure simple de potassium, qu'il veut bien consentir aujourd'hui à accorder à MM. Elkington. Mais, en outre, MM. Elkington ont dit que *tous les prussiates solubles* pouvaient être employés, tant pour la dorure que pour l'argenture. Cette formule comprend évidemment les ferrocyanures. Quant aux autres bains, il n'en était pas encore question, n'en déplaise à M. de Ruolz (mais les textes de ses brevets sont là immuables), au mois de novembre 1841, au moment du Rapport de M. Dumas. C. C.

(3) MM. Elkington ayant dit qu'on pouvait se servir de tout courant galvanique, comment aurait-on fait pour les empêcher de se servir de la première pile venue, réussissant d'ailleurs avec leurs bains de sels doubles alcalins de potasse ou de soude et d'or et d'argent ?   C. C.

pile, ils sont tout à fait inadmissibles quand ils veulent sortir des solutions d'or dans les cyanures simples[1], pour embrasser, à la faveur de vagues désignations, toutes les autres combinaisons chimiques.

III.

Examen des résumés des brevets de MM. Elkington. — Vices graves de la rédaction. — Leur inadmissible prétention à l'emploi de tous les sels, de toutes les substances chimiques et alcalines, de toutes les solutions d'argent. — L'alcalinité des bains n'appartient pas à MM. Elkington ; ils ne l'ont pas réclamée. — L'emploi des alcalis : soude, potasse, ammoniaque, était avant eux dans le domaine public.—Ils ne peuvent prétendre au monopole d'aucune de ces trois bases , potasse, soude ou ammoniaque, qu'avant eux on avait employées.

La loi veut, dans la rédaction des brevets, une précision, une netteté, une clarté suffisante pour que chacun puisse, à l'expiration du brevet, en suivre les prescriptions avec succès. La loi veut qu'on ait réellement inventé ; elle ne permet pas que le premier rêvecreux, le premier spéculateur venu , moyennant une avance de 100 francs, puisse, en se mettant en face d'un problème de chimie industrielle, déclarer qu'il en confisque à son profit toutes les solutions, sans les connaître pour cela, sans les expliquer, sans même

(1) Dans aucun de leurs brevets, MM. Elkington ne disent qu'ils ne veulent avoir recours qu'aux cyanures simples, et les proportions qu'ils indiquent sont, par exemple, tout aussi bonnes pour le cyanure simple de potassium ou pour le cyanoferrure jaune.

C. C.

les indiquer distinctement. Montrons que MM. Elkington n'ont pas obéi à la loi dans certaines parties de leurs brevets, dont M. Christofle voudrait s'armer pour m'anéantir, et que, par conséquent, ces parties sont frappées de déchéance légale.

Ces passages sont, si je ne me trompe, les résumés eux-mêmes de certains des brevets Elkington, les phrases dans lesquelles il est parlé des prussiates, et d'autres encore que je vais passer en revue.

Commençons par les résumés.

S'il est une partie d'un brevet qui doive être nette, claire, précise, c'est celle qui résume la *spécification*, qui la caractérise. Or, on va voir que MM. Elkington ont, tout au contraire, abusé de la permission que prennent bien des brevetés d'écrire en termes vagues, obscurs, contradictoires même jusqu'à l'absurde.

Que dit M. H. Elkington dans son brevet de dorure ?

« *Je réclame l'application d'un courant galvanique pour dorer les métaux* AVEC QUELQUE SOLUTION CONVENABLE (excepté le chloride d'or, qui est peu propre à cet usage). *Je fais observer que par solutions convenables, j'entends* CELLES DANS LESQUELLES LES SUBSTANCES ALCALINES, TERREUSES OU AUTRES SELS SONT COMBINÉES AVEC L'OR. »

Mais, monsieur H. Elkington ! la liste interminable des composés que connaît la chimie moderne est presque exclusivement formée de sels[1] ; tous les chimistes

____

(1) Et d'abord, M. de Ruolz, quand on cite il faut citer exactement. Je rétablirai la première phrase du résumé, phrase sur laquelle vous avez tout simplement passé un trait de plume, parce qu'elle renferme nominativement ce que vous appelez vos cyanoferrures. Voici cette phrase (le texte total du brevet est inséré pages 12 à 15) : « *Je réclame l'emploi des oxydes d'or, ou de l'or*

de toutes les écoles sont d'accord sur ce point ; et il
n'est pas jusqu'aux dissolutions, dans l'eau pure, des
oxydes métalliques ou mêmes des acides, de la chaux,
du sucre, de la potasse, de l'eau-forte, etc., qui ne
soient des sels. Bien plus, certains chimistes, et des
plus célèbres, des plus influents, ne voient pas de
distinction nette entre ce qu'on a appelé sels, avant
la révolution chimique de Lavoisier comme depuis
l'établissement de la nomenclature de ce grand réfor-
mateur, et ce qu'on a appelé acides ou bases, soit terreuses, soit alcalines, à ces diverses époques. Pour eux,
l'acide sulfurique est un sel, tout autre acide est un sel,
la potasse est un sel, la soude est un sel, etc.

« *métallique dissous dans le* PRUSSIATE DE POTASSE, *ou de* TOUS
« AUTRES PRUSSIATES, SOLUBLES *pour couvrir les métaux, ou avec*
« QUELQUES-UNS DES SELS SUS-INDIQUÉS, combinés avec les oxydes
« d'or.

« *Je réclame également,* etc. » Le reste est conforme à la phrase
citée par M. de Ruolz, qui a eu soin d'effacer *également* pour faire
croire que son résumé était complet On voit, par cette phrase ré-
tablie, que M. Elkington a entendu breveter la combinaison d'un
sel simple d'or avec un autre sel alcalin. Cela est rendu encore très
évident par cette autre phrase du même brevet : «*Au lieu de la solu-*
« *tion d'or ci-dessus indiquée, je me sers quelquefois d'une solution de*
« *protoxyde d'or dissous avec les muriates de soude ou de potasse.*
« *En général j'ai aussi remarqué que les* SELS A DOUBLE BASE,
« *et plus particulièrement ceux connus sous le nom de sels haloïdes,*
« *sont aussi susceptibles de dissoudre l'or;* ils font aussi partie du
« *droit privatif que je réclame;* mais je le répète, dans la pratique,
« j'ai trouvé qu'il était PRÉFÉRABLE *d'employer la solution d'or ob-*
« *tenue du prussiate de potasse.* »

Après cette lecture, il est démontré pour tout homme de bonne
foi que M. H. Elkington a dit qu'on pouvait remplacer, dans son bain
à proportions déterminées précédemment décrit le prussiate de potasse non pas seulement par tout autre prussiate soluble, mais par
tout sel alcalin susceptible de former, avec les sels d'or, un sel double ; exemples : cyanure double d'or et de potassium, chlorure double d'or et de potassium, etc.

Remarquez aussi que M. H. Elkington, après avoir visé toutes les
combinaisons alcalines, dit qu'il *préfère* le prussiate de potasse. En

Ne parlez-vous pas vous-même, sans le savoir, cette langue nouvelle des plus hardis réformateurs de 1851 ? *« Les substances alcalines, terreuses, ou autres sels. »* Et, en effet, d'après certains élèves marquants de Liebig, tout composé de deux corps simples métalliques et non métalliques pouvant s'échanger par double décomposition, est un sel, tout aussi bien que l'est un composé de deux substances binaires elles-mêmes. Ainsi, pour eux, les simples combinaisons des corps simples avec l'oxygène, les oxydes, sont des sels ; les acides aussi sont des sels. Ce mot, *substances terreuses,* qui n'a plus de sens net depuis bien des années déjà, comprend, dans sa vague circonscription, la chaux, l'alumine, la silice ; et ces matières sont des sels pour les chimistes dont je parlais tout à l'heure. Mais entre vous, monsieur Elkington, et ces chimistes conséquents avec eux-mêmes dans leurs livres, au langage nettement défini, il y a la fâcheuse différence que voici : ils n'accolent pas les substances terreuses aux substances alcalines, ils ne les confondent pas, comme vous le faites, dans une désignation industrielle commune ; ils savent et disent qu'il est telle matière terreuse qui joue dans les sels un rôle opposé à celui des matières alcalines. Ainsi, la silice, l'alumine, se combinant avec les oxydes de fer, de chaux, jouent un rôle opposé à celui des al-

discutant les essais de Brugnatelli, M. Sainte-Preuve et M. de Ruolz ont voulu conclure, du mot *préférer*, employé par ce physicien, qui ne citait aucune autre combinaison que les combinaisons ammoniacales, qu'il a nécessairement doré et argenté dans tous les sels possibles. Ici M. H. Elkington cite une classe de sels, et MM. Sainte-Preuve et de Ruolz refusent de convenir qu'il *ait* voulu employer ces sels, malgré ce même mot *préférer*. Non seulement tout esprit de justice, mais encore toute logique manquent à nos adversaires.   C. C.

calis : bien mieux, la silice, l'alumine forment avec les
alcalis eux-mêmes, avec la potasse, la soude, l'ammoniaque, des sels où l'opposition des rôles est encore
plus palpable. Tout le monde sait ce dernier détail-là,
monsieur Elkington ; tout le monde le disait bien avant
les disciples de Liebig. MM. Dumas, Pelouze, Balard,
Payen, Péligot, tous nos professeurs enfin, l'ont constamment professé, tandis que vous, monsieur Elkington, vous avez dit, ou du moins M. Christofle vous a
fait dire, que vous aviez bien entendu réunir, dans une
même désignation, des composés ayant un caractère
spécial découvert par vous, essentiellement propre à la
dorure : *le caractère alcalin;* c'est-à-dire, n'est-ce pas,
celui qui distingue la potasse, la soude, l'ammoniaque?
Il est donc vrai que, pour que votre phrase eût un sens
pratique, un sens convenable dans un brevet, il faudrait que ce que nos pères appelaient *les terres* fût de
sa nature identique avec ce qu'ils appelaient *les alcalis;*
il faudait que la fonction fût la même ; or, cela n'est
pas ; vous n'avez donc pas dit dans ce membre de
phrase que le caractère de vos bains serait essentiellement alcalin ; et la fin de la phrase le prouve bien
mieux encore, car vous ajoutez OU AUTRES SELS,
et la plupart des sels n'ont pas du tout le caractère
alcalin [1].

---

(1) Nous n'avons pas dérangé M. de Ruolz dans sa longue digres-
sion chimique. A son verbiage nous répondrons seulement que
tous les chimistes sont d'accord pour appeler métaux alcalino-terreux, le baryum, le strontium, le calcium, et sels alcalino-terreux,
les sels de baryte, de strontiane, de chaux. Ces sels peuvent-ils a
la rigueur fournir des combinaisons propres à la dorure et à l'argenture? Nous avons pour réponse le brevet de M. de Ruolz, du
29 décembre 1841, où il dit que l'hyposulfite de soude peut être
remplacé pour l'argenture par les hyposulfites de potasse, *de
chaux, de baryte et de strontiane.* M. de Ruolz sait donc bien que

On ne peut vous accorder qu'une chose, nous le répétons ; c'est que vous avez compris les terres, les alcalis dans la vaste classe des sels ; c'est que vous avez parlé comme les élèves de Liebig. Oui, vous avez embrassé tous les sels, c'est-à-dire la chimie presque tout entière, dans votre demande de privilége ; mais ni la loi de France, ni le bon sens ne tolèrent de telles prétentions.

Votre associé, M. George-Richard Elkington, a agi avec le même sans-façon dans son brevet d'argenture par immersion, où il réclame le monopole de toutes les substances chimiques et alcalines, et dans son brevet d'argenture à la pile, du 28 septembre 1840, avec cette différence qu'au lieu de parler des alcalis particulièrement comme vous, il a parlé des acides.

« *Je réclame*, dit-il, *l'application d'un courant galvanique avec une solution d'argent* QUELCONQUE, *soit comme simple solution* DANS UN ACIDE OU COMBINÉ AVEC DES SELS [1]. »

« substances alcalines terreuses » n'est pas une expression absurde.

Nous ajouterons que MM. Pelouze, Balard, Payen, Péligot, savants cités, nous ne savons dans quelle intention, par M. de Ruolz, sont précisément ceux qui ont reconnu dans les brevets Elkington l'invention de la dorure et de l'argenture à l'aide des sels alcalins (Documents n°ˢ 17 et 18). Cette manière de voir a été pleinement adoptée par les Tribunaux (Document n° 11, arrêt dans l'affaire Roseleur).

C. C.

(1) Encore ici, comme précédemment à l'occasion de la dorure, M. de Ruolz cite à sa manière, en tronquant. C'est qu'il a grand intérêt à ce que les lecteurs de son Mémoire voient le plus tard possible les mots : *prussiates solubles*. Rétablissons donc la citation altérée sciemment par M. de Ruolz ; la voici : « Je réclame « l'emploi d'une solution d'argent dans du prussiate de potasse ou « autres prussiates solubles, pour argenter les métaux, et l'appli-« cation d'un courant galvanique, etc , • comme continue M. de Ruolz.

Il est évident que M. R. Elkington a breveté un bain spécial (celui composé d'un prussiate soluble quelconque) combiné avec la pile, et, en outre, l'emploi de la pile avec tout autre bain où on viendrait remplacer un élément par un de ses équivalents.

Comme vous, M. Henri, votre parent, parle donc le
langage des chimistes novateurs de 1851 ; il range les
acides parmi les sels ; soit, mais qu'il reconnaisse aussi
qu'il a entendu breveter tous les sels, tous les acides,
nous dirons même, si vous voulez, tout ce que la chimie
de Lavoisier appelle oxydes ; car ce sont aussi des sels ;
car votre parent a parlé ailleurs, pourriez-vous dire,
de l'eau, de la soude, de la potasse, en parlant de
l'hydrate de potasse ou de soude. En un mot, M. George-
Richard a, comme vous, monsieur Henri, je le reconnais volontiers, voulu confisquer toutes les combinaisons chimiques.

J'ai dû, remarquez-le, Messieurs, appuyer avec d'autant plus de soin sur cette étrange rédaction de certains passages des brevets qu'on m'oppose, qu'ils y font
partie de ces résumés que l'usage anglais n'oublie jamais dans les *spécifications* des *patentes* et qui les carac-
térisent essentiellement. J'ai peut-être paru bien minutieux, bien prolixe dans cet examen, et cependant
il me faut encore vous en parler.

Henri Elkington ayant placé ces mots : *substances alcalines* dans son résumé, on a dit dans une certaine partie
du monde savant, on a proclamé bien haut dans divers
débats judiciaires, qu'Elkington (Henri) avait découvert le caractère essentiel des bains de dorure : *l'alcalinité,* et on a appuyé cette conclusion d'autres passages

C'est ainsi que l'ont entendu les Savants et les Tribunaux qui se
sont occupés de cette question. En lisant le reste du brevet (il est
reproduit p. 21 à 24), on s'assure d'ailleurs que telle est bien la
pensée de M. R. Elkington, car il remplace, par exemple, le
chlorure d'argent par l'iodure de ce métal, le cyanure de potassium par le chlorure de potassium (muriate), etc.

M. de Ruolz a donc complétement tort dans la discussion grammaticale de mauvaise foi à laquelle il se livre ici.   C. C.

de ses divers brevets relatifs soit à la dorure sans pile, soit à la dorure à la pile, où il parle tantôt du bain de carbonate de potasse ou de soude, tantôt du *muriate d'ammoniaque,* tantôt des *substances chimiques et alcalines* en général, tantôt du *prussiate de soude ou de potasse,* parmi bien d'autres combinaisons, comme *les sels à double base, les sels haloïdes,* etc., etc. M. Christofle a même été, pour les besoins de sa cause, jusqu'à dire devant les juges, jusqu'à imprimer ceci : « *Laissez-nous notre base, car c'est la propriété incontestable de M. Elkington ; c'est là qu'est son invention.* »

Je pourrais vous montrer, par de minutieux exemples, que, bien avant M. Elkington, on a doré, argenté, avec ou sans pile, dans des bains contenant des alcalis, de la soude, de la potasse, de l'ammoniaque ; mais je sais que ces exemples sont énumérés, discutés consciencieusement dans une consultation rédigée par M. Sainte-Preuve[1], à la demande de MM. Duvergier et Chaix d'Est-Ange, et qui a été mise sous vos yeux. Je n'ai donc plus besoin de prouver de nouveau qu'aucune de ces bases n'est la propriété exclusive de M. Christofle ; qu'il ne peut dire en parlant d'elles, avec M. Elkington : *notre base,* et je me borne à rappeler, comme l'a fait l'auteur de ce Mémoire, que, bien loin de réclamer l'alcalinité, Elkington (Henri) a déclaré (*voy.* la

---

[1] M. Sainte-Preuve, sur lequel M. de Ruolz va trouver commode de s'appuyer, n'est pas parvenu à prouver que l'on ait, avant MM. H. et R. Elkington, doré ou argenté dans un bain alcalin de potasse et de soude. Tous les bains cités par M. Sainte-Preuve, comme nous l'avons fait voir (Document n° 15). sont acides, et n'ont servi que pour des blanchiments à l'argent, jamais pour de l'argenture à épaisseur.   C. C.

3ᵉ addition, du 28 mars 1838, à son brevet) qu'il *neutralise* son bain [1].

J'ajoute que George-Richard a positivement parlé *des acides*, sans dire un mot de l'alcalinité, dans son brevet d'argenture à la pile. « *On fait bouillir* [2] *la pièce dans de l'acide sulfurique ou muriatique étendu d'eau (a).* » J'ajoute que, dans son brevet expiré d'argenture sans pile, tout en réclamant l'emploi des substances alcalines, il rend son bain *acide* par l'acide nitrique ou par cet acide et par l'acide muriatique.

De ces passages des brevets Elkington, de cet historique fait par M. Sainte-Preuve, il résulte donc : 1° qu'aucun de MM. Elkington n'a jamais songé à donner à ses bains un caractère alcalin par des alcalis en excès; 2° que depuis longtemps on dore, on argente dans des solutions salines de soude, de potasse, d'ammoniaque, dans des sels alcalins [3].

(a) Il dit aussi, dans le brevet pris en Angleterre : « *Solution of silver reduced by an acid to neutral salt...* » (Solution d'argent précipité dans un acide ou un sel neutre.)   DE RUOLZ.

(1) Il n'est pas possible d'invoquer contre la dorure à la pile un brevet qui n'est que pour la dorure par immersion. En outre, nous avons parfaitement fait voir, lorsque M. Sainte-Preuve a voulu parler de cette même *neutralisation* d'un bain acide, qu'il s'agissait d'une dorure particulière (*voir* Document n° 15, p. 209).

(2) Il n'est réellement pas possible de tolérer de telles altérations de la vérité. Cette portion de phrase, que cite M. de Ruolz, *n'existe pas* dans la partie du brevet qui décrit la composition du bain d'argenture à la pile et que nous avons reproduite en entier précédemment, page 21 à 24. Ce membre de phrase appartient à la description d'un procédé donné pour *mater* les surfaces déjà recouvertes de tout l'argent qu'elles doivent recevoir. Nous ne comprenons pas que M. de Ruolz pense servir sa cause en avançant d'aussi grossières affirmations, qu'une simple lecture dément à l'instant même.   C. C.

(3) Nous répéterons ici en deux mots la réponse que nous avons faite plus longuement à M. Sainte-Preuve, que nulle part on n'est parvenu à trouver l'emploi de la pile combiné avec celui d'un sel double alcalin de potasse ou de soude et d'or ou d'argent. En outre,

Les résumés des brevets Elkington n'ont donc pu leur conférer le monopole des *substances alcalines*, pas plus que celui des substances *terreuses*, pas plus que celui des *autres sels* pour la dorure ; ils ne leur ont pas davantage conféré le monopole des substances alcalines pour l'argenture.

Mais, au reste, je professe hautement, et contrairement à certains chimistes, l'opinion qu'on peut dorer dans des bains acides. J'ai pour moi des expériences positives dont j'ai entretenu l'Académie des sciences [1]

si MM. Elkington n'ont jamais songé à donner à leurs bains un caractère alcalin, pourquoi chercher à réfuter les mots dont ils se servent? il n'y aurait qu'une expérience à faire : plonger un papier bleu de tournesol dans leurs bains; on le verrait rougir, s'ils étaient acides ; ne pas changer de couleur, s'ils étaient neutres. Mais M. de Ruolz sait bien que le papier rouge bleuit dans les bains Elkington parce qu'ils sont alcalins. — Comment M. de Ruolz peut-il d'ailleurs répéter à chaque instant un argument pareil quand lui-même, dans ses deux premiers brevets, faisant la critique du bain essayé par M. de La Rive, signale si bien les causes de son inapplicabilité industrielle, et la trouve dans la nécessité d'avoir une dissolution dont l'acide ne puisse pas agir sur le métal à dorer? Suivant son second brevet, les conditions nécessaires pour une bonne dorure ne peuvent être fournies que par la potasse et les composés de cyanogène. C'est précisément ce que M. Elkington a imaginé huit mois et demi avant lui.　　　　　　　　　　C. C.

(1) Nous avons voulu connaître les expériences dans lesquelles M. de Ruolz prétend avoir démontré qu'on peut dorer dans des bains acides, dont il dit qu'il a entretenu l'Académie des Sciences. Nous avons eu recours aux *Comptes rendus* de cet illustre corps, et voici les documents que nous y avons lus, t. XXV, 1er semestre 1847.

A la page 555 nous trouvons d'abord les deux notes suivantes :

« ELECTRO-CHIMIE. — *Note sur la dorure galvanique,*
« par M. DE RUOLZ.

« MM. Barral, Chevallier et Henry ont fait hommage à l'Académie
« d'un Rapport d'expertise qui a servi de base à un jugement récent. Nous
« venons, dans l'intérêt de la science et de l'industrie, soumettre à l'A-
« cadémie notre réponse aux principes théoriques posés dans ce Rapport,
« et auxquels nous avons vu avec peine des savants de premier ordre
« prêter publiquement l'appui de leur adhésion.
« Ces principes se résument ainsi :
« *Sinon l'alcalinité, au moins la présence d'une alcaline dans la*

et que je fais, depuis plus de trois ans, devant qui
veut les voir. Mon bain est acide, puisque tout le
monde appelle acides les substances qui rougissent la
teinture de tournesol bleue, et que précisément cette
teinture rougit dans mon bain; et cependant je dore
avec un entier succès. La présence d'un excès d'acide
prussique suffit pour produire ce résultat. Les acides
sulfurique, nitrique, hydrochlorique employés seuls

« *liqueur, est la cause efficiente et indispensable du succès de l'opé-*
« *ration. D'où résulte qu'avec une solution alcaline d'or, on dore*
« *très-bien ; qu'avec une liqueur contenant un alcali et des acides, on*
« *peut encore dorer ; enfin, que dans une liqueur exclusivement com-*
« *posée d'acides, la dorure est impossible.* »
» Cette théorie est complétement erronée, et nous allons le prouver
« incontestablement par l'expérience suivante : Si l'on dissout du per-
« chlorure d'or dans l'eau, et que l'on y plonge des lames d'argent ou de
« cuivre, ces métaux sont *immédiatement* attaqués, noircis, et se recou-
« vrent d'une couche d'or métallique à l'état brun, pulvérulent, non
« adhérent. Mais si l'on ajoute à la liqueur une proportion d'acide
« cyanhydrique égale à deux fois et demie le poids du chlorure d'or (ce
« qui représente 28 équivalents d'acide cyanhydrique pour 1 équivalent
« de chlorure d'or), on voit, dans l'espace d'une demi-heure au plus,
« à la température ordinaire, la liqueur se décolorer complétement,
« sans qu'il se dégage aucun gaz ou qu'il se forme aucun précipité. Si
« alors on plonge des lames de cuivre ou d'argent dans le liquide, on voit
« ces métaux conserver plus d'une heure (nous n'avons pas prolongé
« l'expérience) la pureté et l'éclat métallique de leur surface. L'addition
« de l'acide cyanhydrique a donc enlevé au chlorure d'or sa propriété
« d'attaquer l'argent et le cuivre. La liqueur, à cet état, *ne dore pas par*
« *immersion;* mais si, avec les précautions d'usage, on établit un cou-
« rant galvanique, on voit l'argent et le cuivre se recouvrir d'une couche
« d'or douée de l'éclat métallique et de la plus parfaite adhérence. Nous
« avons l'honneur de soumettre à l'Académie trois échantillons obtenus
« dans une liqueur composée de 100 parties d'eau, 1 partie de perchlo-
« rure d'or et de 2,50 d'acide cyanhydrique réel. Ces échantillons sont,
« au dire des hommes compétents, supérieurs en beauté à ce qu'ils ont
« vu jusqu'ici. Le premier est une cuiller d'argent, dorée et brunie; le
« deuxième, un ornement de bronze n'ayant subi, après la dorure,
« aucune préparation ; le troisième, un ornement de bronze doré, mis
« en couleur et bruni. Ces trois pièces sont chargées d'une couche
« d'or d'une épaisseur double de celle usitée dans l'industrie.
« Je soumets en même temps à l'Académie deux petits échantillons
« obtenus dans mon laboratoire, qui démontreront que l'industrie n'a
« peut-être pas assez intelligemment usé des procédés que je lui ai fournis
« pour l'application des divers métaux. Ces deux petites pièces, recou-
« vertes de cobalt, prouvent qu'on peut obtenir ainsi des mélanges avec
« l'or d'un aspect agréable, et produire des objets doués de tout l'effet
« de l'acier poli, sans avoir, comme ce dernier, l'inconvénient de se
« rouiller. »
« Les deux académiciens dont il est question dans la Note précédente

agiraient d'une façon tout opposée. Que puis-je faire
à cette contradiction apparente, si ce n'est de prier
nos savants académiciens de terminer leurs débats
sur la classification définitive des composés chimiques

« n'assistaient pas à la séance, et ne purent pas, suivant l'usage, prendre
« connaissance de l'inculpation de M. de Ruolz. M. Arago prit alors le
« parti de s'adresser à M. Barral, qui lui remit sur-le-champ la réponse
« suivante. Le secrétaire en donna lecture à l'Académie.

« *Note* de M. BARRAL, *en réponse à* M. de Ruolz.

« M. de Ruolz cite notre conclusion relative à la dorure par im-
« mersion, et la généralise pour la dorure galvanique ; il lui donne ainsi
« une interprétation complétement contraire à notre pensée. Les expé-
« riences de M. de Ruolz. qui dit n'avoir pu dorer par immersion dans
« des liqueurs acides, bien loin d'infirmer nos travaux et notre Rapport,
« ne font donc que leur donner une consécration nouvelle.
« Quant à la dorure galvanique, nous avons dit que le courant élec-
« trique décomposant *toujours* les dissolutions des sels métalliques,
« la présence d'un alcali dans la liqueur aurifère n'était pas absolument
« nécessaire à la dorure, mais qu'elle était cependant d'une certaine
« utilité pour l'obtention de bons produits. C'est encore ce que confir-
« ment les expériences de M. de Ruolz ; car il se forme précisément de
« l'ammoniaque dans la réaction de l'acide cyanhydrique sur le per-
« chlorure d'or. »

À la page 602, nous lisons encore deux notes sur ce sujet, l'une
de M. Ruolz, l'autre encore rédigée séance tenante par M. Barral :

« GALVANOPLASTIQUE. — *Nouvelle Note* de M. DE RUOLZ, *en réponse*
« à *celle de* M. BARRAL, *insérée dans le* Compte-rendu *de la séance*
« *précédente.*

« M. Barral prétend qu'il n'a voulu parler que du trempé, et qu'en an-
« nonçant que mon bain acide ne dore pas au trempé, je confirme sa
« théorie. Le compte rendu de la *Gazette des Tribunaux* à la main, j'ai
« compris, et tout le public a compris avec moi, que MM. Barral, etc., etc.,
« etc., avaient entendu parler de la dorure par la pile, aussi bien que
« du trempé. *Je ne me suis point occupé du trempé.* Ce qu'il y a de
« positif, c'est qu'avant moi on ne dorait pas galvaniquement dans des
« bains composés d'acide, et que c'était par addition d'*un alcali* que l'on
« parvenait à enlever au chlorure d'or la propriété d'attaquer les métaux,
« propriété qui s'oppose à une dorure industriellement acceptable. Je
« parviens, par l'addition d'*un acide*, à enlever au chlorure d'or cette
« propriété, et j'obtiens, par suite, avec un bain composé d'*acides*, une
« dorure industriellement belle, ce qui ne s'était pas fait avant moi. Je ne
« prétends pas autre chose. »

« GALVANOPLASTIQUE. — *Remarques de* M. BARRAL à *l'occasion de la*
« *nouvelle* Note *de* M. de Ruolz.

« Ce n'est pas dans le *Compte rendu* imparfait d'un journal qu'on va
« puiser des armes pour attaquer un Rapport imprimé et publié. M. de

et de déterminer nettement si l'acide cyanhydrique
qui ne contient pas d'oxygène, qui est formé de trois
éléments, de carbone, d'hydrogène, d'azote, n'appar-

« Ruolz, en avouant ne s'être jamais occupé de dorure par immersion,
« termine, du reste, toute discussion à cet égard.

« Quant à la dorure galvanique, M. de Ruolz dit que, contrairement
« à nos travaux, il est parvenu à donner au perchlorure d'or la propriété
« de dorer par l'addition d'un acide. M. de Ruolz oublie que les expé-
« riences de M. de La Rive avaient démontré, bien avant lui, que le
« *perchlorure d'or tout seul* dore avec l'aide de la pile. En outre, nous
« le répétons, par l'addition de l'acide cyanhydrique au perchlorure d'or
« dissous dans l'eau, on donne naissance à de l'ammoniaque, et sans
« doute à un cyanure double, comme tous les principes et les réactions
« de la chimie le font supposer, et comme nous le vérifierons par l'expé-
« rience directe.

« En résumé, M. de Ruolz engendre aujourd'hui, par une voie détour-
« née, une dissolution qu'il a été un des premiers à appliquer autrefois
« à l'industrie de la dorure. »

A la page 760 nous trouvons une dernière note sur les prétendus bains acides dont il s'agit.

« GALVANOPLASTIE.—*Note sur la dorure galvanique* ; par M. BARRAL.

« Lorsque M. le Secrétaire perpétuel a bien voulu me donner commu-
« nication des Notes de M. de Ruolz, relatives à la dorure dans de pré-
« tendues dissolutions dépourvues d'alcali, j'ai eu l'honneur de répondre,
« sur-le-champ, que tous les principes de la chimie portaient à croire
« que, quand on mélangeait du perchlorure d'or, de l'eau et de l'acide
« cyanhydrique, il se formait des sels ammoniacaux ; j'ai ajouté que je
« vérifierais, d'ailleurs, le fait par l'expérience. J'ai l'honneur de faire
« part aujourd'hui à l'Académie du résultat affirmatif de cette vérifica-
« tion.

« Ayant versé de l'acide cyanhydrique dans une dissolution de per-
« chlorure d'or, j'ai placé, après la décoloration de la liqueur, une mé-
« daille d'argent à l'un des pôles et une feuille de platine, comme anode
« à l'autre pôle d'une pile : l'argent s'est doré, mais en même temps le
« platine s'est dissous, et il s'est fait un précipité jaune. Ce précipité,
« recueilli et séché, a été introduit dans un tube avec de la potasse, et
« la chaleur en a dégagé de l'ammoniaque qu'il a été très facile de re-
« connaître : ce précipité était du chlorure ammoniacal de platine.

« Il est donc démontré que, dans l'expérience de M. de Ruolz, on
« dore avec un sel double ammoniacal, et qu'il n'est possible d'en tirer
« aucune conséquence contre les principes que j'ai développés, et qu'ont
« bien voulu soutenir avec moi plusieurs illustres académiciens. »

Nous n'avons pas appris que M. de Ruolz ait répondu à cette
dernière Note de M. Barral. Il est donc démontré que dans les
expériences dont M. de Ruolz a entretenu l'Académie des sciences,
il dorait dans un bain ammoniacal, c'est-à-dire contenant un alcali,
et non pas dans un bain ne renfermant que des acides, comme il
l'affirme dans son Mémoire.   C. C.

tient pas à la section particulière des *amides*, et s'il n'est pas grand temps de supprimer cette distinction illusoire entre les acides et les bases alcalines ou autres ?

IV.

Examen particulier du brevet de dorure de M. H. Elkington. — Inadmissible prétention de M. H. Elkington au monopole des sels à double base dans la dorure. — Différence entre les bains d'or ou d'oxyde d'or de M. H. Elkington dans les prussiates (simples) et mes bains de cyanure d'oxyde, ou de chlorure d'or dans les prussiates (ferrugineux). — Jugement de l'Académie. — les solutions convenables, les substances terreuses de M. H. Elkington ! !

Examinons maintenant, au point de vue de l'espèce des sels, les passages des brevets Elkington relatifs aux prussiates, et dans lesquels M. Christofle prétend lire non-seulement mes solutions de cyanures d'or ou d'argent dans les cyanoferrures de potassium jaune ou rouge, mais encore mes hyposulfites doubles, mes sulfures, etc., etc.

Dans son brevet de dorure, pris d'abord pour l'immersion seule, M. Henri Elkington a successivement breveté les *carbonates de potasse et de soude*, d'autres *sels de potasse et de soude, tels que muriates, sulfates, nitrates, borates, avec le muriate d'ammoniaque*, puis les *substances chimiques alcalines*. Mais, comme le prouve très clairement le Mémoire publié par M. Sainte-Preuve[1], on avait, bien avant Henri Elkington, doré

(1) On a vu que M. Sainte-Preuve n'a absolument rien démontré dans son Mémoire, si ce n'est la légèreté avec laquelle il a adopté les assertions de M. de Ruolz. C. C.

dans de telles solutions de potasse, de soude, d'am-moniaque.

Ce brevet est donc frappé de déchéance légale en tant qu'emploi des dissolutions ayant pour caractère général de renfermer de la potasse, de la soude ou de l'ammoniaque. On ne peut donc me dire que mes cyanoferrures de potassium, que mes hyposulfites doubles appartiennent à M. H. Elkington, comme renfermant des alcalis, ou du moins les métaux de ces alcalis.

Plus tard, le 29 septembre 1840, H. Elkington a réclamé, par une quatrième addition à son premier brevet, la dorure par un courant galvanique dans l'or dissous par des *sels à double base*.

Mais on avait déjà employé des sels à double base bien avant lui. (*Voir* encore le Mémoire Sainte-Preuve.) Cette partie du brevet était donc encore frappée de déchéance légale, et l'on ne peut me dire que c'est comme *sels doubles* que mes cyanoferrures, hyposul-fites appartiennent à M. Elkington.

Dans le résumé de ce brevet additionnel, H. El-kington a dit[1] : «*Je réclame l'emploi des oxydes d'or ou de l'or métallique dissous dans le prussiate de potasse, ou* DE *tous autres prussiates solubles pour couvrir les métaux*, OU AVEC QUELQUES-UNS *des sels sus-indiqués combinés avec les oxydes d'or.*

---

(1) Enfin, vous y voici, M. de Ruolz ! Comment allez-vous démon-trer que l'expression *tous autres prussiates solubles* ne renferme pas à la fois et le cyanure simple et le cyanoferrure de potassium. Vous n'essayez même pas ; vous glissez sur la difficulté ; vous dé-coupez des phrases ; vous ne répondez rien ! — Mais nous prions le lecteur de vouloir bien se reporter à l'examen comparatif que nous avons fait des brevets de M. de Ruolz et de MM. Elkington (p. 29 à 64); il verra que jamais contrefaçon, jamais plagiat n'ont été plus manifestement prouvés.   C. C.

« *Je réclame également l'application du courant galvanique pour dorer les métaux avec quelque solution convenable d'or (excepté le chloride, qui est peu propre à cet
usage).* JE FAIS OBSERVER QUE PAR SOLUTIONS CONVENABLES,
J'ENTENDS CELLES DANS LESQUELLES LES SUBSTANCES ALCA-
LINES TERREUSES OU AUTRES SELS SONT COMBINÉS AVEC
L'OR. »

Analysons ces deux phrases ; jugeons-les indépendamment des vices de rédaction et du vague qui,
comme je l'ai déjà dit, les rendent inadmissibles dans
un brevet. M. H. Elkington réclame les oxydes d'or ou
l'or métallique dissous dans le prussiate de potasse ou
de tous les autres prussiates solubles; mais dans les
procédés qu'on me dispute, je fais autrement ; car
j'emploie du cyanure d'or, de l'oxyde d'or ou du chlorure d'or dissous dans un prussiate ferrugineux : et
surtout je n'emploie pas d'or métallique[1]. Je l'emploie
d'autant moins que jamais chimiste au monde, fût-il
patroné par M. Christofle, ne saurait le dissoudre
dans les prussiates ; c'est tout simplement un barbarisme en fait de rédaction de brevets.

La fin de la phrase : *avec quelques-uns des sels sus-indiqués combinés avec les oxydes d'or*, ne s'entend que de
la dissolution des oxydes d'or dans les sels dont
M. H. Elkington avait parlé dans les paragraphes précédents ; or, je n'y vois pas plus mes dissolvants que
dans l'autre membre de phrase.

(1) Pardon, M. de Ruolz, de l'or métallique se dissout parfaitement bien dans les prussiates ; il suffit de le mettre en communication avec l'un des pôles de la pile, tandis que l'or se dépose sur les
objets placés à l'autre pôle (brevet du 1er octobre 1841, de M. H.
Elkington, Document n° 2 *bis.* p. 106) ; on a l'avantage de rendre
ainsi le bain constant. C'est une addition considérable à l'invention
première que vous avez aussi à votre tour *inventée* le 8 août 1842.

C. C.

La différence qu'offrent mes bains sous le rapport
du composé d'or dissous pourrait, indépendamment
de la différence dans l'espèce des dissolvants, suffire
pour me distinguer nettement de M. H. Elkington,
pour me placer en dehors de ses brevets. Mais la
deuxième différence, celle qui est relative aux dissolvants, a une importance plus grande encore. L'Académie l'a jugé ainsi, je le répète ; elle m'a donné d'avance
gain de cause, et sur les déclarations de MM. Elkington eux-mêmes. (*Voyez* plus haut, p. 259.) Je pourrais me borner à invoquer en ma faveur ce jugement[1];
mais je reviendrai sur cette différence, que conteste
seul M. Christofle, entre mes prussiates ferrugineux et
les prussiates simples de M. Elkington lorsque je par-
lerai de l'argenture. Là aussi je suis attaqué par
M. Christofle, et c'est là surtout qu'il voudrait me
dépouiller.

Quant à la demande que fait M. H. Elkington du
monopole des *solutions convenables,* qu'il caractérise par
les mots *substances alcalines terreuses ou autres sels,* je l'ai
déjà caractérisée moi-même comme elle mérite de
l'être. Je me bornerai donc à dire que s'il s'agit de la
nature alcaline des sels, on les employait bien avant
M. Elkington, pour la dorure avec et sans pile distincte[2] (*voyez* le Mémoire de M. Sainte-Preuve); que s'il
s'agit des matières terreuses proprement dites : la

(1) Nous avons montré que l'Académie avait été trompée par M. de
Ruolz; M. de Ruolz ne peut plus invoquer maintenant un jugement obtenu par les moyens que nous avons stigmatisés. C. C.

(2) Encore une fois, non. On n'a jamais fait la dorure à la pile,
avant M. Elkington, dans un sel double alcalin. M. Sainte-Preuve,
que vous vous plaisez à citer pour faire croire à une démonstration
absente, n'est parvenu qu'à prouver son impuissance dans l'œuvre
impossible que vous lui aviez confiée.   C. C.

chaux, l'alumine, la silice, je ne sache pas que jamais
personne s'en soit servi dans un bain, M. Elkington
lui-même pas plus qu'aucun autre doreur. Et quant à
moi, je n'y ai certes jamais songé. M. Elkington a jeté
cela dans son brevet comme il y eût mis toute autre
chose, comme il y a mis, à la suite, tous les *autres sels ;*
comme il y a mis, sans façon, toute la chimie.

V.

Examen particulier du brevet expiré de M. G.-R. Elkington, pour
l'argenture par immersion. — Inadmissible prétention de M. G.-R.
Elkington au privilége de l'emploi de l'une de ces trois bases :
la potasse, la soude, l'ammoniaque, dans l'argenture par immersion (déchéance de ce brevet avant qu'il ne fût expiré). —
L'alcalinité n'est pas essentielle aux bains d'argenture par immersion. — La présence de l'un des trois alcalis dénommés ne
rend pas nécessairement le bain alcalin.

Voyons si les brevets de M. G.-Richard Elkington
pour l'argenture absorbent aussi mes inventions.

Je pourrais n'examiner que celui de ces deux brevets
qui est relatif à la pile distincte, puisque l'autre est expiré, puisque je n'opère qu'à l'aide d'une pile ; mais
une critique impartiale du brevet sur l'immersion nous
fera mieux apprécier la manière dont cet industriel
prend les brevets et celle dont les exploite M. Christofle dans les débats judiciaires.

Le brevet expiré de M. George-Richard Elkington
pour l'argenture par immersion réclamait le monopole
de *toutes substances chimiques et alcalines,* mais M. Sainte-

Preuve a prouvé (*voyez* son Mémoire) qu'avant M. G.-R.
Elkington on argentait dans des bains contenant des
substances alcalines (potasse, soude, ammoniaque), et
même que le célèbre d'Arcet a, dès 1833, insisté à plusieurs reprises, sur l'effet de ces alcalins, dans une
notice sur l'argenture, insérée dans le tome I du *Dictionnaire de l'Industrie*. Le brevet de M. G.-R. Elkington
ne pouvait donc atteindre ni moi, ni personne, alors
même que sa durée n'était pas expirée [1].

Tout ce qu'a pu produire la prise de ce brevet, c'a été de
fournir à plusieurs chimistes l'occasion de promulguer,
d'une manière plus éclatante, leur opinion touchant
le bon effet des alcalis dans certains modes d'argenture et de dorure; et s'il était permis, dans un brevet,
de s'emparer de la moitié de la chimie, d'étendre à tous
les composés chimiques, même à ceux que la chimie contemporaine ne connaît pas encore et qui devront avoir
ce caractère alcalin, le monopole, demandé pour la potasse, la soude, l'ammoniaque, je dirais que M. G.-R.
Elkington a mis ainsi d'une manière générale l'alcalinité pour l'argenture dans le domaine public; et je laisse-
rais à M. Christofle le soin de remercier M. G.-R. Elkington de ce service rendu à tous ceux des argenteurs, concurrents de M. Christofle, qui tiendraient à l'alcalinité
du bain. Je reconnaîtrais qu'ils ont tous depuis l'expiration, en 1849, du brevet de M. G.-R. Elkington, le droit
d'user de toute solution aqueuse d'argent dans un sel à
base alcaline quelconque, dans un sel de potasse, de
soude, d'ammoniaque, dans les cyanures alcalins,
comme dans les carbonates, etc. etc. Je dirais qu'ils

_____

(1) Ce brevet, maintenu par arrêt (affaire Roseleur), n'était pris
que pour l'argenture par immersion, et M. de Ruolz n'a jamais
argenté que par la pile.   C. C.

ont le droit d'opérer ainsi dans un bain accompagné d'un couple électrique, d'une pile à plusieurs couples, comme dans un bain *sans pile distincte*, puisque ces bains d'argenture, à l'aide des piles, étaient, depuis Brugnatelli (1800), depuis Bœttger (juillet 1840), depuis Cruikshank (1800), dans le droit commun, bien avant que M. G.-R. Elkington ne prît son brevet d'argenture en 1838, d'une manière générale, c'est-à-dire sans faire exception de la pile déjà connue[1].

(1) Brugnatelli a argenté par la pile, dans un bain ammoniacal, de l'or et du platine; M. R. Elkington a argenté tous ces métaux par la pile dans un bain contenant un sel alcalin de potasse et de soude. Voilà la vérité opposée à toutes ces phrases écrites pour détourner l'attention du lecteur de ce qui fait l'objet du débat. En 1843, M. de Ruolz reconnaissait que MM. Elkington étaient inventeurs au même titre que lui, et que, de plus, les liqueurs communes de lui, de Ruolz, et de MM. Elkington, n'avaient jamais été décrites. Il était alors allé faire un voyage à Birmingham pour examiner les manipulations employées dans les ateliers de nos associés, MM. H. et R. Elkington, afin de lever des difficultés pratiques contre lesquelles M. de Ruolz luttait inutilement. Voici ce qu'il nous écrivait à la date du 5 février 1843 :

« Il est aujourd'hui bien prouvé que nos liqueurs pour la dorure « n'ont été décrites ou indiquées avant nous par personne, et que « de plus ces liqueurs sont les seules (et c'est aussi l'opinion bien « arrêtée de M. Wright) avec lesquelles on puisse *commerciale-* « *ment agir.*

« Quant à l'argenture, nous sommes encore bien plus forts; car « non-seulement nous avons la priorité pour nos liqueurs, mais « nous sommes les premiers ayant *appliqué la pile à l'argentage.* »

Et plus loin, dans la même lettre, discutant les conditions d'une vente de tous les brevets de dorure et d'argenture dont il était alors question, M. de Ruolz dit : « Je n'ai pas besoin de vous rap- « peler que vous avez senti vous-même et que vous m'avez amica- « lement exprimé que ma position ne vous paraissait pas juste dans « l'hypothèse d'une vente. En effet, (entre nous deux) je crois que « M. Elkington céderait au chiffre de 1,500,000 fr. — Ainsi à lui, « *la moitié ;* à nous 750, sur lesquels il prélèverait (ceci est une « question) le quart, 187; total, pour M. Elkington, 937. — Nous « aurions donc seulement 563, dont, pour moi, le quart = 140. — « Résumé : M. Elkington 937, moi 140 ou moins du dixième de « l'affaire. Quelque soit (*sic*) ma haute opinion de M. Elkington, opi-

Mais cette conséquence si fâcheuse pour M. Christofle, ce n'est pas à moi à la tirer, bien qu'elle sorte for-
cément de toutes les argumentations dont il a fait re-
tentir le Palais dans les procès précédents ; en particulier, lorsqu'il a fait condamner M. Roseleur comme
ayant usé de sels qui ressemblaient à ceux de MM. Elkington par les bases alcalines, à savoir la potasse et
la soude, lorsqu'il s'écriait : « *Laissez-nous notre base !
c'est là qu'est l'invention !* »

Non, je ne veux pas m'abaisser jusqu'à profiter de
cette argumentation vicieuse, puérile, de M. Christofle,
de cette faute de logique de M. Christofle et de ses
auxiliaires ; non, je ne croirai jamais qu'un homme
puisse dire dans un brevet : Je réclame le monopole de
tous les sels alcalins. — J'ai pour cela trois raisons di-
rimantes que voici.

Il n'y a plus, disons-le bien haut, en 1851, de distinction nette pour les chimistes entre les deux caractères
acide et *alcalin* qui avaient servi jadis à certains classe-
ments des substances dans l'étude de la chimie. Si donc
ce mot *alcalin* signifie pour vous, comme l'ont proclamé
les avocats de M. Christofle et les experts dans le procès Roseleur, l'état d'une solution saline qui fasse revenir au bleu la teinture de tournesol rougie, je dirai que
bien d'autres substances que la potasse, la soude, l'ammoniaque, jouent le rôle alcalin ainsi défini [1] ; et j'ajou-

___

« nion que chacune de mes relations avec lui ne fait qu'accroître,
« je ne puis trouver ce partage en rapport avec nos positions res-
« pectives, et d'après la position égale que l'Académie nous a faite
« et d'après le rôle que nos brevets rempliraient dans tout l'avenir
« judiciaire de cette affaire. » Ainsi M. de Ruolz, en 1843, ne réclamait que l'égalité avec MM. Elkington ; il ne disait pas que ces
derniers n'avaient rien inventé, mais que l'Académie avait fait une
position égale à lui et à eux.   C. C.

(1) Que M. de Ruolz dise aux doreurs et aux argenteurs de se

terai que MM. Elkington ne les connaissent certes pas,
que personne ne les connaît toutes; car il en sort cha
que jour des laboratoires.

En second lieu, si l'on m'objecte que M. Elkington
s'est borné aux sels de potasse, de soude, d'ammoniaque, je lui répondrai encore qu'il ne pouvait les embrasser tous, puisque, rien qu'avec ces trois bases, on
fait chaque jour des sels nouveaux[1].

En troisième lieu, je dirai qu'il est facile de faire des
bains contenant de la soude, de la potasse, voire même
de l'ammoniaque, et n'offrant aucunement le caractère
du passage au bleu de la teinture rouge de tournesol[2].

Enfin, je rappellerai de nouveau que R. Elkington a
décrit une composition de bain que rendaient acide,
malgré la présence de certains alcalis à l'état de sels,
les acides nitrique et hydrochlorique.

Et d'ailleurs, je redirai que l'expérience m'a prouvé
qu'on peut argenter dans des bains n'offrant pas ce
caractère, et même dans des bains très acides (pour
parler le langage usuel), c'est-à-dire rougissant énergiquement le tournesol bleu.

Je me refuserai donc à reconnaître aujourd'hui contre M. Christofle l'argumentation dont il s'est servi lui-
même contre d'autres. Non, R. Elkington n'avait pas
pu accaparer tous les sels de potasse, de soude, d'ammoniaque, tous, même ceux qu'il ne connaissait pas.

---

servir de ces autres substances, de la nicotine, de la morphine, de
la brucine, etc., etc., nous ne l'empêchons pas de donner ce conseil.
C. C.

(1) Qu'importe qu'on fasse des sels nouveaux, si la substitution
d'un de ces sels dans le bain de dorure et d'argenture n'est qu'une
substitution d'un équivalent à un autre, destinée à déguiser une con-
trefaçe qui n'en reste pas moins punissable ?   C. C.

(2) Vous n'aurez jamais ainsi. M. de Ruolz, un bain industriel,
et vous le savez très bien.   C. C.

Je tiens donc pour non avenu ce brevet d'argenture
de 1838, brevet déchu dès sa naissance ; et j'entame
celui de 1840 pris pour quinze années, celui dans lequel Richard Elkington dit qu'il va argenter à la pile,
bien qu'il y parle aussi d'argenter sans pile [1], et même
de tout autre chose, comme, par exemple, de l'immersion dans l'argent fondu, immersion qui rappelle l'é-
tamage commun et qui est tout aussi ancienne.

VI.

Examen particulier du brevet non expiré de **M. G.-R. Elkington**
pour l'argenture à la pile. — L'absence de certains détails essentiels de manipulation, dans le texte de son brevet, dit qu'il ne
dissout pas ces sels d'argent dans mon prussiate ferrugineux.
— Emprunts faits à nos pères, à Brugnatelli, à Bœttger. — Barbarismes. — Nécessité d'une rédaction précise dans les brevets.
— Langage chimique admis en 1840 ; distinction entre les prussiates proprement dits et les prussiates doubles ou ferrugineux,
ou cyanoferrures. — Passages accusateurs de l'addition prise
en 1842 par M. Elkington.

Richard parle d'un bain de *chlorure d'argent* dissous
avec du *prussiate de potasse*. Il explique en détail la
manipulation, et l'on voit évidemment qu'il s'agit ici
du prussiate proprement dit ; car, si c'eût été mon prussiate ferrugineux, il eût vu le trouble causé par le
dépôt d'un oxyde de fer brun, dépôt qui dure trois
quarts d'heure ; et il eût parlé de la filtration nécessaire du bain. Loin de là, après avoir agité le liquide,
après l'avoir fait bouillir, il y plonge des pièces à

---

(1) M. R. Elkington a parfaitement distingué, dans un procédé
spécial, ce qui concerne l'argenture à la pile, et il n'y a aucune
confusion possible.   C. C.

argenter[1]. Je ne vois donc pas là mes ferrocyanures, et encore moins mes hyposulfites doubles, mes sulfures.

Plus loin il dit : « *On pourrait remplacer le chlorure d'argent* PAR TOUT AUTRE SEL D'ARGENT *insoluble dans l'eau avec une solution de prussiate de potasse ou de soude.* » C'est donc toujours le prussiate simple ci-dessus qui, avec l'eau, sert de dissolvant (mais en changeant, au besoin, le sel d'argent qu'il ne se donne pas la peine de désigner avec la netteté réclamée par les brevets); ce n'est pas, en tout cas, mon ferrocyanure.

Plus loin : « *Je me sers quelquefois d'une solution de chlorure d'argent dans l'ammoniaque pure. D'autres solutions d'argent à l'aide d'un courant galvanique peuvent être employées, telles que la solution d'argent ammoniacal ou les solutions de chlorure d'argent dans le muriate de potasse ou de soude.* » Mais Richard copie ici et nos pères, et Brugnatelli de 1800, et Bœttger de juillet 1840. Il n'y a ici rien de nouveau, ni la pile, ni le bain. Je n'y trouve pas encore mes dissolvants.

Enfin, après une phrase inintelligible sur l'argenture du fer, il résume ainsi tous ses moyens d'argenture sans pile et avec pile : « *Je réclame l'emploi d'une*

____

(1) Nous ne pouvons pas ne pas faire remarquer encore une fois que le procédé de M. R. Elkington, en le supposant même réduit à l'emploi de cyanure simple de potassium, porte la condamnation de M. de Ruolz. D'abord M. de Ruolz a cru que par prussiate de potasse M. Elkington entendait ce que dans les arts on sert le plus souvent comme prussiate, c'est-à-dire le cyanoferrure. Aussi, dans ses anciens brevets (17 juin, 17 août), M. de Ruolz ne mentionne que le cyanure simple; il veut bien contrefaire M. Elkington, mais en déguisant un peu la contrefaçon. Plus tard, au 25 septembre 1841, il mentionne le cyanoferrure, parce qu'il croit apprendre que c'est du cyanure simple que se sert M. Elkington. Mais, comme M. Elkington a dit : « tous prussiates solubles,» M. de Ruolz n'échappera pas à la condamnation qui le frappe. C. C.

solution d'argent dans du prussiate de potasse ou autres prussiates solubles, pour argenter les métaux, et l'application d'un courant galvanique avec une solution d'argent quelconque, soit comme simple solution dans un acide ou combiné avec des sels, à l'exception du nitrate d'argent, qui est connu, mais peu en usage. »

Je passe sur cette *exception* qu'il fait *du nitrate d'argent qui est connu*, dit-il en parlant du courant galvanique, et sur laquelle je reviendrai plus loin, et j'aborde les prussiates. Elkington dit : une *solution d'argent dans du prussiate de potasse ou autres prussiates solubles ;* mais obtenir cette solution, c'est là précisément une partie du problème industriel de l'argenture[1]; c'est un problème à part dans l'invention, et sur lequel Elkington devait être d'autant plus précis que les prussiates composent, même de nos jours, et surtout qu'ils composaient en 1840 une partie fort peu connue de la chimie. La loi, qui attache des priviléges aux brevets d'invention, suppose qu'il s'y trouve réellement une invention, sinon de principes théoriques, du moins d'applications ; au chimiste qui a épuisé la liste de ses recettes, la loi ne permet pas d'accaparer toutes les autres, en disant : Je les réclame. Vous, monsieur Richard, vous avez trouvé le chlorure d'argent dans les prussiates simples solubles, l'iodure d'argent dans l'hydrate de potasse ou de soude (c'est encore un *barbarisme* en chimie); vous avez pris le chlo-

---

[1] En suivant les prescriptions indiquées par M. R. Elkington pour faire le bain, on argente parfaitement, qu'on se serve soit de cyanure simple, soit de cyanoferrure. Voilà ce que l'expérience répond à M. de Ruolz. Les chimistes qui ont donné raison aux prétentions de MM. Elkington ont plus d'autorité dans la science que M. de Ruolz, et nous ne pouvons penser qu'ils eussent donné leur approbation à des *monstruosités*, à des *barbarismes*.　　C. C.

rure d'argent ammoniacal à Brugnatelli, une solution ammoniacale à Bœttger, le chlorure d'argent avec le muriate de potasse ou de soude (sel marin) à nos fabricants d'agrafes et d'épingles ; vous avez reconnu qu'on pouvait argenter dans un bain acide en se servant d'une pile distincte du bain ; je vous reconnais donc inventeur sur trois points jusqu'à preuve du contraire, jusqu'à ce qu'on m'apporte de nouveaux documents, à moi qui ai si peu lu, qui ne fouille pas dans la collection des brevets éteints ni dans les vieux livres, à moi qui ne savais pas même qu'il y eût des Elkington brevetés à Paris quand je faisais des essais d'argenture dans mon modeste laboratoire. Mais, permettez-moi de vous le dire, vous n'avez pas trouvé d'autres bains que les prussiates simples solubles.

Il y a dans ces bains, n'est-ce pas? deux choses distinctes : 1° le dissolvant, tel que le prussiate de potasse ; 2° l'argent lui-même, simple ou déjà combiné, comme dans le chlorure d'argent. Votre devoir était, ce me semble, de dénommer d'une part vos autres composés d'argent remplaçant votre chlorure, votre iodure, et de l'autre vos nouveaux dissolvants remplaçant les prussiates ; quant à l'argent, vous trouvez plus court, plus facile, de dire *une solution d'argent*, ce qui ne peut vous donner aucun privilége ; et quant au dissolvant, si vous avez dit d'une manière générale *les prussiates solubles*, vous en avez parlé, et dans vos brevets et devant l'Académie, en termes qui me laissent, on va le voir, l'invention des ferrocyanures [1].

---

(1) La simple substitution du cyanoferrure au cyanure de potassium dans un bain d'argenture constituerait peut-être une addition, mais non pas une invention nouvelle. Cette addition deviendrait

Vous, ou M. Truffaut votre agent, vous aviez peut-être vu dans le commerce des ferrocyanures, mais vous n'en connaissiez pas les propriétés ; car, si vous les aviez connues, vous auriez tout aussitôt déclaré que vous renonciez à ce cyanure simple, si vénéneux, si coûteux, si prompt à s'altérer à l'air libre et même dans les vases clos ; car vous aurez mentionné le trouble qui se produit dans les bains d'argent et dont j'ai déjà parlé.

Mais, et j'ai le droit de le dire, votre langage vous a trahi, et il empêchera, malgré la complaisance qu'on leur connaît, certains amis de M. Christofle de lui accorder l'extension indéfinie qu'il réclame pour ce mot *prussiates solubles*. En effet, vous, monsieur Elkington, qui étiez assisté de M. Truffaut, le sous-chef du bureau des brevets, vous qui aviez à Paris des relations avec des personnes fort lettrées, qui pouviez parfaitement payer et traducteurs et correcteurs, vous étiez en 1840 obligé à rédiger votre brevet français d'une manière nette, précise, sans équivoque, comme nous, Français, on nous astreint à écrire clairement, nettement, quand nous nous faisons breveter à l'étranger. Or, dès 1840, la langue chimique usuelle distinguait soigneusement les vrais prussiates simples des prussiates ferrugineux ; elle ne les appelait plus de ce nom primitif de prussiates [1], comme on l'avait fait plus

une contrefaçon si on la mettait en pratique. En admettant, en effet, que de pareilles substitutions d'équivalents les uns aux autres fussent permises par la loi des brevets, il n'y aurait pas une seule invention chimique qui pût être brevetée avec sécurité.   C C.

(1) M. Dumas, dans son Rapport à l'Académie (Document n° 20), déclare que, par le mot général *prussiate*, tout le monde entend prussiate blanc, prussiate jaune, prussiate rouge. M. de Ruolz ne parviendra pas à détruire l'autorité du chimiste illustre qu'il a in-

de trente ans auparavant, quand on ne connaissait pas
encore bien ces corps, quand on ne voulait que constater leur analogie avec le véritable prussiate de potasse;
alors qu'on disait au moins, pour les distinguer de
celui-ci : *prussiate de potasse jaune, prussiate de potasse
rouge.* Si, en 1840, on employait encore, par un reste
d'habitude, cette expression, on avait, du moins, et
bien plus qu'en 1800, grand soin de dire : prussiate de
potasse jaune ou rouge; ou mieux encore : prussiate
de potasse ferrugineux; ou ferroprussiate de potasse;
ou mieux encore, et c'était là le langage général, le
langage net, on disait cyanures au lieu de prussiates
simples, et ferrocyanures au lieu de prussiates ferrugineux. (Et précisément M. G.-R. Elkington dit, lui
aussi, *cyanure*, au lieu de dire prussiate, dans la suite de
son brevet.) En 1840, on connaissait depuis longtemps un certain nombre de cyanures, ou, si l'on aime
mieux, de prussiates, solubles ou insolubles, et on les
classait à part des ferrocyanures. Tous les livres im-
primés alors, et des plus élémentaires, employaient
cette distinction. (Voir le *Dictionnaire de l'Industrie* de
Baillère; — le *Traité* de Thenard, 6ᵉ édit., 1836; —
les *Éléments de chimie* d'Orfila, 5ᵉ édit., 1831; de Las-
saigne, 2ᵉ édit., 1836.) Quand on se servait de l'expression prussiate, on désignait avec soin les prussiates

duit en erreur, sur des faits spéciaux, à l'aide de documents in-
exacts et incomplets, et dont il devrait au moins respecter la parole. — Qu'on lise le dernier traité de chimie qui ait paru, le plus
élémentaire connu aujourd'hui, celui de M. Regnault, et on y verra
ces mots (t. III p. 48) : « Le plus important de ces composés (du
« fer avec le cyanogène) est le cyanure double de fer et de potas-
« sium, que l'on appelle aussi *cyanoferrure de potassium, ferrocya-*
« *nure de potassium et prussiate de potasse.* » Ainsi donc *prussiate*
signifie *cyanoferrure.*   C. C.

simples des prussiates doubles. (*Voy.* Orfila, 5ᵉ édit.,
1831.) Quand on employait cette expression qu'emploie M. Elkington : prussiates solubles (*dans l'eau*),
on entendait alors les prussiates simples solubles, ou
encore, comme nous disons aujourd'hui, les cyanures
solubles, et de ce nombre sont tous les cyanures des
métaux qu'on appelait jadis terreux ou alcalins ; mais
pour désigner les autres prussiates solubles, les cyanures doubles ou ferrocyanures, par exemple, qui sont
solubles, on disait nettement prussiates doubles, ou
cyanures doubles, ou ferrocyanures, pour éviter toute
équivoque. Je suis donc autorisé à conclure de tous ces
exemples que l'expression prussiates solubles d'Elkington s'applique aux prussiates solubles simples, et ne
comprend pas mes cyanoferrures ; à plus forte raison
sa désignation vague, *une solution d'or dans les prussiates solubles*, ne peut-elle être étendue par M. Christofle à mon cyanure d'argent dissous dans le cyanure
de potassium. A plus forte raison encore cette désignation encore plus vague du résumé Elkington, *ou
autres sels,* ne peut-elle s'appliquer à mes ferrocyanures, à mes hyposulfites, à mes sulfures.

Un supplément de preuves m'est fourni par l'addition prise le 21 janvier 1842 à ce brevet d'argenture de M. G.-R. Elkington. Quinze mois s'étaient
écoulés depuis sa première demande du privilége du
cyanure simple de potassium ; c'était bien plus qu'il
n'en eût fallu à M. Elkington pour s'apercevoir des
différences immenses qui existent entre ce cyanure
simple et mes ferrocyanures, de l'incontestable supériorité de ceux-ci, sous tous rapports, comme stabilité
du bain de dorure, comme salubrité, etc., etc. Il aurait eu le temps de s'en apercevoir, s'il avait réelle-

ment songé à ces ferrocyanures dans la rédaction de
son brevet précédent; si ce mot *prussiates solubles* avait
voulu dire pour lui prussiates doubles ou triples solubles, c'est-à-dire ferrocyanures. Lui qui avait, et
avec raison, si minutieusement décrit quelques détails
de ses manipulations, notamment ceux de l'emploi de
son cyanure simple, il aurait au moins dit, dans son
addition de 1842, quelques mots de ces cyanoferrures
qui donnent au bain de tout autres caractères, qui ont
leurs effets à eux; il les eût du moins nommés de nouveau et d'une manière nette cette fois. Il eût fait plus,
comme je l'ai déjà dit; il eût déclaré qu'il abandonnait
le cyanure simple, comme de beaucoup inférieur aux
cyanoferrures.

M. G.-R. Elkington ne dit rien de tout cela, et il
parle, tout au contraire, un langage qui confirme pleinement, comme on va le voir, mon argumentation;
car il parle à deux reprises différentes de son *cyanure*,
de ses *cyanures solubles*, que cette fois il appelle nettement de leur nom précis, et il revient sur la composition de ce bain de cyanures solubles simples qu'il a
décrit nettement en 1840, au milieu de tant de vagues
désignations :

« Dans le brevet qui m'a été délivré le 28 décembre
1840, *je crois avoir indiqué les meilleurs moyens propres
à préparer la solution d'argent* pour obtenir le dépôt de
cette matière dans un état métallique. Il y a sans doute
d'autres solutions avec lesquelles on peut arriver à
argenter ; mais les essais que j'ai faits à ce sujet m'ont
démontré qu'il n'y en avait aucune aussi parfaite ni
aussi facile à employer que *celle que j'ai décrite* dans
mon premier brevet. »

Or, il a *indiqué* les moyens propres à préparer la

solution du chlorure d'argent dans les cyanures simples ; il l'a *décrite* cette solution, mais il n'a pas indiqué, il n'a pas décrit la préparation du bain au cyanoferrure ; car celui-ci, je le redirai à satiété s'il le faut,
eût amené un trouble et un dépôt, suivis nécessairement d'une filtration, et M. Elkington l'eût vu, en eût
parlé ; et il n'eût pas dit LA solution, mais bien LES
solutions, car elles sont très différentes entre elles, s'il
eût voulu parler à la fois du cyanure simple et des
cyanoferrures.

Plus bas, il dit : « Comme je l'ai indiqué dans mon
brevet originaire, il entre dans ma solution toute espèce de *cyanures....* » ce qui comprend, comme dans
son brevet originaire, les espèces relatives aux bases
alcalines et terreuses de nos pères ; mais vous voyez
bien qu'il ne parle pas une seule fois des *cyanoferrures*.

Plus loin, il revient très-minutieusement sur les détails de la manipulation : sur la quantité d'eau plus ou
moins grande qu'on doit employer suivant les cas ; sur
l'effet des ACIDES *sulfurique ou muriatique* [1] que, suivant

(1) Il n'est pas vrai que M. R. Elkington dise, ni dans son brevet
d'addition du 21 janvier 1842, ni dans son brevet principal du
29 septembre 1850, qu'il met des *acides sulfurique et muriatique*
dans ses bains. Il s'exprime ainsi en 1842 : « On peut varier avec
« avantage la proportion d'eau dans certaines circonstances, et la
« porter même jusqu'à dix parties pour une partie de solution.
« Parmi ces circonstances, je crois devoir citer celle où je veux ob-
« tenir *un beau mat* uniforme ; la solution délayée, dans ce cas, est
« préférable à celle dans laquelle il entre de l'acide sulfurique et
« muriatique, comme je l'ai indiqué dans mon premier brevet. »
Dans le brevet de 1840, il dit : « Quand on veut obtenir une sur-
« face brillante, on brunit avec une brosse en fil métallique, moyen
« bien connu. *Si, au contraire, on veut produire une surface mate,*
« on fait bouillir la pièce dans de l'acide sulfurique ou muriatique
« étendu. » Ainsi, il s'agit d'une sorte de mise en couleur, d'un
moyen de *produire le mat*, lorsque *l'argenture à la pile est achevée.*
En présence de pareilles altérations de texte, nous n'avons pas de
réflexions à faire. Les trois pages que vient d'écrire M. de Ruolz
reposent entièrement sur des critiques faites avec cette même mauvaise foi. Nous n'avons plus à les relever pas à pas.   C. C.

son premier brevet, il mettait dans son bain d'argenture ; sur le remplacement, qu'il fait *quelquefois*, de son chlorure d'argent par l'*argent précipité*; sur l'alimentation du bain, malgré l'épuisement que tend à produire l'argenture, au moyen d'une addition d'eau de *cyanure*[1] et de nouvelles plaques d'argent immergées dans le bain.... On le voit, dans tous ces détails, pas un mot de l'effet que produisent les cyanoferrures dans les manipulations préparatoires qu'ils nécessiteraient ; bien plus, ce que dit M. Elkington de son addition du cyanure dans le bain même d'argenture montre, à éblouir même les aveugles volontaires, que c'est bien un cyanure, comme il le dit, un cyanure simple qu'il emploie. Car, encore une fois, le cyanoferrure eût produit un dépôt d'un sel ferrugineux qui eût masqué, troublé l'opération d'argenture ; car ici l'opération est en train ; nous n'en sommes plus seulement à la préparation primitive du bain avant aucune immersion, avant la mise du bain en rapport avec la pile ; l'argenture marche ; Elkington veut rendre *son bain perpétuel*, son opération continue. Voyez-vous, Messieurs, ce bain d'argenture qu'on rend subitement opaque, bleu de roi, trouble, en y versant mon cyanoferrure, au lieu du cyanure simple d'Elkington, soit à

(1) C'est de l'*eau pure*, et non pas de l'eau de cyanure que M. Elkington ajoute dans son bain pour étendre la dissolution, lorsqu'il la trouve trop concentrée. Plus loin, M. Elkington dit, il est vrai : « Pour remplacer l'argent employé, j'ajoute dans le bain « assez d'eau et de cyanure, ainsi que de nouvelles plaques d'ar- « gent, lorsque je le juge nécessaire. » Cette addition de cyanure ne produit aucun trouble dans la liqueur ; c'est le prussiate (*cyanoferrure*) qui produirait un précipité, si on l'ajoutait ainsi. Il est évident que dans son premier brevet, M. Elkington emploie tous les prussiates (cyanures et cyanoferrures) ; le second brevet, pour un but spécial, indique le cyanure simple.   C. C.

cause de la présence des acides sulfurique ou muriatique, soit, même en l'absence des acides, par la seule
action de l'électricité autour du fil positif? Voyez-vous
l'argenture troublée, changée, impossible à suivre de
l'œil, car ce bain devient trouble jusqu'à l'opacité?
Voyez-vous d'ici M. Elkington très embarrassé de ce
désordre dans la marche de son opération, et forcé de
reconnaître que tout cela est étranger à son véritable
procédé [1]?

J'ai passé, moi aussi, Messieurs, par cette idée, dans
mes brevets. J'ai décrit la dissolution du chlorure d'or
dans le cyanoferrure jaune ou rouge ; mais j'ai noté le
trouble, le dépôt ; j'ai dit le moyen de l'empêcher par
une addition de potasse, c'est-à-dire de l'opposé des
acides sulfurique, muriatique, que M. Elkington emploie
(*voyez plus haut*) [2] dans son bain.

(1) Nous avons attendu jusqu'à ce moment afin de répondre, une
fois pour toutes, à cet argument sept à huit fois répété par M. de
Ruolz sur la présence d'un précipité bleu, sur un bain devenant
trouble jusqu'à l'opacité, sur les embarras de M. Elkington en présence d'un pareil désordre, sur l'effroi de M. Truffaut ne sachant
comment se tirer d'une circonstance aussi critique, etc., etc. Tout
cela n'a pas le sens commun. Que fait M. R. Elkington ? Il prend
155 grammes de chlorure d'argent; tout le monde sait que c'est là
un sel insoluble dans l'eau. Il n'y a donc pas de dissolution d'argent pouvant donner un précipité. M. R. Elkington fait dissoudre
ensuite 1500 grammes de prussiate de potasse (ce mot, dans le
commerce, désigne le cyanoferrure jaune aussi bien que le cyanure
simple) dans 9 litres d'eau, et il y met le chlorure d'argent. Il est
évident qu'aucun précipité ne se produira, puisque le chlorure
d'argent n'est pas encore dissous. Maintenant, en faisant bouillir,
M. Elkington dissout l'argent, c'est un fait; il argente ensuite parfaitement à la pile, c'est encore un fait. — L'expérience donc démontre que M. de Ruolz n'a fait que divaguer, en croyant nous
opposer un argument formidable.   C. C.

(2) Pardon, M. de Ruolz, on a vu *plus haut* que vous avez dit une
chose fausse, en affirmant que M. Elkington ajoute des acides sulfurique et muriatique dans ses bains. Jamais il ne l'a fait, jamais il
n'a dit l'avoir fait. Il vous a plu de confondre une mise en couleur
faite sur l'argenture obtenue avec cette argenture même. C. C.

Autre argument. L'eau et le cyanure sont ajoutés par Elkington dans la proportion de 2 contre 50 environ, c'est-à-dire de 1 à 25, ce qui est très convenable pour cet emploi de la solution dans l'argenture ; tandis que pour mes cyanoferrures il faudrait de tout autres proportions pour obtenir une argenture acceptable par le commerce ; tandis qu'avecm on cyanoferrure jaune, il faudrait, dans un bain d'oxyde d'argent, le rapport de 1 à 7 environ (15 à 100), que pour le même cyanure dissolvant le carbonate d'argent le rapport serait encore de 1 à 7 (de 15 à 100) ; tandis que dans ce bain du chlorure d'argent, il faudrait que la solution de ferrocyanure ajoutée présentât le rapport de 1 à 7 (*voir mes brevets*), pour avoir, je le redis encore une fois, de belles teintes. Or, qu'a cherché M. Elkington ainsi que moi ? Qu'a-t-il décrit dans ses brevets ? Les proportions nécessaires pour une belle argenture.

Oui, Messieurs les juges, le souhait le plus ardent que je puisse former pour venger mon honneur attaqué, c'est que l'on veuille bien comparer mes brevets à ceux de MM. Elkington, qu'on voie avec quelle fidélité, avec quelle scrupuleuse minutie j'ai raconté mes opérations, mes progrès successifs dans cette carrière nouvelle pour moi, où je ne croyais d'abord marcher que sur les pas de M. de La Rive, où j'ai rencontré [1] MM. Elkington,

(1) Ceci est trop fort ! Comment ! vous dites avoir rencontré MM. Elkington, quand c'est vous qui avez commencé à travailler (19 décembre 1840) alors que depuis deux mois et demi ils avaient breveté les prussiates (29 septembre 1840) ; alors encore que vous n'avez signalé les mêmes prussiates que le 17 juin 1841 ! La vérité, pour tous les juges comme pour tous les hommes de la science, c'est que vous êtes venu copier MM. Elkington.   C. C.

mais où je me suis frayé des chemins à eux inconnus et conduisant à des buts qu'ils n'ont jamais su atteindre.

VII.

Jugements par les Académies des sciences de Saint-Pétersbourg, de Paris, par le jury de l'Exposition , par le gouvernement, par les tribunaux.

Si la comparaison attentive, impartiale, de nos brevets respectifs ne suffisait pas et au delà pour convaincre les gens de bonne foi, j'invoquerais, sur ce point des cyanoferrures, les jugements portés par les Sociétés savantes, et en particulier par celle de Saint-Pétersbourg qui m'a donné raison sans me nommer, sans savoir même qu'il s'agissait de moi. Et quel a été l'organe de cette Académie? Un homme qui a créé la galvanoplastie proprement dite, c'est-à-dire le moulage en cuivre à grande épaisseur sur modèles en plâtre ou sur tous autres; en un mot, l'un des pères de l'art nouveau, le savant et à jamais célèbre *Jacobi!* Voici comment il nous a jugés, MM. Elkington et moi.

Devant l'Académie de Saint-Pétersbourg, s'est présenté, postérieurement à la prise de mes brevets, un M. Briant, à moi inconnu, qui emploie les cyanoferrures et la pile isolée du bain de dorure. Nonseulement l'Académie a été frappée de la supériorité des cyanoferrures sur le cyanure, mais M. Jacobi a distingué leur invention de celle du cyanure simple de M. Elkington que les journaux anglais, le *Mechanic's Magazine* entre autres, lui avaient fait connaître ; on comprenait donc, dans le sein de l'Académie de Saint-Pétersbourg ainsi que dans le sein de celle de Paris, ce mot *cyanures* de MM. Elkington comme disant prussiates simples et non pas cyanoferrures.

J'ai dit que M. Jacobi ne savait pas que je fusse inventeur de la dorure et de l'argenture par les ferrocyanures, parce que la France ne publie pas, à l'instar de l'Angleterre, les brevets pris peu de temps après leur dépôt, parce que M. Jacobi n'avait encore rien lu de ce que j'ai écrit ; et néanmoins, il savait, mais vaguement, que je m'étais occupé de cet art [1], et il m'attribuait à raison certains autres bains, tels que le bain au sulfure d'or dont il dit un mot dans son *Rapport ;* aussi sa préférence pour le cyanoferrure le conduisit-elle à faire couronner M. Briant par l'Académie impériale de Saint-Pétersbourg. Je ne puis que congratuler M. Briant de ce succès d'argent et d'*honneurs ;* mais je lui prends sans façon la plus belle des récompenses,

---

(1) M. Jacobi, quand il a jugé, dans un Rapport fait à l'Académie des sciences de Saint-Pétersbourg, les nouveaux procédés de dorure, connaissaissait parfaitement, et non pas *vaguement*, comme dit M. de Ruolz, les travaux de ce dernier. En effet, M. Jacobi déclare qu'il a entre les mains le Rapport de M. Dumas à l'Académie des sciences, et qu'il a répété toutes les expériences qui s'y trouvent mentionnées.

Nous reproduisons (Document n° 21) dans son entier le Rapport de M. Jacobi. On y voit qu'il donne ses éloges à MM. Elkington, et qu'il dit n'avoir rien trouvé de nouveau dans les procédés de M. de Ruolz, rapportés par M. Dumas. M. Jacobi regarde MM. Elkington comme ayant fait une invention capitale en introduisant les *composés de cyanogène,* ce sont ses expressions, dans l'industrie de la dorure.

Ce savant illustre ignore évidemment que M. Elkington a breveté *tous les prussiates,* et conséquemment les cyanoferrures ; il l'ignore d'autant plus qu'il a lu le Rapport de M. Dumas, où la propriété des cyanoferrures est refusée à M. Elkington, et qu'il ne connaît pas la protestation faite aussitôt par M. Truffaut (Document n° 1). Cependant M. Jacobi n'hésite pas à dire que M. Briant n'a fait que modifier le procédé Elkington. M. de Ruolz, qui se substitue à M. Briant malgré M. Jacobi, avoue donc qu'il n'a fait tout au plus qu'une addition à l'invention fondamentale due aux industriels anglais.   C. C.

l'approbation de M. Jacobi ; si elle ne m'appartenait
pas, elle ne pourrait appartenir qu'à MM. Elkington ;
or, M. Jacobi ne leur accorde que les cyanures simples.
A chacun son bien.

J'ai donc pour moi l'Académie des sciences de Saint-
Pétersbourg et l'Académie des sciences de Paris.
Toutes deux m'ont donné raison sur le point essentiel
des cyanoferrures. J'ai pour moi les aveux de MM. Elkington eux-mêmes.

Ces deux Académies m'ont, à *fortiori*, donné gain de
cause dans la question des hyposulfites doubles [1],

(1) L'Académie des sciences ne s'est pas occupée des hyposulfites;
M. Dumas ne les mentionne même pas dans son Rapport (Document n° 20); vous ne les avez brevetés que le 29 décembre 1841.
Quant aux sulfures, vous les avez inscrits dans le brevet d'addition
demandé le 29 novembre, jour de la lecture du Rapport de M. Dumas à l'Académie des sciences. — M. Dumas, confiant dans les
déclarations de M. de Ruolz, s'est exprimé dans les termes suivants :
« *Les chimistes seront même étonnés, à entendre tous ces procé-*
« *dés, que le dernier de tous, celui qui repose sur l'emploi des sul-*
« *fures, soit le plus convenable, et qu'appliqué à dorer des métaux*
« *tels que le bronze et le laiton, dont on connaît la sensibilité en ce*
« *qui concerne la sulfuration, ils réussissent à merveille et en don-*
« *nant la dorure la plus belle et la plus pure de ton.* » Il est
bon de remarquer, d'un autre côté, que M. Jacobi déclare n'avoir
rien obtenu de bon avec ces sulfures. (Document n° 21).Mais si M. de
Ruolz a dit vrai, s'il n'a pas trompé les hommes honorables qui
ont eu confiance dans ses allégations, si le sulfure d'or dissous
dans le sulfure de potassium neutre est le procédé le plus convenable pour dorer le bronze et le laiton, il est évident qu'aussitôt
qu'il sera appelé à mettre en pratique l'application de ses procédés, aussitôt qu'il aura à dorer du bronze et du laiton, il va composer un bain en employant la combinaison indiquée par lui.
Eh bien! en consultant le livre du laboratoire écrit de sa main
(Document n° 3), nous n'y trouvons pas une seule combinaison de
bain d'or d'après cette indication. On voit bien de l'or préparé à
l'état de sulfure, mais il est toujours combiné soit avec *du prus-*
siate de potasse jaune, soit avec *du prussiate simple (ou cyanure*
de potassium).
Mais *du sulfure d'or dissous dans le sulfure de potassium neutre,*
IL N'EN EST PAS QUESTION. Ajoutons que remplacer dans un bain
de prussiate le chlorure ou l'oxyde d'or par du sulfure d'or, c'est

des sulfures et de toutes mes autres préparations.

A côté des jugements de ces deux grands jurys scientifiques je puis inscrire le jugement du jury [1] de l'exposition de 1849, pour les produits de l'industrie, qui m'a accordé la médaille d'or, en désignant particulièrement mes travaux de dorure et d'argenture, en dehors de mes autres travaux de galvanoplastie, du jury qui ne m'eût même pas accordé une médaille de bronze s'il n'eût vu en moi qu'un copiste de MM. Elkington ; et le jury a fait plus, car il m'a accordé, d'un autre côté, indépendamment de cette première récompense, une seconde médaille en argent pour les appli-

faire un changement qui ne donne aucun droit à son auteur vis-à-vis de l'inventeur primitif.

Tout ce qui, dans le Rapport académique, touche aux procédés de MM. Elkington, se termine à l'examen de la dorure; *mais des procédés d'argenture, il n'en est pas le moins du monde question.*

La raison est importante à connaître.

C'est que la Commission, comme elle le déclare à la dernière page de son Rapport, agissait comme commission du prix Montyon, et que le prix Montyon était donné, non pas pour l'application de procédés d'argenture nouveaux, qui n'avaient rien à voir à ce prix, puisque le mercure n'était pas employé dans les procédés d'argenture en usage dans l'industrie : ce prix était donné pour une amélioration apportée dans l'art de la dorure, qui supprimait l'emploi du mercure si fatal aux ouvriers.

On comprend alors pourquoi le mandataire de M. Elkington n'a point parlé et n'avait point à parler de ses procédés d'argenture.

M. de Ruolz a donc complétement tort quand il s'appuie, en ce qui concerne l'argenture, sur le Rapport de M. Dumas.

Nous terminerons en disant, comme le fait M. Sainte-Preuve (p. 216), qu'on peut concevoir « un brevet pris pour toute autre combi-« naison que les sels mentionnés par MM. Elkington ,» mais en ajoutant, condition que M. Sainte-Preuve passe sous silence, que ce brevet doit apporter une amélioration réelle, un perfectionnement à l'industrie, et qu'il ne pourra donner lieu à une exploitation qu'après l'expiration des brevets primitifs.   C. C.

(1) Nous sommes convaincus qu'après la réclamation si digne de M. Elkington, qui se trouve en tête de ce volume, les membres du jury de l'exposition de 1849 en sont à regretter la récompense qu'ils ont décernée à M. de Ruolz. Nous sommes d'autant plus fondé à émettre cette opinion, que, dans une visite faite à M. Dumas,

cations de divers métaux sur zinc qu'on exécute en grand, d'après mes données, dans l'usine de Thierceville.

J'ai pour moi le gouvernement qui, frappé surtout de l'importance des deux questions de la dorure et de l'argenture, m'a accordé la décoration de la Légion-d'Honneur.

J'ai eu enfin pour moi la magistrature[1] qui, à la suite de débats longtemps prolongés et auxquels je ne prenais aucune part, a distingué les bains d'hyposulfites doubles pour l'argenture, que j'avais fait breveter en 1841, sous le nom du premier cessionnaire de mes brevets. Si j'avais pu, si j'avais dû figurer dans cette contestation, j'aurais, je n'en puis douter, obtenu des magistrats une sentence autrement motivée. Je leur aurais montré ce qu'on leur a caché, ce qu'on avait intérêt à leur cacher ; leur impartialité, leur sagacité auraient fait le reste.

Mais aujourd'hui M. Christofle n'est plus seul devant les juges ; j'ai arraché le masque qu'il a mis sur la figure de MM. Elkington, et celui qu'il voulait mettre sur la mienne[2]. En réclamant ce qui m'appartient, j'ai reconnu la propriété des autres inventeurs, de MM. Elkington, de Brugnatelli, de M. de La Rive.

ministre du commerce, M. le ministre a autorisé l'honorable Représentant qui nous accompagnait à dire à la commission d'initiative de l'Assemblée nationale, s'occupant de la proposition de M. Peupin, « qu'il regrettait vivement de n'avoir point connu les « Documents authentiques que nous venions de lui soumettre, et « que, s'il en eût eu plus tôt connaissance, il eût repoussé, comme « elles le méritaient, les prétentions de M. Ruolz, et eût tenu devant « la Commission un tout autre langage. »   C. C.

(1) Vous êtes facile à contenter, M. de Ruolz ; nous n'ambitionnons pas autre chose, quant à nous, qu'un jugement motivé comme l'est l'arrêt Roseleur (Document n° 11) et que vous invoquez en votre faveur.   C. C.

(2) Nous croyons aussi qu'aujourd'hui votre masque est tombé.
          C. C.

Pour moi, ce n'est là qu'une question d'honneur; pour M. Christofle, c'est une question d'ARGENT [1]!

M. Christofle, qui me sait complétement étranger à toute opération commerciale en matière de galvanoplastie, M. Christofle, qui me juge par lui-même, a cru que l'absence d'intérêts pécuniaires me ferait garder le silence et lui laisserait toute liberté d'exercer sur l'industrie parisienne un monopole désormais illicite.

En défendant le commerce [2] contre de telles prétentions, j'ai donc appelé sur moi toutes les colères de M. Christofle, mais rempli un devoir impérieux.

J'attends avec confiance l'arrêt de mes juges.

---

(1) Monsieur, je ne sais pas si vous êtes étranger en ce moment à toute question d'argent dans cette affaire; j'en doute: mais ce que je sais, c'est que vous n'êtes pas indifférent aux questions d'argent. Bien que, dans ce Mémoire que nous réfutons, vous prétendiez que j'ai fait trop durement peser mes droits sur l'industrie, la lettre suivante écrite de votre main, timbrée de la poste du 9 août 1843, démontre que vous provoquiez vous-même les poursuites auxquelles j'étais et je suis encore malheureusement obligé d'avoir recours.

Mercredi 2 heures.

Monsieur,

J'ai la certitude, d'après de nouveaux renseignements, que l'Anglais dont je vous ai parlé s'occupe d'ARGENTURE. Il a eu une audience du roi et CONTREFAIT POSITIVEMENT. Il s'occupe, avec l'aide d'un chimiste, de trouver un tour de main qui ESQUIVE la contrefaçon: il demeure à Neuilly, c'est toujours tout ce qu'on m'a voulu dire, mais c'est un homme HABILE et RICHE. Je crois que peut-être il serait bon d'en écrire à M. Elkington, qui aurait peut-être des renseignements.

Votre bien dévoué,

H. DE RUOLZ.

C. C.

(2) Pour faire connaître au commerce la manière dont MM. de Ruolz et Sainte-Preuve entendent prendre sa défense, nous renvoyons à la Note de la page 234, où il est démontré que ces messieurs provoquent aujourd'hui la ruine de l'industrie de la fabrication des couverts et de l'orfévrerie électrochimique.   C. C.

DEUXIÈME PARTIE.

VIII.

Réponse[1] *aux attaques calomnieuses dirigées contre moi par les auxiliaires de M. Christofle.*

Je pourrais, je devrais peut-être, Messieurs, terminer ici ma défense; et déjà sans doute, parmi les juges auxquels je m'adresse, et dans les tribunaux et dans le monde savant, il en est plus d'un qui, convaincu de mon bon droit par tant de preuves évidentes, n'a pas senti le besoin de me suivre jusqu'ici. Mais tant d'attaques ont été portées, non pas seulement contre mes prétentions à l'invention, mais contre ma bonne foi, contre ma probité, qu'il me faut vous supplier de lire encore ma réponse à ces attaques dictées par une jalousie à laquelle je pardonne, ou par une malveillance systématique et par les calculs d'un intérêt commercial.

M. Christofle, dont je vous ai tout d'abord dit le secret, M. Christofle, qui n'a jamais vu en moi qu'une machine à battre monnaie à son profit, M. Christofle, qui me sacrifie aux Elkington, parce que mon brevet est expiré et que deux des leurs vivent encore, M. Christofle ne spécule pas dès aujourd'hui seulement sur mon déshonneur; il y a longtemps qu'il se préparait à cette audacieuse spéculation; il y a longtemps qu'il songeait aux moyens de me transformer en copiste des Elkington pour le moment où le public viendrait réclamer mon héritage; et comme je l'ai déjà dit, il agissait dans ce sens à partir du jour où, après avoir revendu à ses actionnaires au prix de 500,000 fr. mes brevets qu'il avait achetés 150,000 à M. Chappe, il leur promettait une exploitation privilégiée en France au-delà de mon décès légal, une exploitation prolongée jusqu'en 1855; où il songeait déjà à mettre de côté les perfectionnements que me doit l'électroplastie, à n'exploiter ostensiblement que les procédés Elkington, malgré leurs graves défauts, afin de faire croire

---

[1] Nous voulons rester complétement étranger à cette polémique entre M. de Ruolz, M. Perrot et M. Roseleur.—Pour l'insinuation contenue dans le mot *auxiliaires*, nous renvoyons à la page 57.   C. C.

que je n'avais rien fait, ni de neuf ni d'utile, afin de glorifier les procédés Elkington qui lui faisaient espérer un plus long monopole.

J'étais désormais sans intérêts pécuniaires dans l'exploitation de cette industrie ; mais mon devoir était d'essayer d'abord de détourner M. Christofle de l'accomplissement de ce mauvais dessein, puis de protester contre ces manœuvres, d'en appeler enfin aux sociétés savantes, au gouvernement qui, en faisant la part de MM. Elkington et la mienne, en accordant même à ces messieurs plus qu'une érudition impartiale ne leur en accorde en 1851, avaient cependant constaté entre eux et moi une différence considérable, qui m'avaient reconnu une existence indépendante, distincte de la leur, qui déclaraient que j'avais mieux fait et autrement. Et je fis plus qu'avertir M. Christofle, que protester ; je lui fis l'offre authentique de lui faire restituer l'argent qu'il avait donné pour l'acquisition de mes procédés et d'en reprendre la libre exploitation à mes risques et périls ; lui donnant toute liberté d'en provoquer la déchéance, mais à la charge par lui de se renfermer, aux termes de la loi, dans les descriptions de M. Elkington. Il refusa.

Mon devoir est aujourd'hui de répondre à la mise en cause que m'ont adressée les doreurs-argenteurs de Paris, qui veulent se servir des procédés décrits dans mes brevets expirés, de répondre par une franche reconnaissance de leurs droits, par une justification de ma vie passée de chimiste que M. Christofle veut ternir ; mon devoir est de répondre à ses attaques et à celles des auxiliaires intéressés ou abusés qu'il a trouvés dans certain coin du monde savant et dans la presse.

J'ai, texte en main, prouvé à M. Christofle que je n'avais copié ni M. Henri ni M. Richard Elkington. Il me reste à prouver à ses auxiliaires que je n'ai copié personne autre, et que si, sur quelques points presque tous sans importance aucune, j'ai suivi, dans mes travaux si étendus, des sentiers déjà parcourus, à mon insu, par des devanciers, j'ai toujours du moins marché la tête haute, comme il convient à un honnête homme, et que j'ai reconnu avec empressement cette antériorité partielle de mes prédécesseurs.

Ici je n'ai plus seulement à parler de dorure et d'argenture électriques, car, vous le savez, Messieurs, j'ai embrassé les applications électro-chimiques de presque tous les métaux usuels : du zinc, du cuivre, du platine, du palladium, du nickel, des alliages; et cependant je saurai renfermer ma défense dans un étroit espace. Je vais réunir, en les classant par ordre de matières, les attaques des deux auxiliaires que M. Christofle a trouvés parmi mes concurrents : MM. Roseleur et Perrot.

———

M. Roseleur, chimiste, a été condamné en 1847, à la suite d'une lutte à laquelle j'étais étranger, mais où l'on se servait de mes brevets pour le déclarer contrefacteur; un jugement peut-être sévère, mais devant lequel il faut s'incliner, a dit qu'un brevet pris par lui, pour des bains d'or dissous dans des sulfites de soude et de potasse, n'était qu'un déguisement de mon brevet d'hyposulfites doubles d'argent et de potasse ou de soude; M. Roseleur pressentait ce jugement; il avait peut-être d'autres motifs encore pour s'en prendre plus particulièrement à moi, et il me fit l'honneur de passer en revue, mais en les dénaturant, tous mes brevets, même ceux qui étaient étrangers au procès dans lequel il était engagé; et, ce faisant, il servait merveilleusement les intérêts de M. Christofle qui, dans ce débat, sans ma participation aucune et tout en se servant de mes brevets, agissait seul sur les avocats, sur l'esprit des experts et des magistrats. et voyait avec plaisir étaler, dans les rapports d'expertise, les injures imméritées que m'adressait l'irascible M. Roseleur, injures que je vais qualifier sans rancune, sans passion.

———

M. Perrot, mécanicien estimable, ne pouvait me pardonner d'avoir le premier opéré avec les cyanoferrures, qu'il assurait avoir, lui aussi, employés pour la dorure dans le secret de son logis. M. Perrot ne pouvait concevoir que l'Académie des sciences ne le crût pas sur parole, qu'on ne lût pas le nom de cyanoferrures sur de petits objets mal dorés qu'il avait mis sous les yeux de quelques académiciens de Paris et de quelques académiciens de Rouen. De là la colère de M. Perrot contre moi. La est mon crime.

Un ami intime de M. Perrot, M. Darcis, rédacteur en chef du

Moniteur industriel, devrait aussi être inscrit ici parmi les auxiliaires de M. Christofle qu'il a bruyamment secondé ; mais dans M. Darnis je ne vois que l'organe de M. Perrot. Abusé, entraîné par une vieille amitié pour M. Perrot, il a crié plus haut encore que lui contre l'Académie des sciences et contre moi ; mais enfin il est bien certain que ce nom de Darnis ne signifie que Perrot. Je ne veux donc voir dans la discussion par laquelle se termine ma défense que MM. Roseleur et Perrot, auxiliaires de M. Christofle.

Dans sa diatribe, M. Roseleur a suivi l'ordre de mes brevets ; il y a compris la plupart des attaques de M. Perrot [1]. Examinons donc mot à mot la critique faite par M. Roseleur.

Mon premier brevet, du 19 décembre 1840, qui constatait les premiers pas que, bien novice encore, je faisais dans cet art nouveau, contenait particulièrement le moyen de dorer sur argent, dorure non pratiquée alors par l'industrie parisienne, en déposant d'abord sur l'argent une mince couche de cuivre au moyen de la pile, puis en déposant de l'or sur la couche de cuivre par une immersion dans un bain d'urate potassique que je préparais plus simplement qu'on ne le faisait, dans les opérations semblables au trempé, en Angleterre et en Allemagne. Je me bornais à constater qu'en fait de dorure sur argent j'obtenais ainsi ce que ne pouvait obtenir ni M. Elkington, associé avec M. Elambert, ni M. de La Rive que je prenais comme mon chef de file en fait de dorure à la pile.

M. Roseleur fait fi de ce premier pas, et il a raison, car ce n'est rien à côté de ce que j'ai fait depuis lors. M. Roseleur ne me reproche pas d'avoir ignoré Brugnatelli, Bœttger, et le brevet de dorure

---

(1) Il est, en outre, une attaque de M. Perrot qu'a souvent reproduite M. Darnis dans son journal. J'avais, dans une réponse à M. Perrot, cité des lettres écrites contre ses prétentions par M. Mabrun à deux académiciens. M. Perrot nie l'existence de ces lettres et somme les deux académiciens de les reproduire. Ce débat entre M. Perrot et deux membres de l'Académie qui ne m'ont pas démenti ne me regarde plus. M. Perrot a fait aussi grand bruit d'une date mal donnée par M. Elkington à l'Académie. M. Elkington avait oublié de dire que son brevet de cyanure remontait au 27 septembre 1840, et qu'il m'avait devancé d'un temps plus long que celui qu'a mentionné l'Académie. Qu'importe, puisque j'ai fait toute autre chose, puisque nos brevets originaux étaient sous les yeux de l'Académie et du public. De Ruolz.

ou d'argenture à la pile pris en septembre 1840 par MM. Elkington.
Je ne pourrais donc que remercier ici M. Roseleur s'il ne remplaçait
pas ces critiques, qui eussent été fondées, par une insinuation calom-
nieuse que je signale avec mépris aux honnêtes gens. *Au 19 décembre*, dit-il, ON *ne songeait pas aux cyanures ni aux autres sels
alcalins! Le* Mechanic's Magasine *ne faisait que de paraître!*

Je réponds à M. Roseleur qu'alors même que je ne serais pas assez
riche de mes inventions pour n'avoir pas besoin de me parer de celles
des autres, alors même que je n'aurais pas dépassé bien des concurrents, y compris M. Roseleur, comme on le verra plus loin, je ne
serais certes pas assez simple, on me l'accordera, pour m'inscrire
en pure perte, sans motif aucun, au ministère du commerce, à la
suite d'autres brevetés, ou pour y déposer des copies de journaux
anglais que tout le monde peut lire au Conservatoire des Arts et
Métiers et dans dix autres bibliothèques, assez simple pour provoquer moi-même un débat public, en pleine académie, sur ces inventions que j'aurais copiées.

La colère aveugle évidemment M. Roseleur, et je serais en droit
de lui dire : Vous ne me supposez, sans motif, capable d'une mauvaise et sotte action que parce que vous l'auriez commise vous-
même si le cas s'était présenté. Mais il est des grossièretés venant
d'un défaut d'éducation qu'il suffit de relever pour qu'on soit vengé
de leurs auteurs.

Mon brevet du 17 juin 1841 constate des perfectionnements essentiels dans l'art de la dorure et de l'argenture, que M. Roseleur
dissimule traîtreusement ou qu'il attribue menteusement à d'autres
en falsifiant sciemment des dates.

Ainsi, il tait mon nouveau cuivrage sur argent par les chlorures
de cuivre et d'or avant la dorure sur argent. Il tait la substitution
de la pile complète aux simples couples, confondus avec le bain,
usités jusqu'alors par de La Rive et Elkington ; par le premier à
ma connaissance, par le second à mon insu. Brugnatelli avait, lui
aussi, et avant moi, employé une pile à plusieurs couples, mais
M. Roseleur l'ignorait alors comme moi, comme l'Académie des
sciences ; et s'il eût su que ce progrès appartenait à Brugnatelli,
il n'aurait pas manqué de me dire, avec ce ton méprisant d'in-
sulteur que nous lui connaissons, que j'avais volé Brugnatelli.

M. Roseleur donne à Smée, l'auteur d'un traité de galvanoplastie, publié en anglais et hors de France, l'idée de l'emploi d'une pile séparée du bain de dorure ou d'argenture, et il copie M. Perrot, il cite *l'intéressante brochure de M. Perrot*. Mais MM. Perrot et Roseleur ont menti audacieusement à l'Académie, à la justice et au public en déclarant que le livre de Smée est de 1840. Ce livre, dont il est à Paris des exemplaires, porte la date de 1841 ; les catalogues de la librairie anglaise n'en parlent qu'en 1842 ; rien donc ne prouve que ce livre étranger, qui n'a été traduit en français qu'en 1843, ait paru avant le dépôt de mon brevet. Je ne dis cela que pour faire apprécier aux honnêtes gens la manière des auxiliaires de M. Christofle ; car je rappelle à ces messieurs les insulteurs que c'est à Brugnatelli qu'appartient aussi cette idée de la séparation de la pile et du bain, *comme je le sais depuis quelques jours* [1], et si j'ai découvert de mon côté les graves inconvénients que produisait le placement du bain dans le vase tenant à la pile simple de M. de La Rive, je reporte tout l'honneur de cette trouvaille au savant professeur de Pavie ; il m'en reste assez d'autres. M. Roseleur se tait également sur cette loi par moi posée de la nécessité de n'employer qu'un dissolvant inoffensif, sensiblement pour le corps à dorer, loi qui ne s'applique pas seulement au cyanure simple de M. Elkington, mais qui m'a fait découvrir beaucoup d'autres bains avantageux. Il supprime par conséquent mon bain de cyanure d'or dans le cyanure de potassium, bain si différent au bain de chlorure d'or dans le cyanure de potassium, le seul qu'Elkington ait réellement employé. Il supprime, avec plus de perfidie encore, mes bains de cyanures doubles, mentionnés par moi dès cette époque de juin 1841, et dans lesquels j'avais déjà reconnu une fixité plus grande que dans les cyanures. M. Roseleur attribue à Smée, en altérant encore la date de son livre, l'introduction, dans l'art nouveau, de diverses dispositions destinées, comme l'amalgamation des zincs des piles, à rendre constant l'effet de celles-ci. Après avoir relevé ces fautes, ces omissions volontaires de MM. Roseleur et Perrot, il ne m'en coûtera pas, on le comprend, de redire ici ce que j'ai dit ailleurs sur l'antériorité de M. Elkington en fait de cyanures simples.

Qui ne sait qu'à cette époque (1841) la recherche des brevets

---

[1] Oh! M. de Ruolz ; c'est par trop audacieux, un pareil langage! Oui, c'est vraiment trop fort !

anciens était beaucoup plus difficile et infiniment moins usitée qu'aujourd'hui?

Et d'ailleurs est-il beaucoup de brevets, même de ceux pris en 1851, qui n'offrent pas quelques points de contact avec le passé? Qui peut se flatter de savoir ce passé si étendu, si riche, si peu connu de l'industrie? MM. Roseleur et Perrot peut-être! Ce sont de si profonds érudits!

———

Mon brevet du 27 août 1841 indique les proportions du bain de cyanure double d'or et de potassium, ou d'argent et de potassium; l'honnête M. Roseleur écrit tout simplement dans sa revue diffamatoire: « *Cyanure, changement de proportion*, » afin, comme ci-devant, de laisser croire que je n'ai rien changé au cyanure simple d'Elkington. Je rends la dorure et l'argenture sur fer, sur acier, zinc, plomb, étain, possible, durable, par un cuivrage préalable, mince, au moyen d'un bain de cyanure de cuivre dissous dans du cyanure de potassium, bain cent fois supérieur au bain de sulfate de cuivre que M. R. Elkington emploie dans la même intention; M. Roseleur se tait aussi sur cette différence essentielle. Je crée la dorure électrique à ton rouge par l'addition du cuivre dans le bain de dorure; M. Roseleur donne encore cela, au moyen de son changement de date, à M. Smée qui d'ailleurs a employé un tout autre bain. Je dépose du cobalt, du nickel sur cuivre, sur laiton, sur bronze; M. Roseleur les escamote lestement.

———

Mon brevet du 27 septembre 1841 indique un certain nombre de bains de dorure, d'argenture, nouveaux, efficaces, au nombre desquels sont les cyanures d'or ou d'argent dans les cyanoferrures, des bains pour le zincage du fer, du bronze, du laiton, des bains de platinage du fer, de l'acier, du cuivre, du laiton, du bronze, de l'argent, de l'étain. M. Roseleur les supprime avec le sans-gêne que nous lui connaissons, et, s'attaquant aux seuls cyanoferrures, il dit, dans l'intérêt de M. Christofle, que ce sont là les prussiates Elkington, et il ajoute que M. Elkington s'est réservé les prussiates solubles ou les sels analogues. Ainsi il confond non-seulement les cyanures proprement dits ou les prussiates simples avec les cya

nures doubles ou les prussiates doubles, mais encore il confond
mon bain de cyanure d'or dans un cyanoferrure de potassium avec
le bain de chlorure d'or dans le cyanure simple d'Elkington ; c'est
de plus en plus fort ! Malheureux M. Roseleur ! il se rend, lui
aussi, responsable de la singulière interprétation faite par M. Christofle et par ses agents du texte des brevets Elkington ! Le ridicule
de cette traduction retombe donc sur MM. Christofle et Roseleur
tout à la fois ; qu'ils relisent donc ensemble la critique qu'ils m'ont
obligé de faire de ce texte ; qu'ils apprennent tous deux à rédiger
nettement, franchement un brevet; qu'ils apprennent à nommer
les substances chimiques avec exactitude, à ne plus confondre et
les noms et les effets différents de ces substances.

Mon brevet du 29 septembre 1841 donne un nouveau bain de
platinage ; M. Roseleur le passe encore à Smée, grâce à son millé-
sime antidaté, et en changeant mon chlorure double de platine et
de potassium contre du chlorure de platine simple. De trois nouvelles solutions d'or, il en escamote deux, et il donne la troisième
à Elsner de Berlin ; comme M. Perrot, il attribue à Smée mon étamage par le protochlorure d'étain dans la soude, et mon zincage
par le sulfate de zinc et le chlorure de sodium ; toujours en anti-
datant l'édition de Smée et en changeant ces deux bains pour ne
faire ceux de Smée !

Mon brevet du 30 décembre 1841 énonce six bains pour l'argenture, dans lesquels l'hyposulfite de soude dissout divers composés
d'argent ; M. Roseleur, d'accord avec M. Perrot, les transforme en
hyposulfites simples d'argent et les donne encore à Smée, en anti-
datant de nouveau sa publication. Ce même brevet mentionnait un
cuivrage par du carbonate de cuivre dans un bicarbonate de
soude ou de potasse ; un plombage sur cuivre et laiton par le protoxyde de plomb dissous dans la potasse ou la soude ; un autre
cuivrage du fer par le sulfate de cuivre dans l'hyposulfite de
soude ; un autre cuivrage du fer et de l'étain par le nitrate de cuivre dissous dans le même hyposulfite. etc., etc. M. Roseleur, fidèle

à ses habitudes, efface tout cela. Pauvre monsieur Roseleur ! quel
cas faites-vous donc de votre réputation, et que vous ai-je fait pour
me dénigrer, pour me caricaturer ainsi, sans esprit, sans talent,
sans même attraper ma ressemblance ?

—

Mon brevet du 4 février 1842 contient sept bains de zincage. Or,
quelques jours auparavant, M. Sorel avait écrit, le 31 janvier, à
l'Académie, qu'il avait substitué à mes cyanures alcalins, pour le
zincage, du sulfate et du chlorure de zinc ; j'avais répliqué, le 7 février, que je possédais aussi, de mon côté, nombre de solutions
plus économiques que les cyanures ; j'avais déclaré que ces solutions entraient dans des brevets non publiés par moi, inconnus par
conséquent de M. Sorel ; et, en effet, mes bains étaient : chlorure
de zinc et sel marin, chlorure double de zinc et de sodium, chlorure de zinc et d'ammoniaque, etc., etc. M. Roseleur joue l'indignation, il crie au scandale, il déclare que je me suis emparé des
idées de M. Sorel dans l'intervalle d'une séance à l'autre. Pauvre
monsieur Roseleur ! vous comptiez sur la crédulité du public, vous
vous disiez que je mépriserais vos calomnies, que je n'y répon-
drais que par un silence dédaigneux. Eh bien ! non ; je descends
jusques à me défendre, parce qu'il reste toujours quelque chose de
la calomnie et que je veux qu'il en reste le moins possible, même
venant de vous, mon pauvre monsieur Roseleur ! Et je recom-
manderai au prote de bien copier vos exclamations, de réimprimer
ici ces trois mots à effet de votre libelle : LISEZ ! VÉRIFIEZ !
JUGEZ ! ! !

Mais la fatigue et le dégoût me gagnent, j'ai hâte de sortir de ce
bourbier de mensonges et d'injures, et je demande la permission,
pour abréger, de réduire à quelques mots disposés en tableau, à
côté des attaques, les quelques réponses qui me restent à faire à la
diatribe de M. Roseleur :

DÉSIGNATIONS incomplètes et inexactes de mes bains par M. ROSELEUR	SUITE DES ASSERTIONS de M. ROSELEUR.	SUITE DE MES RÉPONSES.

Brevet du 8 août 1842.

Bronzage.	Il est à M. Becquerel.	M. Becquerel a déclaré lui-même que j'avais tout le mérite d'avoir, le premier, d'une manière industrielle, déposé des ALLIAGES métalliques sur d'autres métaux ; par exemple en prenant : cyanure de potassium, cyanures de cuivre, de l'oxyde d'étain dans les proportions convenables pour des bouches à feu.

Brevet du 6 décembre 1842.

Chlorure de platine et d'ammoniaque.	Est à Smée.	Encore le faux Smée ; d'ailleurs j'ai dit chlorure DOUBLE dans l'acide chlorhydrique.
Chlorure de nickel.	Est à Smée.	J'ai dit cyanure ; encore le faux Smée de 1840.
Chlorure de cobalt et d'ammoniaque.	Est à Smée.	J'ai dit chlorure dissous dans un excès d'ammoniaque ; encore le faux Smée.
Mat à l'aide des acides composés	Est à MM. Bédier et Simon.	Ce détail appartenait à tout le monde ; je n'en ai parlé que comme d'un détail de manipulation.

Brevet du 17 décembre 1842, pris par M. Christofle sous mon nom.

Electrotypie. préparation des moules avec la plombagine.	Est à MM. Roquillon, Jacobi, Spencer.	M. Christofle, possesseur de mes brevets acquis de M. Chappée, mon premier cessionnaire, a fait cette demande ; je ne réclame rien de tout cela [1].

(1) Ah ! M. de Ruolz, vous parlez de dégoût ! N'en dois-je pas être abreuvé d'être obligé à chaque pas de relever vos mensonges ?

Eh bien, ce brevet que vous m'attribuez, l'original est au Conservatoire, *corrigé de* VOTRE MAIN !!!

Eh bien, *tous* les autres brevets, pris par nous, sont tous émanés de vous. Vous faites aujourd'hui le choix de ceux qui vous conviennent ; vous repoussez ceux qui vous gênent, et notamment celui du 25 février 1845, que vous citez ci-dessus, parce que ce brevet est trop compromettant pour vous, en ce que vous y réclamiez comme votre propriété : « toutes les combinaisons doubles obtenues « par la réaction d'un sel ou oxyde d'or et d'argent ; sur la solution d'un sel

Brevet du 12 janvier 1843, pris par M. Christofle
sous mon nom.

Nitrate de mercure.	Pris chez Picard.	Cette demande a été faite sur les instances de M. Christofle lui-même qui tenait à l'emploi du mercure et qui a, de fait, réintroduit cette substance dangereuse dans la dorure et dans l'argenture, malgré moi. Il n'a vu là qu'une modification au bain de trempé à lui cédé par M. Elkington; ce nitrate de mercure est depuis des siècles dans le domaine public.

Brevet du 4 février 1843 intitulé : modifications dans la dorure
par immersion, pris par M. Christofle sous mon nom.

Eau régale et bicarbonate de potasse; emploi de la pile, son application au bain alcalin.	Ce titre est un mensonge et une dissimulation : C'est à Elkington, c'est à Ockecki, etc., etc.	Il y a : Acide sulfurique, plus eau régale, plus bicarbonate de potasse; et, comme l'acide rend le bain plus conducteur pour la pile, c'est, en effet, une modification utile au bain Elkington appartenant à M. Christofle.

Brevet du 25 février 1845, pris par M. Christofle.

Cyanate, bromate, iodate, sulfocyanure de potassium.	Pris à Zalesky.	Ce brevet a été pris à le demande de M. Christofle qui ne voulait pas permettre qu'on touchât au cyanogène dont il faisait sa propriété, et pour les besoins de sa cause dans son procès contre Zalesky.

M. Roseleur termine ainsi sa diatribe : *Il est donc vrai de dire que M. de Ruolz n'a rien inventé!...* Le public équitable lui répondra qu'en effet je n'ai pu inventer beaucoup de procédés qu'il me prête, que j'en ai inventé beaucoup d'autres qu'il n'a pas compris, et j'ajouterai que je lui laisse surtout l'invention de la calomnie poussée à ce degré d'audace.

« formé par un alcali et un acide quelconque à radical de cyanogène, à savoir :
« les cyanurates, les cyanilates, les paracyanilates, les cyanates, les sulfocyan-
« hydrates (sulfocyanures) et les mellonhydrates (mellonures alcalins) : nous y
« joindrons même, pour plus de clarté, les dissolutions mixtes de chlorure et
« cyanate, bromure et cyanate, iodure et cyanate, que l'on obtient par la
« réaction des alcalis sur le chlorure, le bromure et l'iodure de cyanogène; »
et que vous pressentez que vous allez être obligé de reconnaître que toutes ces
combinaisons du cyanogène ont été brevetées par M. Elkington.   C. C.

Un dernier mot à M. Roseleur, malgré la répulsion douloureuse
que me fait éprouver ce nom chaque fois que le trace ici ma plume
fatiguée : Vous avez, Monsieur, fait grand bruit, à une certaine
époque, de certains bains de phosphates pour la dorure, bains par
vous brevetés le 11 septembre 1845, et qui étaient votre premier
titre de gloire ; mais les experts vous en ont refusé la jouissance
lors de votre fameux procès. Eh bien ! j'avais, avant vous, essayé
les phosphates, mais j'avais vu qu'ils ne convenaient qu'au platinage que, précisément, vous avez négligé, et mon travail est
encore entre les mains de M. Chevreul qui en avait bien voulu
accepter le dépôt cacheté, ainsi que l'annonce le compte rendu des
séances de l'Académie des sciences en date du 29 décembre 1845.

Ce travail se termine par la description d'un bain de platinure à
couches épaisses qui réussit à merveille et que je donne aujourd'hui
au public. Mon bain est composé de dix parties de phosphate de
potasse (ou de l'équivalent en phosphate de soude) dissous dans
cent parties d'eau à la température de l'ébullition et en remplaçant
l'eau évaporée par autant de chlorure double de platine et de
potassium que possible. Ce platinage à la pile peut s'opérer à froid
ou à chaud, mais une température voisine de 50° est préférable. Je
le répète, ce mode de platinage est excellent ; il pourra rendre de
grands services en faisant pénétrer les vases platinés à bon marché
dans la vie usuelle ; il rendra plus de services encore dans les
laboratoires des chimistes, dans ceux des pharmaciens, dans
certains établissements industriels.

Je n'ai plus, Dieu merci, pour achever cette défense qu'à réfuter
une attaque de M. Perrot, que M. Roseleur a oublié, le croirait-
on ? d'inscrire sur sa liste. M. Perrot m'a accusé, et m'a fait accuser
plusieurs fois par son ami, M. Darnis, d'avoir pris mes bains de
sulfures d'or et d'argent à M. Louyet, de Bruxelles. Mais M. Perrot
n'a pas mieux réussi cette fois que les autres en me calomniant.
En effet, le bain de M. Louyet et le mien sont bien différents. Je
dissous mon sulfure d'or dans le sulfure neutre de potassium, tandis
que M. Louyet emploie comme dissolvant le cyanure de potassium.
Mais, d'ailleurs, M. Louyet, qui habite un pays étranger, et qui
n'avait aucune relation avec moi, s'est exprimé ainsi dans une

lettre écrite à l'Académie : « MM. Elkington et de Ruolz , d'après
la date de leurs travaux, peuvent réclamer incontestablement la
priorité sur moi. Je tiens seulement à ne pas être soupçonné de
plagiat. »

M. Perrot se serait évité ce démenti donné par un savant dont il
se faisait le mandataire, s'il eût étudié la question. Mais M. Perrot ne
raisonnait plus ; il était, comme Roseleur, emporté par la jalousie,
par la colère. Je puis, à présent, lui pardonner.

L'exposé simple, net, des faits que M. Roseleur et lui avaient dé-
naturés, a suffi pour prouver que j'ai toujours agi loyalement, pour
justifier les récompenses que j'ai obtenues ; je suis donc vengé de
leurs calomnies.

IX.

CONCLUSION.

Après avoir établi, dans la première partie de ce
Mémoire, que mes procédés de dorure et d'argenture par les bains autres que les cyanures simples de
MM. Elkington sont dès à présent dans le domaine public, j'ai prouvé, dans cette seconde partie, en répondant même aux ridicules attaques des auxiliaires de
M. Christofle, que ces bains avaient été légitimement
brevetés par moi ; j'ai prouvé que, grâce à mes travaux, l'art de la dorure et de l'argenture est peut-
être enfin délivré de l'emploi funeste du mercure et
de celui de ces cyanures simples , poisons plus dangereux encore, dont l'autorité pourrait aujourd'hui
purger le commerce français ; j'ai prouvé que j'ai doté
notre industrie des moyens de déposer électriquement
les métaux usuels et même leurs alliages SUR D'AUTRES
MÉTAUX.

En vengeant mon honneur attaqué, j'ai vengé celui des sociétés savantes et du gouvernement, qui m'ont récompensé.

Ma tâche est donc remplie.

H. DE RUOLZ [1].

(1) À cette conclusion finale de M. de Ruolz, nous répondons que. de notre côté, nous avons démontré par des dates et des faits irrécusables, et non par des faits tronqués et des dates faussées, que MM. Elkington sont les inventeurs sérieux ; que M. de Ruolz a pu, 8 mois et 18 jours après, modifier, perfectionner même (ce que nous contestons) les procédés de fabrication et les proportions indiquées par MM. Elkington, mais qu'aux termes de la loi il n'a pas les droits d'inventeur;

Que, pendant l'existence des brevets de M. de Ruolz, M. Elkington n'aurait pu se servir des perfectionnements indiqués par M. de Ruolz, s'ils eussent existé : mais qu'en aucun cas, pendant qu'existeront les brevets de M. Elkington, ni M. de Ruolz. ni le domaine public, ne pourront se servir de son invention, si clairement et si nettement spécifiée et caractérisée dans ses brevets, et ce en vertu de l'art. 19 de la loi du 5 juillet 1844.   C. C.

DOCUMENT N° 17.

OPINION

DE MM. BALARD, PAYEN, PÉLIGOT, PELOUZE ET FRÉMY

SUR L'INVENTION DE MM. ELKINGTON.

LETTRE DE M. BALARD.

Paris, le 11 août 1846.

Monsieur,

J'ai analysé le bain de dorure dont vous avez, il y a quelque temps, provoqué la saisie. Il ne contient ni carbonate, ni cyanure, mais j'y ai trouvé des phosphates et des sulfates alcalins. Il est probable que ces sulfates avaient été introduits originairement dans la liqueur sous la forme de sulfites. Quoi qu'il en soit, ces essais prouvent que la liqueur aurifère n'est pas celle qui est plus habituellement employée par M. Elkington, non plus que celle qu'a conseillée M. de Ruolz; mais que c'est bien la liqueur pour la dorure brevetée par M. Roseleur.

Vous me demandez quelle est mon opinion sur le plus ou moins de similitude qui existe entre cette liqueur et celles qui avaient été antérieurement brevetées par M. Elkington. Je n'ai, pour répondre à cette question, qu'à vous répéter en quelque sorte ce que je dis publiquement chaque année dans mon cours, ce que disent certainement de leur côté les autres professeurs qui ont à tracer l'histoire de cette industrie nouvelle et déjà si importante, à laquelle votre concours est venu communiquer une nouvelle impulsion.

On connaissait avant Elkington les lois de la précipitation des métaux les uns par les autres ; on n'ignorait pas celles qui régissent les décompositions électro-chimiques ; et cependant les essais de dorure par la voie humide, soit au trempé, soit à la pile, n'avaient eu aucun succès. C'est qu'on n'avait fait usage que de liqueurs aurifères acides, susceptibles d'altérer, de noircir le métal à dorer, incapables de neutraliser le corps électro-négatif que la décomposition électro-chimique met sans cesse en liberté. Pour changer tout cela, pour transformer ces essais encore informes en produits acceptés par le commerce, pour substituer une industrie nouvelle et complète à ces premiers tâtonnements, *il a suffi à M. Elkington de mettre en pratique l'idée simple et féconde de remplacer les dissolutions acides par les solutions d'or à réaction alcaline.* Au moyen de cette substitution, les inconvénients attachés à l'emploi des dissolutions ordinaires de chlorure d'or disparaissent entièrement : les métaux réagissent moins énergiquement sur la liqueur aurifère ; celle-ci ne les noircit pas ; enfin, les corps mis en liberté dans la décomposition électro-chimique entrent en combinaison et ne peuvent plus altérer la dorure déjà obtenue.

Ce qui caractérise essentiellement la liqueur Elkington, c'est donc l'alcalinité de la liqueur. Que cette réaction alcaline soit due à la potasse ou à la soude, à ses bases libres ou combinées, à un carbonate à réaction alcaline, ou à un phosphate, à un sulfite, à un borate ayant la même réaction et la même aptitude pour neutraliser les acides forts, pour absorber le chlore, etc., je ne vois là que le bain Elkington. Or, la liqueur de M. Roseleur possède une forte réaction alcaline; c'est à cette propriété qu'elle doit de pouvoir être employée avec succès pour la dorure. Je n'hésite donc pas à la regarder comme une simple variété de celles pour lesquelles M. Elkington avait été breveté antérieurement à M. Roseleur, et à considérer les procédés que celui-ci cherche à faire prévaloir comme une imitation de ceux qui sont depuis longtemps mis en pratique et qui du reste avaient fourni au commerce tant et de si beaux produits, avant que M. Roseleur s'occupât d'arriver aux mêmes résultats au moyen de la composition nouvelle pour laquelle il a été breveté.

Je vous prie, Monsieur, d'agréer l'expression des sentiments de considération très distinguée de votre très humble et obéissant serviteur.   *Signé :* BALARD.

———

LETTRE DE M. PAYEN.

Paris, le 20 août 1846.

Monsieur,

J'ai pris connaissance de l'avis ci-contre de M. Balard, et je partage complétement son opinion.

J'ajouterai qu'en supposant même (ce qu'on ne saurait juger *à priori*) que la substitution des sulfites ou phosphates alcalins fût avantageuse, ce ne serait encore qu'un

perfectionnement, et à ce titre M. Roseleur n'en pourrait faire usage qu'après l'expiration du brevet principal.

Veuillez agréer l'assurance de ma considération la
plus distinguée.

Signé: PAYEN.

LETTRE DE M. PÉLIGOT.

21 août 1846.

Monsieur,

J'ai pris connaissance de votre Mémoire adressé à
MM. les experts Chevallier, Henry et Barral, et de la
lettre de M. Balard dont vous m'avez donné communication.

Je partage sur tous les points les opinions de mon
savant collègue. Je pense comme lui que c'est à la faveur
de leur tendance alcaline que les dissolutions de M. Roseleur doivent la propriété de dorer et d'argenter. Les
résultats qu'il obtient avec les phospates de potasse ou
de soude prouveraient seulement, à mon avis, que
l'acide phosphorique est un acide un peu plus faible
qu'on ne suppose généralement. Quant aux sulfites, leur
caractère alcalin est admis par les chimistes. Je ne vois
point d'ailleurs quelle difficulté pourrait présenter cette
affaire, puisque M. Elkington réserve dans ses brevets,
avec une prudence qui m'avait paru un peu trop grande
jusqu'à ce jour, mais qui se trouve désormais justifiée,
l'emploi de sels autres que les carbonates, savoir : les
muriates, sulfates, nitrates et borates. Il est évident pour
moi que le nom du sel importe beaucoup moins dans la
circonstance actuelle que sa tendance chimique, et, sous
ce rapport, personne n'hésitera à placer les sulfites et les

phosphates entre les carbonates et les sulfates. En outre, M. Elkington se réserve, dans une autre addition de brevet, l'emploi de tous les sels alcalins, et il entend par ces mots les sels dont la base est un alcali, quand même ils seraient neutres par leurs réactions chimiques, puisqu'il les rapproche des muriate et nitrate d'ammoniaque.

Telles sont, Monsieur, les réflexions qui me sont suggérées par la lecture des documents que vous avez mis sous mes yeux.

Recevez, je vous prie, l'assurance de ma considération très distinguée.

Signé : Eug. PÉLIGOT.

LETTRE DE M. PELOUZE.

Paris, le 21 septembre 1846.

Monsieur,

Les considérations développées dans la lettre de M. Balard, acceptées par MM. Payen et Péligot, me paraissent être de la plus parfaite exactitude. Je pense avec mes trois collègues que, d'une part, la propriété essentiellement caractérisque des liqueurs de M. Elkington réside dans leur alcalinité, et que d'une autre part les sulfites et les phosphates étant eux-mêmes des sels alcalins, l'emploi de ces sels ne saurait constituer une invention nouvelle.

Agréez, Monsieur, l'assurance de ma considération la plus distinguée.

Signé : PELOUZE.

LETTRE DE M. FRÉMY.

Monsieur,

Les principes posés par MM. Balard, Payen, Péligot
et Pelouze me paraissent incontestables, et je partage
complétement leur opinion. *Pour moi, la véritable invention de M. Elkington consiste dans l'emploi de liqueurs
non acides, incapables d'altérer le métal à dorer.*

Les dissolutions de M. Elkington *comprennent donc
toutes celles dans lesquelles les propriétés acides du chlorure d'or*[1] sont masquées par la présence d'un alcali
ou d'un sel alcalin.

______

(1) Ce que dit ici M. Frémy sur la généralité de l'invention de
l'invention de M. H. Elkington consistant à avoir trouvé le moyen
de masquer les propriétés acides du chlorure d'or est précisément le
point de départ du premier brevet de M. de Ruolz. M. de Ruolz,
après avoir rapporté le procédé de M. de La Rive, dorant dans le
chlorure d'or neutre, s'exprime ainsi (*Voir* son brevet complet,
page 248) :
« Les inconvénients qui paraissent avoir empêché l'application
« industrielle de cet ingénieux procédé sont ceux-ci : Il est diffi-
« le d'obtenir à l'état complétement neutre la dissolution de chlo-
« rure d'or, dans laquelle on plonge l'objet à dorer, et d'ailleurs il
« est évident qu'à chaque molécule d'or qui se dépose sur l'argent,
« la partie d'acide qui tenait cet or en dissolution, devenant libre,
« attaque les points non encore recouverts d'argent, les ternit et
« empêche l'or d'y adhérer. »
M. H. Elkington avait résolu le problème posé par M. de Ruolz,
le 29 septembre 1840 pour la dorure et l'argenture par la pile,
en 1836 pour la dorure par immersion. Le même problème était
posé par M. de Ruolz le 17 juin 1841, mais alors seulement il était
résolu pour ce dernier.
« 1° Il fallait trouver une combinaison d'or dont l'élément élec-
« tro-négatif fût sans action possible sur le métal à dorer.
« 2° Il fallait que cette combinaison fût soluble dans un liquide
« qui lui-même ne pût exercer sur ce métal aucune action. Ayant
« vu par l'expérience, ainsi que me l'indiquait la théorie, que le
« cyanogène, ni l'acide hydrocyanique, ni la potasse, ni le cyanure
« de potassium n'exerçaient sur l'argent aucune action. j'ai conclu

Je vous prie, Monsieur, de recevoir l'assurance de ma considération la plus distinguée.

Le 5 novembre.

« *Signé :* E. FRÉMY. »

« que la combinaison cherchée était le cyanure d'or et que le dis-
« solvant de cette combinaison était le cyanure de potassium. »

M. de Ruolz donne donc, comme solution du problème, l'emploi du cyanogène, de l'acide hydrocyanique, de la potasse, du cyanure de potassium. Qu'il ne vienne donc plus dire que l'alcalinité n'est d'aucune utilité.   C. C.

DOCUMENT N° 18.

NOTE COLLECTIVE

DE MM. BALARD, CAHOURS, FRÉMY, PAYEN, PÉLIGOT ET PELOUZE.

M. Elkington a créé un art nouveau en remplaçant la dorure au mercure par les procédés de dorure au trempé et à la pile.

Personne, avant lui, n'était arrivé à dorer industriellement dans des dissolutions à base de potasse ou de soude.

L'emploi des sels suivants, pour la dorure, constitue une seule et même invention :

Chlorure d'or et prussiate de potasse ou de soude ;

Chlorure d'or et pyrophosphate de potasse ou de soude ;

Chlorure d'or et sulfite ou HYPOSULFITE *de potasse ou de soude* [1] *;*

Chlorure d'or et borate de potasse ou de soude;

---

(1) Ainsi : d'une part, chlorure d'or et prussiate de potasse ou de soude ;

D'autre part, chlorure d'or et hyposulfite de potasse et de soude, Se sont deux dissolutions qui constituent une seule et même invention, suivant MM. Balard, Cahours, Frémy, Payen, Péligot et Pelouze.

C'est la thèse que nous avons constamment soutenue. C. C.

Et, d'une manière générale, chlorure ou oxydes d'or, alcalis et sels alcalins.

L'emploi de tous ces sels pour la dorure forme une seule et même invention.

Les procédés de M. Elkington, pour l'argenture, ont aussi donné naissance à une industrie nouvelle.

Son invention repose sur l'emploi de dissolutions d'argent mêlées avec des sels à base de potasse ou de soude, tels que le prussiate de potasse ou de soude, l'hyposulfite et le sulfite de potasse ou de soude, etc.

Les sulfites et les hyposulfites de potasse ou de soude présentent beaucoup d'analogie dans leurs propriétés générales, particulièrement dans leur mode d'action sur les sels d'argent et sur les corps qui peuvent être mis en liberté dans la composition, par la pile, des dissolutions d'argent; dans l'art de l'argenture, ils s'équivalent les uns aux autres, et remplissent exactement le même rôle.

Paris, le 17 janvier 1848.

Signé : BALARD, CAHOURS, FRÉMY, PAYEN, PÉLIGOT, PELOUZE.

DOCUMENT N° 19.

EXTRAIT

DES DIVERSES OPINIONS ÉMISES PAR LES SAVANTS QUI SE
SONT OCCUPÉS, SOIT JUDICIAIREMENT, SOIT SCIENTIFI-
QUEMENT, DE L'INVENTION DE MM. ELKINGTON.

Ainsi, les questions fondamentales à examiner sont,
aux termes mêmes du brevet, la substitution de la dorure
par immersion dans une dissolution alcaline d'or à la
dorure au mercure. C'est dans les limites de cette question que doit être circonscrite la discussion ; elle est, en
effet, la base du brevet ; tout le reste est purement ac-
cessoire et dans le domaine public. Nous ne pouvons
donc accepter aucune espèce de discussion hors de cette
question, quelque effort qu'on fasse pour l'y porter ;
elle est non-seulement inutile dans l'intérêt de la vérité, que nous devons chercher à faire ressortir, mais
elle aurait le grave inconvénient de l'obscurcir par un
entourage confus de nombreuses inutilités et peut-être
même, sans le vouloir, de trompeuses subtilités.

*(Rapport de MM. Gay-Lussac et Gaultier de Claubry;
1ʳᵉ affaire, Simon, Bedier, Charlot.)*

Ce qui caractérise essentiellement la liqueur Elkington, c'est donc l'alcalinité de la liqueur. Que cette réaction alcaline soit due à la potasse ou à la soude, à ces
bases libres ou combinées, à un carbonate à réaction
alcaline, ou à un phosphate, à un sulfite, à un borate
ayant la même réaction et la même aptitude pour neutraliser les acides forts, pour absorber le chlore, etc.,
je ne vois là que le bain Elkington. Or, la liqueur de
M. Roseleur possède une forte réaction alcaline; c'est
à cette propriété qu'elle doit de pouvoir être employée
avec succès pour la dorure. Je n'hésite donc pas à la
regarder comme une simple variété de celles pour lesquelles M. Elkington avait été breveté antérieurement
à M. Roseleur.

(Extrait de la lettre de M. Balard, membre
de l'Institut; 11 août 1846.)

J'ai pris connaissance de l'avis ci-contre de M. Balard,
et je partage complétement son opinion.

J'ajouterai qu'en supposant même (ce qu'on ne saurait juger même *à priori*) que la substitution des sulfites
ou phosphates alcalins fût avantageuse, ce ne serait encore qu'un perfectionnement, et à ce titre M. Roseleur
n'en pourrait faire usage qu'après l'expiration du brevet
principal.

(Lettre de M. Payen, membre de l'Institut;
20 août 1846.)

Il est évident pour moi que le nom du sel importe
beaucoup moins dans la circonstance actuelle que sa
tendance chimique.

(Lettre de M. Péligot, professeur au Conservatoire,
à l'École centrale, etc.; 20 août 1846.)

Je pense que, d'une part, la propriété essentiellement caractéristique des liqueurs de M. Elkington réside dans leur alcalinité, et que, d'une autre part, les sulfites et les phosphates étant eux-mêmes des sels alcalins, l'emploi de ces sels ne saurait constituer une invention nouvelle.

(Extrait de la lettre de M. Pelouze, membre de l'Institut ; 21 septembre 1846.)

Pour moi, la véritable invention de M. Elkington consiste dans l'emploi de liqueurs non acides incapables d'altérer le métal à dorer. — La dissolution de M. Elkington comprend donc toutes celles dans lesquelles les propriétés acides du chlorure d'or sont masquées par la présence d'un alcali ou d'un sel alcalin.

(Lettre de M. Frémy, professeur à l'École polytechnique ; 5 novembre 1846.)

Vous me demandez si ces mots : « ou un sel analogue, » mis à côté des expressions : « ou un prussiate quelconque soluble,» n'annoncent pas clairement que ce sel est alcalin et qu'il doit neutraliser les acides qui se trouvent en excès dans les dissolutions métalliques. Cela ne me paraît pas douteux.

(Lettre de M. Orfila, doyen de la Faculté de médecine; 20 juin 1845.)

Dans le procédé Elkington, il y a une très grande innovation ; c'est la substitution d'un bain d'or alcalin à un bain acide qui, agissant avec trop d'énergie sur le cuivre, détermine une précipitation tumultueuse de l'or, tandis qu'avec la première, le dépôt se faisant régulièrement, les molécules obéissent à la force d'agrégation et

forment une couche d'or qu'on peut obtenir en dissolvant le cuivre lentement dans l'acide nitrique étendu.

  (Becquerel , *Éléments d'électro-chimie*, page 325.)

  Il est évident que, si l'on parvenait à enlever, ou au
moins à mettre hors d'état d'agir sur les pièces plongées
dans la dissolution d'or, l'excès d'acide dont l'action corrosive empêche le dépôt du métal précieux d'être bien
continu, bien adhérent au métal usuel, et de communiquer à ce dernier l'inaltérabilité du premier, le problème cherché par Baumé serait résolu. Malgré les nombreux travaux effectués, depuis la fin du siècle dernier,
sur les sels d'or, il faut arriver jusqu'au mois d'octobre 1836 pour trouver la réponse à cette question :
Comment neutraliser une portion de l'acide de perchlorure d'or? C'est à cette époque que M. Elkington prit,
en Angleterre et en France, des brevets pour l'invention
du bain d'or au bicarbonate de potasse. Avant M. Elkington, on savait qu'en ajoutant un grand excès d'alcali
à une solution d'or dans l'eau régale, tout l'or restait
en dissolution. Macquer, Proust, Duportal, Pelletier et
plusieurs autres chimistes, dans des travaux plus ré-
cents, avaient constaté ce fait par plusieurs expériences;
mais aucun d'eux n'avait songé à se servir de cette
dissolution pour précipiter l'or sur les métaux usuels,
en couche continue et adhérente, c'est-à-dire pour dorer ; aussi, c'est l'usage qu'en a fait M. Elkington pour
remplacer la dorure au mercure et obtenir des produits
nouveaux, c'est-à-dire tous les bijoux légers dont la
délicatesse ne résistait pas à l'action corrosive de l'amalgame, qui constitue son invention.

  (Barral, *Mémoire sur la précipitation de l'or*, page 5.)

Sans la présence de la potasse, un équivalent de chlore
en excès agit, non-seulement sur le cuivre, mais encore
sur l'or déposé, et c'est ce qui empêche la dorure par
le chlorure d'or, Au^3Cl, et par le chlorure double d'or
et de potassium, $CK + Au^2Cl^3$.

[(*Le même*, page 19.)

Assurément, on connaissait depuis longtemps le chlorure d'or, puisque Macquer, Baumé, Lewis, Proust, etc.,
en parlent tous; on savait également, d'après MM. Fi-
guier, Duportal, l'existence des chlorures doubles d'or et
de potassium, d'or et de sodium.

Pelletier avait, à son tour, fait connaître exactement
la nature des composés d'or et d'alcali, signalés par
Macquer, Proust, et il les avait désignés sous le nom
d'aurates.

Mais toutes ces combinaisons n'avaient pas été employées pour la dorure, si ce n'est le chlorure d'or.

Déjà nous avons vu, en effet, Baumé employer, sans
beaucoup de succès, le chlorure d'or, et même le chlorure cristallin presque exempt d'acide; mais il n'eut pas
l'idée de faire concourir à la dorure les alcalis. (*Chimie
expérimentale et raisonnée*, t. III, 1773, p. 92.)

Quant à Macquer, il pensait si peu faire une application de la solution d'or dans l'alcali fixe, que, dans le
même volume, et quelques pages après cette note (édition 1789, p. 536), il ne rappelle aucunement ce fait
dans l'article DORURE, sur lequel il s'étend longuement.

(*Extrait du Rapport de MM. Chevallier, Henry
et Barral; affaire Normand.*)

Nous ne pourrions considérer comme une invention

à part l'introduction dans les liqueurs d'un élément qui
ne satisferait pas parfaitement à ces conditions, mais
qui cependant n'apporterait pas un trouble complet dans
la dorure et l'argenture d'objets destinés au commerce,
lors même que cet élément introduit à la place d'un élément décrit ne se trouverait pas spécialement mentionné dans les brevets.

*(Extrait du Rapport de MM. Pelouze, Chevallier
et Barral ; affaire Brandely et Ockecki.)*

DOCUMENT N° 20.

———

ACADÉMIE DES SCIENCES.

—

(Extrait des *Comptes rendus des séances de l'Académie des
Sciences*, séance du 29 novembre 1841.)

———

RAPPORT

SUR

LES NOUVEAUX PROCÉDÉS INTRODUITS DANS L'ART
DU DOREUR
Par MM. ELKINGTON et DE RUOLZ.

Commissaires : MM. THENARD, D'ARCET, PELOUZE, PELLETIER,
DUMAS, *rapporteur.*

———

« Un art nouveau, de la plus haute importance, car
il tend à rendre générales les jouissances du luxe le
mieux raisonné, vient, sinon de naître en France, du
moins d'y recevoir des développements inattendus.
C'est l'art d'appliquer à volonté les métaux les plus ré-

sistants ou les plus beaux, en couches minces comme celles d'un vernis, ou en couches plus épaisses à volonté, sur des objets façonnés avec d'autres métaux moins chers et plus tenaces que ceux-ci.

« Ainsi, des objets en fer, en acier, c'est-à-dire tenaces, durs ou tranchants, mais oxydables à l'air, peuvent, tout en conservant leurs anciennes propriétés, devenir inaltérables au moyen d'un vernis d'or, de platine ou d'argent, vernis si léger et si mince que leur prix s'en ressent à peine.

« Des ustensiles en cuivre, laiton ou étain, qui seraient dangereux ou désagréables, peuvent recevoir la même préparation en couches plus épaisses et en devenir inaltérables à l'air, inodores et d'un emploi salubre. Et comme l'agent qui opère de tels effets possède une puissance sans limites, il faut ajouter que ce n'est pas seulement l'or, le platine et l'argent qu'on peut appliquer sur quelques métaux, mais le cuivre, le plomb, le zinc, le nickel, le cobalt, etc., qui, mis à contribution selon les circonstances, viennent à leur tour changer l'aspect des objets sur lesquels on les force à se déposer, ou bien leur communiquer des propriétés utiles et nouvelles.

« C'est assez dire que l'agent qui détermine ces précipitations métalliques n'est autre chose que la pile, mais la pile appliquée à des dissolutions d'une nature convenable et dont jusqu'ici la nécessité n'avait point été comprise pour ces sortes de réactions.

« Nous demanderons à l'Académie la permission de l'arrêter quelques moments sur un art qui aura pour effet presque certain de détruire tous les ateliers si dan-

gereux de dorure au mercure, qui transportera jusque
dans la plus humble chaumière l'usage agréable et salubre de l'argenterie, qui permettra d'appliquer le vermeil à une foule d'objets d'un usage commun et par
cela même provoquant une déperdition considérable
des métaux précieux, viendra ranimer l'exploitation
des mines d'argent, rehausser le prix avili de ce métal,
et faire équilibre à l'excès de production qui à son
égard se manifeste depuis longtemps d'une manière si
frappante.

« La commission formée au ministère des finances
par M. Lacave-Laplagne pour l'examen de nos monnaies, de nos ateliers monétaires et la refonte générale
de tous nos métaux en circulation, verra donc avec
plaisir une découverte qui tend à corriger un inconvénient dont elle s'était vivement préoccupée, l'accumu-
lation excessive de l'argent en France, qui, en moins
de quinze années, a vu doubler son capital en argent
et disparaître les $\frac{5}{7}$ au moins de son capital en or. Mais
elle verra peut-être aussi avec quelque inquiétude qu'à
tant de causes qui menacent la situation de nos monnaies en circulation, les procédés nouveaux, les forces
nouvelles dont l'industrie s'empare, viennent ajouter
des moyens de fraude jusqu'à présent inconnus. Chacun
de ses membres trouvera, nous n'en doutons pas, dans
ce peu de paroles où nous ne pouvons pas néanmoins
dire toute notre pensée, un motif grave et profond pour
appeler de tous ses vœux et pour susciter autant qu'il
est en lui de le faire la mise en pratique des résolu-
tions longuement élaborées qui auraient pu déjà placer
nos monnaies dans une situation moins dangereuse

pour le pays et mieux en harmonie avec l'état actuel des sciences et des arts.

« Les détails dans lesquels nous allons entrer feront aisément comprendre, en effet, les conditions nouvelles dans lesquelles va se trouver le commerce et le maniement des métaux précieux, en présence d'un art qui permet de dorer, d'argenter, de platiner toute matière métallique, à toute épaisseur, sans altérer en rien ses formes les plus délicates, d'un art qui avec l'objet permet de refaire le moule, tout comme avec le moule il donne le moyen de reproduire l'objet ; d'un art, enfin, où les produits s'obtiennent sans bruit, sans appareil, sans dépense première, sans main-d'œuvre, et où le moindre emplacement suffit pour une exploitation étendue.

« La commission connaît toute la gravité de ses paroles ; elle les a mûrement pesées. Mais il était de son devoir de réveiller alors qu'il en est temps, et en présence d'un danger inévitable, la sollicitude de l'administration et celle du commerce.

« La dorure sur laiton et argent, celle qui se pratique le plus, se faisait constamment, il y a peu d'années encore, au moyen du mercure. Après avoir décapé soigneusement la pièce, on la barbouillait d'un amalgame d'or, puis on la passait au feu ; le mercure, s'évaporant, laissait l'or à la surface de la pièce. Mais, dans la pratique d'un pareil procédé, les ouvriers, exposés au contact du mercure liquide ou à l'action du mercure en vapeurs, éprouvent au plus haut degré les funestes effets de l'empoisonnement par les émanations mercurielles.

« L'Académie a toujours pris un intérêt particulier
au perfectionnement de cette industrie, sous le rapport de la salubrité. En 1818, un prix de 3,000 francs,
fondé par un ancien doreur sur bronze, M. Ravrio, a été
décerné par notre confrère M. d'Arcet, qui à cette époque
n'avait pas encore été appelé dans son sein par la section de chimie. Depuis lors, l'Académie n'a pas perdu
de vue l'art du doreur; elle a suivi tous les essais dont
il a été l'objet, avec l'espoir d'y trouver la solution
d'une question si digne de la sollicitude de tous les
amis de la classe ouvrière.

« C'est dans cet esprit que la commission des arts insalubres est venue proposer cette année à l'Académie de
récompenser l'introduction dans les arts de la dorure
galvanique, ainsi que la découverte de la dorure par
voie humide, qui, mise en pratique sur le laiton, tant
en Angleterre qu'en France, y est devenue l'objet d'un
commerce important, sûr garant de son succès et de sa
valeur.

« La commission distingua l'un de l'autre ces deux
procédés de dorure, par la raison que le premier, qui
repose sur l'emploi de la pile, permet d'obtenir de la
dorure à toute épaisseur et de dorer tous les métaux,
ce qui l'assimile au procédé de la dorure au mercure,
tandis que le second fournit une dorure mince qui ne
remplace réellement pas la dorure au mercure, et qui
le plus souvent ne s'applique pas aux mêmes objets.
Cependant elle soumit les ateliers où se pratique la dorure par voie humide à un examen scrupuleux ; elle en
étudia les procédés avec soin ; elle les fit répéter et varier sous ses yeux.

« Mais au moment où elle allait faire connaître son opinion à l'Académie, de nouveaux incidents vinrent compliquer la question, en lui donnant des proportions et un intérêt tout à fait imprévus.

« En effet, la commission connaissait diverses publications ou documents émanés de M. de La Rive, professeur de physique et correspondant de l'Académie, où cet habile physicien fait connaître les résultats qu'il a obtenus, par la dorure exécutée au moyen de la pile, en agissant sur des dissolutions de chlorure d'or. Ce procédé, dont la commission avait compris tout l'avenir, permet d'augmenter à volonté l'épaisseur de la couche d'or ; mais il offre des inconvénients réels, dus à quelques difficultés d'exécution, et à certains défauts d'adhérence entre l'or et le métal sur lequel on l'applique. Le principe physique, base du nouvel art, une fois trouvé, il fallait encore y joindre toutes les ressources chimiques nécessaires pour rendre la dorure solide, brillante, capable de prendre le mat, le bruni et les couleurs; enfin, il fallait surtout rendre l'opération économique.

« La commission connaissait aussi tout ce qui concerne le procédé de dorage par voie humide, tel que le pratique M. Elkington, soit en France, soit en Angleterre, et elle avait constaté que ce procédé ne pouvait pas remplacer, dans le plus grand nombre des cas, la dorure au mercure. En effet, par la voie humide on ne peut fixer qu'une quantité d'or tellement faible à la surface de la pièce, qu'il est impossible à la meilleure dorure par voie humide d'atteindre l'épaisseur à la-

quelle la plus mauvaise dorure au mercure est forcée
d'arriver.

« Ainsi il restait quelques doutes dans l'esprit de la
commission sur l'efficacité du procédé de M. de La
Rive dans la pratique, quoiqu'il parût de sa nature capable de remplir l'objet que se propose la dorure au
mercure ; et elle était demeurée convaincue que, de
son côté, le procédé de M. Elkington ne remplace pas
la dorure au mercure, tout en constituant une nouvelle
et très intéressante industrie. La commission avait cru
pouvoir conclure de ses essais que le procédé de M. de
La Rive donne une dorure assez épaisse, mais manquant de solidité, d'adhérence, tandis que celui de
M. Elkington, où l'adhérence est parfaite, ne donne
pas l'épaisseur qu'exigent les pièces bien fabriquées au
mercure.

« Diverses réunions de la commission, où les représentants de M. Elkington avaient été appelés, avaient
fourni l'occasion à ses divers membres d'exprimer très
nettement leur opinion sur ce point, et l'on n'avait
fait connaître aucune solution à la difficulté dont nous
étions préoccupés.

« Sur ces entrefaites, l'Académie reçut de M. de
Ruolz un Mémoire où se trouvent décrits des procédés
dans lesquels l'auteur, combinant l'emploi de la pile
et celui des dissolutions d'or dans les cyanures alcalins, arrive à obtenir sur tous les métaux une dorure
à la fois adhérente, solide et d'une épaisseur susceptible de se modifier à volonté, depuis des pellicules infiniment minces, jusqu'à des lames de plusieurs milli-
mètres. Généralisant son procédé, M. de Ruolz l'appli-

que à l'or, à l'argent, au platine et à nombre d'autres métaux plus difficiles à réduire.

« Ce Mémoire, les produits qui l'accompagnaient, avaient vivement excité l'intérêt de la commission, lorsque l'agent de M. Elkington à Paris s'empressa de soumettre à l'Académie un brevet pris par M. Elkington, et antérieur de quelques jours à celui de M. de Ruolz. La commission reconnut, en effet, avec surprise, que ce brevet existait, qu'il renfermait la description d'un procédé pour l'application de l'or, ayant de l'analogie avec celui de M. de Ruolz, et elle en est encore à comprendre aujourd'hui par quels motifs on lui a caché l'existence de ce brevet, qui répondait victorieusement à toutes ses objections, tant qu'il n'était pas encore question de M. de Ruolz et de ses procédés.

« Quoi qu'il en soit, son devoir était tracé ; elle s'est efforcée de le remplir. Les mandataires de M. Elkington ont opéré en sa présence ; M. de Ruolz en a fait autant ; les uns et les autres ont remis entre ses mains tous les documents qu'ils ont crus propres à l'éclairer ; l'analyse de ces documents, le récit de ces expériences, mettront l'Académie en état de porter un jugement sur la valeur des procédés des deux inventeurs.

« Nous diviserons ce Rapport en trois parties : la première est relative au procédé par voie humide, tel que le pratique en grand M. Elkington ; la seconde a trait au procédé galvanique du même industriel ; la troisième, enfin, a pour objet les procédés de M. de Ruolz.

1° *Dorure par voie humide.*

« La dorure par voie humide s'obtient par un procédé très simple en pratique, mais dont l'explication ne se présentait pas d'une manière très satisfaisante à l'esprit des chimistes, et qui par cela même d'ailleurs devait offrir et offrait en effet des irrégularités inexplicables à l'emploi.

« Ce procédé consiste à dissoudre l'or dans l'eau régale, ce qui le convertit en perchlorure d'or ; à mêler celui-ci avec une dissolution d'un grand excès de bicarbonate de potasse, et à faire bouillir le tout pendant assez longtemps. On plonge ensuite dans la liqueur bouillante les pièces de laiton, de bronze ou de cuivre bien décapées, et la dorure s'applique immédiatement, une portion du cuivre de la pièce se dissolvant pour remplacer l'or qui se précipite.

« Dans une note adressée à l'Académie, un chimiste anglais, M. Wright, a fait connaître les résultats des recherches entreprises par lui, conjointement avec M. Elkington, et d'où dériverait une explication plus satisfaisante de ce procédé que celles qui ont été proposées jusqu'ici.

« Il résulte de leurs expériences que le perchlorure d'or ne convient pas à la dorure ; que le protochlorure réussit beaucoup mieux. Ils expliquent par là comment il est nécessaire de faire bouillir longtemps le perchlorure d'or avec la dissolution de bicarbonate de potasse ; car, pendant cette ébullition prolongée, le perchlorure passe lentement et difficilement, il est vrai, au minimum. La liqueur prend ainsi une teinte verdâtre. Mais le choix du bicarbonate de potasse influe beaucoup sur le résultat. Ce sel renferme presque toujours des traces de substances organiques capables de réduire le perchlorure d'or à l'état de protochlorure. Quand le bicarbonate de potasse est trop pur, quand ces matières organiques manquent, l'opération ne réussit donc qu'avec difficulté ; tandis que la présence de ces mêmes matières la rend très aisée à conduire. Du reste, l'acide sulfureux, l'acide oxalique, le sel d'oseille et bien d'autres matières organiques ou minérales peuvent jouer ce rôle, et rien n'empêche de les ajouter au liquide peu à peu jusqu'à complet retour de l'or à l'état inférieur de chloruration.

« D'après ses propres essais, votre commission est disposée à croire que l'opinion de MM. Wright et Elkington est fondée. Elle regarde donc le liquide employé à la dorure par voie humide comme essentiellement formé d'une combinaison de protochlorure d'or et de chlorure de potassium dissoute dans un liquide très chargé de carbonate et même de bicarbonate de potasse. Bien entendu qu'on pourrait envisager la liqueur comme renfermant du protoxyde d'or dissous dans la potasse et supposer tout le chlore à l'état de chlorure de potassium.

» Si l'expérience démontrait à l'avenir que les métaux se précipitent mieux quand on prend leurs dissolutions au même état de saturation que le sel qui doit les remplacer, la remarque de MM. Wright et Elkington aurait de l'importance. Ils pensent, en effet, que ce qui assure le succès de la dorure par voie humide, c'est que, le chlorure de cuivre qui prend naissance étant un chlorure à 2 atomes de chlore, on doit employer un chlorure d'or renfermant aussi 2 atomes de chlore, et non point un chlorure qui en contienne 3, comme c'est le cas pour le perchlorure d'or.

« Du reste, pour apprécier le véritable rôle de la dorure par voie humide dans les arts, il nous suffira de rapporter ici les analyses de diverses plaques dorées soit au mercure, soit par la voie humide, et essayées par les soins de notre confrère M. d'Arcet au laboratoire de la Monnaie. Des plaques de l'alliage connu dans le commerce sous le nom de *bronze* ont été remises à divers fabricants qui se sont chargés de les faire dorer. Ils ont cherché à obtenir la dorure la plus forte et la dorure la plus faible, en demeurant toutefois dans les limites des habitudes commerciales.

« Voici les résultats obtenus sur des plaques de 1 décimètre carré :

Quantité d'or par décimètre carré dans la dorure au mercure.

	Par M. Plu.	Par M. Demière.	Par M. Beaupray.
Dorure maximum. .	0,1420 . .	0,2333.	0,2595
Dorure minimum. .	0,0428 . .	0,0736.	0,0695

« La quantité d'or, dans les deux cas, varie donc dans le rapport 100 : 16,5, ou sensiblement de 6 : 1.

« Voici maintenant les résultats obtenus par la voie humide :

Quantité d'or par décimètre carré dans la dorure par voie humide.

	Par MM. Bonnet et Villermé.	Par M. Élambert.
Dorure maximum.	0,0353	0,0422
Dorure minimum.	0,0274	,

« Ainsi, la meilleure dorure par voie humide ayant fixé 0,0422 d'or par décimètre carré, et la plus pauvre au mercure en ayant pris 0.0428, on voit que la dorure par voie humide arrive à peine, dans le cas le plus favorable, au degré d'épaisseur que la plus mauvaise dorure au mercure est obligée d'atteindre.

« Ce sont donc deux industries distinctes : l'une ne peut pas remplacer l'autre.

2° Procédé galvanique de M. Elkington.

« Comme ce procédé est assez simple et que sa description n'est pas bien longue, nous donnerons ailleurs le texte du brevet ; ici, une analyse suffira.

« M. Elkington prend 31 grammes 25 centigr. d'or converti en oxyde, 5 hectogr. de prussiate de potasse, et 4 litres d'eau. Il fait bouillir le tout pendant une demi-heure ; dès lors le liquide est prêt à servir. Bouillant, il dore très vite ; froid, il dore plus lentement. Dans les deux cas, on y plonge les deux pôles d'une pile à courant constant, l'objet à dorer étant suspendu au pôle négatif où le métal de la dissolution vient se rendre.

« Dans le brevet de M. Elkington, le mot prussiate de potasse, qui est employé sans autre définition, pouvait laisser de l'incertitude ; car les chimistes connaissent trois prussiates de potasse : le prussiate simple, le prussiate jaune ferrugineux, et le prussiate rouge. Le mandataire de M. Elkington, prié de s'expliquer sur ce point, nous a dit que le brevet entendait parler du prussiate simple, du cyanure de potassium. En effet, lorsqu'il a exécuté devant nous ses procédés, c'est le cyanure simple de potassium qu'il a mis en usage.

« Dans les essais que nous avons faits du procédé de M. Elkington, nous avons doré du laiton, du cuivre et de l'argent.

« En opérant sur une cuillère de dessert en argent, avec la liqueur portée à 60° centigrades, on obtient une dorure rapide et régulière. A peine immergée, la cuillère était déjà couverte d'or. Par chaque minute, il s'en déposait environ 5 centigrammes, et nous n'avons pas prolongé l'expérience lorsque, après six pesées successives, nous avons reconnu que la quantité demeurait la même pour le même temps.

« On peut donc augmenter l'épaisseur de la couche d'or à volonté, et se rendre compte de cette épaisseur parla durée de l'immersion.

« Mais le cyanure de potassium simple est un sel coûteux, difficile à conserver en dissolution, dont l'emploi susciterait divers obstacles en fabrique, et il reste douteux qu'en l'employant la dorure se fît à meilleur compte que par la méthode actuelle au mercure.

3° *Procédés galvaniques de M. de Ruolz pour l'application d'un grand nombre de métaux sur d'autres métaux.*

« Ainsi que nous l'avons fait remarquer plus haut, tandis que M. Elkington sollicitait une addition à ses brevets, M. de Ruolz, de son côté, prenait un brevet d'invention pour le même objet. Le brevet de perfectionnement de M. Elkington est du 8 décembre 1840 ; celui de M. de Ruolz, du 19 décembre. Tout démontre que M. de Ruolz a travaillé de son côté, sans connaître la demande de M. Elkington ; d'ailleurs ses procédés sont aujourd'hui fort différents de ceux de l'industriel anglais.[1]

« Laissant de côté ces questions de brevet que nous n'avons pas à examiner, et nous renfermant dans la discussion scientifique, nous allons exposer à l'Académie les résultats remarquables obtenus par M. de Ruolz.

« *Dorure.* — Pour appliquer l'or, M. de Ruolz emploie la pile, comme le font MM. de La Rive et Elkington ; mais il a éprouvé une telle variété de dissolutions d'or, qu'il lui a été facile d'en trouver de moins chères et de plus convenables que celle dont M. Elkington fait usage lui-même.

« Ainsi, il s'est servi : 1° du cyanure d'or dissous dans le cyanure simple de potassium ; 2° du cyanure d'or dissous dans le cyanoferrure jaune ; 3° du cyanure d'or dissous dans le cyanoferrure rouge ; 4° du chlorure d'or dissous dans les mêmes cyanures ; 5° du chlorure double d'or et de potassium dissous dans le cyanure de potassium ; 6° du chlorure double d'or et de sodium dissous dans la soude [2] ; 7° du sulfure d'or dissous dans le sulfure de potassium neutre.

---

(1) Nous avons démontré avec tant de soin et d'évidence que MM. Elkington ont précédé M. de Ruolz de huit mois et demi, et que les procédés de M. de Ruolz sont la copie de ceux des honorables industriels anglais, que nous n'avons plus à réfuter ici ce passage du Rapport de M. Dumas. Nous ne voulons pas, d'ailleurs, adresser de reproche à l'illustre savant. En faisant réserve de la question de brevet, M. Dumas a exprimé qu'il n'entendait pas juger en dernier ressort des questions sur lesquelles il n'était pas suffisamment édifié.   C. C.

(2) Le sel de potasse analogue ne réussit pas.

« *Les chimistes seront même étonnés, à entendre tous ces procédés, que le dernier de tous, celui qui repose sur l'emploi des sulfures, soit le plus convenable, et qu'appliqué à dorer des métaux tels que le bronze et le laiton, dont on connaît la sensibilité en ce qui concerne la sulfuration, il réussisse à merveille et en donnant la dorure la plus belle et la plus pure de ton.*

« Du reste, tous ces procédés réussissent bien, et les trois derniers en particulier permettent de dorer tous les métaux en usage dans le commerce, et même des métaux qui jusqu'ici n'y ont pas été employés.

« Ainsi l'on peut dorer le platine, soit sur toute sa surface, soit sur certaines parties, de manière à obtenir des dessins d'or sur un fond de platine.

« L'argent se dore si aisément, si régulièrement et avec des couleurs si pures et si belles, qu'il est permis de croire qu'à l'avenir tout le vermeil s'obtiendra de la sorte. On varie à volonté l'épaisseur de la couche d'or, sa couleur même. On peut faire sur la même pièce des mélanges de mat et de poli. Enfin, on dore avec une égale facilité les pièces à grande dimension, les pièces plates ou à reliefs, les pièces creuses ou gravées et les filaments les plus déliés. Les échantillons mis sous les yeux de l'Académie nous dispensent de tout détail à cet égard.

« Tout ce qu'on vient de dire de l'argent, il faut le répéter du cuivre, du laiton, du bronze. Rien de plus aisé, de plus régulier que la dorure des objets de diverse nature que le commerce fabrique avec ces trois métaux. Tantôt l'or, appliqué en pellicules excessivement minces, constitue un simple vernis propre à garantir ces objets de l'oxydation ; tantôt, appliqué en couches plus épaisses, il est destiné à résister, en outre, au frottement et à l'usage. Par un artifice très simple, on peut varier l'épaisseur de la couche d'or, la laisser mince partout où l'action de l'air est seule à craindre, l'épaissir, au contraire, là où il importe d'empêcher les dégradations dues au frottement. La bijouterie tirera grand parti de ces moyens, mais la science y trouvera aussi sa part d'avantages. Ainsi rien ne nous empêche, à l'avenir, de dorer à bon marché tous ces instruments de cuivre qui se dégradent si rapidement dans nos laboratoires, de nous procurer des tubes, des capsules, des creusets de cuivre doré qui remplaceront des vases d'or nécessaires quelquefois, et que nul chimiste ne possède aujourd'hui.

« En effet, parmi les pièces déposées sur le bureau de l'Académie, se trouve une capsule de laiton doré qui a résisté très efficacement à l'action de l'acide nitrique bouillant.

« Le packfong prend très bien la dorure par ce procédé, et il devient facile de convertir en vermeil les couverts en packfong, déjà assez répandus et qui ne sont pas sans danger.

« L'acier, le fer se dorent bien et solidement par cette méthode, qui n'a aucun rapport, à cet égard, avec les procédés si imparfaits de dorure sur fer ou acier ; seulement il faut commencer par mettre sur le fer ou l'acier une pellicule cuivreuse. Les couteaux de dessert, les instruments de laboratoire, les instruments de chirurgie, les armes, les montures de lunettes et une foule d'objets en acier ou en fer recevront ce vernis d'or avec

économie et facilité. Nous avons constaté que divers
objets de cette nature avaient été reçus avec une vive
satisfaction par le commerce. L'emploi des couteaux
dorés à l'usage habituel nous a fait voir d'ailleurs que
cette application était de nature à résister à un long
usage quand la couche d'or était un peu épaisse.

« L'étain a été, sous ce rapport, l'objet d'expériences très intéressantes de M. de Ruolz. Il s'est assuré
qu'il ne se dore pas très bien par lui-même; mais
vient-on à le couvrir d'une pellicule infiniment mince
de cuivre, au moyen de la pile et d'une dissolution cuivreuse, dès lors il se dore aussi aisément que l'argent.
Le vermeil d'étain est même d'une telle beauté, qu'on
peut assurer que le commerce saura trouver d'utiles
débouchés à ce nouveau produit; quoiqu'il soit de notre devoir d'ajouter qu'à raison du prix élevé de l'or,
il devient difficile de mettre sur des couverts d'étain
une couche d'or suffisante pour les rendre durables,
sans élever trop leur prix.

« La commission a mis un grand intérêt à s'éclairer
d'une manière précise sur les circonstances de l'opération au moyen de laquelle on applique l'or sur les
divers métaux. Diverses questions se présentaient.
Pouvait-on, en effet, augmenter à volonté l'épaisseur
de la couche d'or de manière à produire les mêmes
effets qu'au moyen du mercure, ou même de manière
à aller plus loin? Le dépôt du métal se faisait-il régulièrement ou d'une manière variable? Quelle était la
part de la température du liquide, de sa concentration,
du nombre des éléments de la pile, de la nature des
métaux employés? Votre commission, sans prétendre

à approfondir ces questions comme elles le seront par de plus longues recherches, a voulu, dès à présent, les aborder nettement, pour les traiter au point de vue pratique.

« 1° La précipitation de l'or est régulière ; elle est exactement proportionnelle au temps de l'immersion : circonstance précieuse, qui permet de juger de l'épaisseur de la dorure par la durée de l'opération et de la varier à volonté. Pour le prouver, il suffit de rapporter ici quelques-unes de nos expériences.

« On a opéré sur un liquide renfermant 1 gramme de chlorure d'or sec dissous dans 100 grammes d'eau contenant 10 grammes de cyanoferrure jaune de potassium.

« La pile était chargée avec du sulfate de cuivre et du sel marin à 10° du pèse-sel. On a employé six éléments de 2 décimètres de côté chaque.

« Nous avons opéré d'abord sur des plaques en argent poli de 5 centimètres de côté ; la surface à dorer était donc de 50 centimètres carrés.

Température du liquide, 60° cent.

	Or déposé. gr.
Première immersion de deux minutes. . . .	0,063
Deuxième immersion.	0,063
Troisième immersion.	0,063
	0,063
Moyenne.	0,063

Température du liquide, 35° cent.

	Or déposé. gr.
Première immersion de deux minutes. . . .	0,028
Deuxième immersion.	0,028
Troisième immersion.	0,030

Quatrième immersion.	0,029
Cinquième immersion.	0,027
Sixième immersion.	0,029
Septième immersion	0,030
Huitième immersion.	0,030
Neuvième immersion	0,029
Dixième immersion. . . . . ,	0,028
Onzième immersion.	0,029
Douzième immersion	0,027
Moyenne.	0,0296

Température du liquide, 15₀ cent.

Or déposé.
gr.

Première immersion de deux minutes. . . .	0,009
Deuxième immersion.	0,013
Troisième immersion.	0,014
Quatrième immersion.	0,014
Cinquième immersion.	0,013
Moyenne.	0,0126

« Ainsi, comme on voit, rien de plus régulier que ces nombres ; les différences tiennent probablement plutôt à l'incertitude des expériences et des pesées qu'au procédé lui-même. Quant à l'influence de la température, elle est manifeste, et la rapidité du dépôt augmente beaucoup avec la température de la dissolution.

« La nature du métal à dorer exerce probablement peu d'influence, pourvu qu'il soit bon conducteur. L'expérience suivante semble du moins le prouver ; elle sera d'ailleurs confirmée par d'autres renseignements.

« On a doré, en effet, une plaque de laiton de 5 centimètres de côté, avec les mêmes éléments, le même liquide, et en opérant exactement dans les mêmes circonstances de température que pour la plaque d'argent qui avait servi à notre dernière opération. On va voir que le poids de l'or déposé s'est montré exactement le même.

Plaque de laiton de 5 centimètres de côté. — Température du liquide, 15° cent.

Or déposé.
gr.

Première immersion	0,010
Deuxième immersion	0,013
Troisième immersion	0,012
Quatrième immersion	0,012
Cinquième immersion	0,013
Sixième immersion	0,012
Moyenne	0,012

« Nous avons remarqué dans ces sortes d'essais que la première immersion était souvent moins efficace que les immersions suivantes. Cette circonstance s'explique par la difficulté qu'on éprouve toujours à nettoyer le métal au point de le rendre capable de se mouiller immédiatement sur toute sa surface. Une fois vaincue, cette cause d'erreur ne se reproduit plus dans les épreuves suivantes. Tout en l'expliquant par une circonstance accidentelle, il nous resterait à ce sujet quelques doutes que nous soumettons aux physiciens. Ils auront à vérifier si cette particularité ne tiendrait pas à une certaine résistance de la part d'un métal à se déposer sur un autre métal, résistance qui disparaîtrait quand il ne s'agit plus que de se déposer sur lui-même.

« En un mot, dans beaucoup de nos épreuves, quand l'or, par exemple, se déposait sur des plaques dorées, le poids du dépôt était toujours le même pour un temps donné ; tandis que dans la première immersion, où l'or devait se déposer sur l'argent ou le bronze, le poids du dépôt était plus faible.

« *Argenture.* — Tout ce que nous venons de dire des applications de l'or, il faut le répéter de celles de l'argent. M. de Ruolz est également parvenu, au moyen du cyanure d'argent dissous dans le cyanure de potassium, à appliquer l'argent avec la plus grande facilité.

« L'argent peut s'appliquer sur l'or et sur le platine, comme affaire de goût et d'ornement.

« Il s'applique très bien aussi sur le laiton, bronze et cuivre, de manière à remplacer le plaqué.

« On argente aisément aussi l'étain, le fer, l'acier.

« L'application de l'argent sur le cuivre ou le laiton se fait avec une telle facilité qu'elle est destinée à remplacer toutes les méthodes d'argenture au pouce, d'argenture par voie humide, et même en bien des cas la fabrication du plaqué. En effet, l'argent peut s'appliquer en minces pellicules, comme cela se pratique pour garantir d'oxydation une foule d'objets de quincaillerie, et en couches aussi épaisses qu'on voudra, de manière à résister à l'usure. C'est une des applications qui ont le plus attiré l'attention de votre commission.

« Pour l'usage des chimistes, nous avons constaté qu'une capsule de laiton argentée peut remplacer une capsule d'argent jusqu'à résister à la fusion de la potasse hydratée ; épreuve qu'il ne faudrait pas trop renouveler pourtant, puisque l'argent se dissout dans la potasse.

« D'où résulte évidemment qu'il sera de quelque intérêt de voir jusqu'où pourra s'étendre l'application de ces nouveaux procédés à la conservation des balances, à celle des machines de physique, à la préservation des ustensiles employés dans nos ménages, chez les confiseurs ou les pharmaciens, pour toutes les préparations d'aliments ou de médicaments acides.

« L'argent s'applique très bien sur l'étain. Il fournit ainsi le moyen de faire disparaître à bon marché l'odeur désagréable des couverts d'étain, en leur donnant d'ailleurs l'aspect et toutes les propriétés extérieures des couverts d'argent. Ce serait là, sans nul doute, une des circonstances les plus importantes des procédés qui nous occupent, si, à la place de l'étain comme corps de la pièce, on pouvait substituer un autre métal plus économique et plus solide.

« Il s'agit du fer ou même de la fonte. Ces métaux, façonnés en couverts et revêtus d'une couche d'argent, permettront de populariser en France, par leur bon marché, des objets déjà usuels en Angleterre. On fabrique, en effet, par d'autres procédés bien plus chers et bien moins parfaits, beaucoup de couverts en fer argenté à Birmingham, et leur usage est habituel dans la plupart des familles en Angleterre. L'expérience en est donc faite, et la commission a vu avec le plus vif intérêt les procédés de M. de Ruolz fournir une argenture égale et parfaite sur fer, acier ou fonte, comme le prouvent les objets mis sous les yeux de l'Académie.

« Tout en reconnaissant que l'étain peut s'argenter sans difficulté, il semblerait plus convenable aux vrais intérêts du consommateur de faire des couverts en fer ou fonte argentée, et de réserver l'étain argenté pour des pièces destinées à des maniements moins fréquents, et surtout pour des pièces obtenues par des moulages délicats.

« L'argent se comporte comme l'or quand on le

réduit de ses dissolutions dans les cyanures, si l'on en juge du moins par les expériences suivantes, où l'on s'est servi de la même pile que pour l'or, chargée de la même manière, et placée dans les mêmes circonstances de température, mais où l'on a fait usage seulement de 4 éléments au lieu de 6.

« Le liquide employé pour argenter renfermait 1 gramme de cyanure d'argent sec dissous dans 100 grammes d'eau, contenant 10 grammes de cyanoferrure jaune de potassium.

Température du liquide, 45o cent. — Plaque de cuivre rouge de 5 centimètres de côté.

Argent déposé.

	gr.
Première immersion.............	0,007
Deuxième immersion.............	0,013
Troisième immersion.............	0,012
Quatrième immersion.............	0,013
Cinquième immersion............	0,013
Sixième immersion.............	0.013
Septième immersion.............	0,012
Huitième immersion.............	0,011
Neuvième immersion..............	0,010
Dixième immersion.............	0,010
Moyenne.........	0,0114

Température du liquide, 30o cent. — Plaque de cuivre rouge de 5 centimètres de côté.

Argent déposé.

	gr.
Première immersion.............	0,0055
Deuxième immersion.............	0,0065
Troisième immersion.............	0,006
Quatrième immersion...........	0,007
Moyenne.......	0,0083

*Température de la dissolution, 30° cent. — Plaque de laiton de 5 cen-
timètres de côté.*

Argent déposé.

	gr.
Première immersion.	0,008
Deuxième immersion...........	0,007
Troisième immersion..........	0,007
Quatrième immersion..........	0,007
Cinquième immersion..........	0,009
Sixième immersion............	0,008
Septième immersion...........	0.008
Huitième immersion...........	0,008
Moyenne.....	0,0077

« Ainsi, de même que pour l'or, l'argent s'applique avec régularité, en poids proportionnels à la durée des immersions et sans que la nature du métal qu'on argente exerce une influence appréciable. Celle-ci ne saurait guère se manifester, en effet, qu'au moment de la première immersion, et elle devrait disparaître dans les immersions suivantes.

« Comme on pouvait d'ailleurs s'y attendre, la précipitation de l'argent est un peu plus lente que celle de l'or.

« *Platinure.* — Au premier abord, d'après l'analogie qui existe entre le platine et l'or à beaucoup d'égards, on aurait pu croire que le platine s'appliquerait aussi facilement que l'or sur les divers métaux déjà cités. Cependant ce résultat a offert de graves difficultés pendant longtemps, par la lenteur avec laquelle il obéissait à l'action de la pile. Il fallait, avec les dissolutions dans les cyanures, par exemple, donner à l'expérience une durée cent ou deux cents fois plus longue pour le platine que pour l'argent ou l'or, à égales épaisseurs.

« Mais en faisant usage de chlorure double de platine et de potassium dissous dans la potasse caustique, on obtient une liqueur qui permet de platiner avec la même facilité et la même promptitude que lorsqu'il s'agit de dorer ou d'argenter.

« Nous n'insisterons pas sur les applications très variées que le platine pourra recevoir dans cette nouvelle direction.

« Les chimistes y trouveront un moyen de se procurer de grandes capsules de laiton platinées qui réuniront au bon marché toute la résistance nécessaire aux dissolutions salines ou acides ;

« Les armuriers mettront à profit sous diverses formes ce moyen de préservation des métaux oxydables ou sulfurables qui entrent dans la fabrication des armes ;

« La bijouterie pourra faire entrer le platine dans ses décorations ;

« L'horlogerie y trouvera un excellent agent pour couvrir d'un vernis très durable les pièces dont elle redoute l'altération.

« Comme le platine ainsi appliqué peut s'obtenir de la dissolution brute de la mine de platine, et que les métaux qui accompagnent le platine ne nuisent en rien à l'effet, on voit que le platine en cette occasion coûte à peine autant que l'argent lui-même, car l'expérience prouve qu'à épaisseur moitié moindre, il préserve aussi bien. Il en résulte évidemment que les usages du platine, trop peu nombreux jusqu'ici pour la production possible de ce métal, vont s'étendre sans limites et lui ouvrir des débouchés certains.

« Les fabricants de produits chimiques auront, sans doute, de fréquentes occasions d'utiliser le platine sous ces nouvelles formes, et il serait bien à souhaiter, par exemple, qu'on pût remplacer les cornues en platine par des cornues en fer platiné dans la concentration de l'acide sulfurique. Beaucoup de fabriques où s'est conservé l'usage des cornues de verre l'abandonneraient sans doute, et exposeraient par là bien moins la vie ou la santé de leurs ouvriers, si les appareils de platine prenaient une forme moins dispendieuse.

• Les pharmaciens trouveront, dans ces nouvelles manières d'employer le platine, l'occasion et le moyen de mettre à bon marché leurs instruments à l'abri d'une foule d'altérations fâcheuses ou nuisibles.

« Pour donner une juste idée des difficultés qui pourraient résulter, dans ces sortes d'applications, de la nature des dissolutions mises en usage, nous rapporterons ici les résultats de quelques expériences.

« On s'est servi de six éléments de la même pile employée pour la dorure ; ils étaient chargés de la même manière, et l'on opérait dans les mêmes circonstances de température.

« La liqueur renfermait 1 gramme de cyanure de platine dissous dans 100 grammes d'eau à la faveur de 10 grammes de cyanoferrure jaune de potassium.

« Enfin, on opérait à 80° ou 85°, température à laquelle l'or déposé s'élevait à $0^{gr},030$ par minute au moins. Avec le platine, le dépôt obtenu en une minute aurait été si faible, qu'on n'aurait pu l'apprécier. Il a fallu prolonger les épreuves au moins pendant quatre minutes.

Plaque de laiton de 5 centimètres de côté. — *Liqueur à 85° cent.*

Platine déposé.

	gr.
Première immersion de quatre minutes....	0,001
Deuxième immersion......................	0,001
Troisième immersion.....................	0,001

« Ainsi, en douze minutes, une plaque qui aurait reçu $0^{gr},378$ d'or n'a pris, dans les mêmes circonstances, que $0^{gr},003$ de platine.

« Ces détails feront apprécier tout l'intérêt de l'observation de M. de Ruolz, qui a reconnu, comme nous l'avons dit plus haut, que, si l'on fait usage d'une dissolution de chlorure de platine dans la potasse, le dépôt du platine marche avec la même rapidité que celui de l'or, ou de l'argent du moins.

« En effet, si la précipitation du platine n'avait pas pu être accélérée, la dépense nécessaire pour appliquer ce métal aurait augmenté au point d'en borner beaucoup les usages. Il est à désirer, au contraire, que ceux-ci deviennent nombreux et profitables, d'une part dans l'intérêt des mines de platine, qui manquent jusqu'ici de débouchés, de l'autre dans l'intérêt des consommateurs, qui trouveront, dans les métaux revêtus de platine, des objets remarquables à la fois par leur inaltérabilité, leur belle apparence et la sûreté de leur emploi à toutes les choses de la vie.

L'extensibilité extraordinaire de l'or est bien connue ; elle a déjà fixé l'attention de Réaumur et de beaucoup de physiciens depuis que cet illustre naturaliste a fait connaître ses observations. Mais on pouvait admettre que le platine ne jouissait pas de la même faculté, ou que du moins son extensibilité était bien moindre.

« Il n'est donc pas sans quelque intérêt de faire remarquer qu'avec 1 seul milligramme de platine, on couvre uniformément une surface de 50 centimètres carrés ; ce qui correspond à une épaisseur de $\frac{1}{100000}$ de millimètre, analogue, comme on voit, aux pellicules les plus ténues dont nous puissions nous faire une idée juste par l'observation directe.

« *Cuivrage.* — M. de Ruolz ne s'est pas borné à l'application des métaux précieux. Étendant ses procédés à tous les métaux utilisables, il a essayé de cuivrer, de zinquer, de plomber divers métaux usuels.

« Le cuivrage, appliqué sur tôle ou fonte, donne le moyen de faire à meilleur marché le doublage des navires, si l'expérience vient confirmer les idées qu'on peut se faire sur la résistance de ce produit.

« Il est évident, en tous cas, que la tôle, le fer, la fonte naturelle ou doucie, peuvent recevoir par le cuivrage toutes les propriétés du cuivre en ce qui concerne la couleur, le poli, la résistance à l'air, et que, par la nature même de la matière intérieure, le bas prix du produit se trouve garanti.

« On cuivre comme on argente, au moyen du cyanure de cuivre dissous dans les cyanures alcalins ; mais la précipitation du cuivre est plus difficile que celle des métaux précieux. Du reste, ce que nous venons de dire du platine montre combien l'influence de la dissolution peut être grande à cet égard.

« Avec huit éléments de la pile déjà décrite, chargée comme dans les cas précédents et marchant dans

les mêmes conditions de température, nous avons obtenu des dépôts de cuivre bien plus faibles que s'il eût
été question d'or et d'argent.

« Cependant nous opérions sur une dissolution qui
renfermait 1 gramme de cyanure de cuivre sec pour
100 grammes de dissolution.

Température du liquide, 30 cent. — *Plaque d'argent de cinq
centimètres de côté.*

Cuivre déposé.

gr.

Première immersion de trois minutes.	0,0015
Deuxième immersion.	0.0025
Troisième immersion.	0,0030
Quatrième immersion.	0,0030
Cinquième immersion.	0,0020
Sixième immersion.	0,0020
Moyenne.	0,0023

« Ainsi le cuivre, en se précipitant de son cyanure,
se dépose comme le platine, à raison de 0,001 par minute, pour 50 centimètres carrés. Cette lenteur serait,
en pratique, un obstacle dont M. de Ruolz devra se
préoccuper.

« En effet, le cuivre ainsi précipité sur le fer peut
directement servir à le préserver, à donner une belle
apparence aux objets de serrurerie, aux balcons, ba-
lustrades, grilles, ustensiles de cheminées, etc.

« Il peut, en outre, nous nous en sommes assurés,
permettre de renfermer le fer dans une enveloppe ou
fourreau de laiton. Il suffit de faire déposer sur le fer
ou la fonte du cuivre et du zinc, puis de chauffer la
pièce au rouge dans du charbon en poudre. Le laiton
se produit et constitue un vernis métallique moins alté-
rable que le cuivre et d'une couleur qu'on peut varier
à volonté.

« Du reste, toutes les fois qu'on voudra faire la dépense de combustible qu'exige cette dernière opération, on pourra produire sur les métaux des dépôts d'alliages aussi aisément que des dépôts de métaux purs. C'est un point de vue dont M. de Ruolz ne s'est pas occupé, mais que nous recommandons à son zèle et à sa pénétration.

« *Plombage.* — En agissant sur la dissolution d'oxyde de plomb dans la potasse, au moyen de la pile, on plombe la tôle, le fer, et en général tous les métaux.

« La fabrication des produits chimiques tirera parti de cette découverte en obtenant ainsi des chaudières en tôle plombées à l'intérieur, et où la solidité de la tôle se trouvera unie à la résistance du plomb aux actions chimiques des dissolutions salines et des acides faibles.

« Du reste, il est bien peu de circonstances où le plomb mérite par lui-même la préférence sur d'autres métaux, si ce n'est par son bas prix et son maniement facile. Les nouveaux procédés qui nous occupent auront donc plutôt pour objet d'éviter l'emploi du plomb que de le provoquer.

« *Étamage.* — Nous n'en dirions pas autant de l'étain. Les procédés nouveaux peuvent en étendre les applications, en donnant un moyen facile et prompt d'étamer le cuivre, le bronze, le laiton, le fer, la fonte elle-même, en opérant à froid et sur toute sorte d'ustensiles.

« Il y a longtemps, du reste, que sans le savoir les ouvriers qui étament les épingles se servent d'un véritable procédé galvanique ; car ils mettent ensemble les épingles, la grenaille d'étain et de l'eau chargée de crème de tartre. Les deux métaux constituent une véritable pile où le pôle négatif formé par les épingles attire l'étain à mesure qu'il se dissout et s'étame en l'obligeant à se précipiter.

« L'étamage du fer, celui du zinc seraient impossibles par un tel procédé ; il faut nécessairement recourir à l'emploi auxiliaire d'une véritable pile indépendante des métaux employés.

« Au contraire, pour le cuivre et les métaux qui sont négatifs à l'égard de l'étain, on peut faire un couple avec l'étain lui-même et le métal à étamer, et se servir soit de crème de tartre pour dissoudre l'étain, comme on le pratique dans l'étamage des épingles, soit d'une dissolution d'oxyde d'étain dans la potasse, comme l'a proposé M. Böttiger.

« *Cobaltisage, nickelisage.* — L'Académie pourra remarquer avec quelque intérêt des pièces métalliques recouvertes de nickel ou de cobalt, parmi les échantillons déposés sur son bureau.

« Le cobalt, dont la teinte se rapproche assez de celle du platine, a été employé à recouvrir des instruments de musique de cuivre, et il fournit en pareil cas un vernis métallique agréable à l'œil, durable et d'un prix peu élevé. Cependant tout porte à croire que le platine, l'or ou l'argent obtiendront la préférence. Mais le cobalt pourra trouver sa place dans de telles applications comme moyen de varier les teintes.

« L'expérience a prouvé, du reste, qu'en changeant ainsi la surface des instruments sonores et qu'en recouvrant le métal qui les forme d'une couche d'un autre métal, on ne modifie en rien leurs propriétés sous

le rapport musical. L'oreille la plus exercée ne reconnaît pas de changements à cet égard.

« Le nickel a surtout été essayé sur des objets de serrurerie ou de sellerie. Comme il n'est pas cher, qu'il en
faut peu et qu'il résiste assez bien à l'air, il est bon
de noter ici que ce métal s'applique très bien sur le
fer, ce qui peut devenir d'une importante application
pour les serrures soignées et surtout pour la grosse
horlogerie, les compteurs, et même pour beaucoup de
pièces de machines qu'on veut préserver de l'action
de l'air sans être obligé de les graisser souvent.

« *Zincage.*—Parmi les procédés de M. de Ruolz, ceux
qu'il applique au zincage des métaux, et du fer en particulier, ont très vivement intéressé votre commission.

Le fer zingué acquiert la faculté de résister aux actions oxydantes de l'air et surtout de l'air humide ou
de l'eau. C'est qu'en effet le zinc, qui est plus oxy-
dable que le fer, préserve ce métal d'oxydation, et ne
s'oxyde presque pas lui-même ; car, lorsqu'il est couvert d'une couche de sous-oxyde, toute altération ulté-
rieure s'arrête.

« Dans la plupart des applications essayées par
M. de Ruolz, le métal déposé se trouve, au contraire,
négatif par rapport au métal recouvert. Toute la garantie que le vernis métallique promet en pareil cas
repose sur sa parfaite intégrité ; car, s'il s'entame sur un
point quelconque et que l'air humide puisse arriver
jusqu'au métal intérieur, la couche superficielle, bien
loin de servir de préservateur, deviendra, au contraire, une cause déterminante d'oxydation.

« Le zinc appliqué sur le fer le préserve donc dou-

blement : tant qu'il est intact, comme vernis ; quand
il est entamé, par une action galvanique. Cette particularité rend compte du succès qu'a obtenu le fer zinqué dans toutes les applications où le fer, la tôle, s'employaient à froid , n'avaient pas besoin de toute leur
ténacité et pouvaient supporter un supplément de
dépense.

« En général, le fer zinqué ne doit pas être appliqué
à contenir de l'eau chaude : l'action galvanique des
deux métaux détermine très rapidement l'oxydation
du zinc, et le fer se ronge à son tour avec une singulière
activité. Cette remarque devra même diriger les industriels dans l'emploi qu'ils feront des nouveaux procédés
et pourra leur éviter des mécomptes dans des circonstances rares sans doute, mais par cela même moins
susceptibles d'être éclairées par l'expérience seule.

« Le zincage de fer fait en plongeant le fer dans un
bain de zinc fondu a quelques inconvénients d'ailleurs.
Le fer, s'y alliant au zinc, constitue ainsi un alliage su-
perficiel très cassant ; le fer perd donc de sa ténacité ;
circonstance qui ne s'aperçoit pourtant qu'alors qu'on
essaie de zinquer du fil de fer fin ou des tôles très
minces. D'ailleurs, la surface ainsi revêtue d'une couche
d'un métal peu fusible se déforme toujours.

Ainsi, par ce procédé, on ne peut pas zinquer du fil
de fer fin; il deviendrait fragile et difforme. On ne peut
pas zinquer des boulets; ils se déformeraient et ne seraient plus de calibre. Le zincage du fer n'est pas non
plus applicable aux objets d'art; toutes les formes seraient détruites.

« L'industrie, l'art militaire, les beaux-arts, accueil-

leront donc avec un vif intérêt les procédés de M. de
Ruolz, qui est parvenu à zinquer économiquement le
fer, l'acier, la fonte, au moyen de la pile, avec la dissolution de zinc, en opérant à froid, et en respectant
conséquemment la ténacité du métal ; en l'appliquant en couches minces, et en conservant ainsi les
formes générales des pièces et même l'aspect de leurs
moindres détails.

« Rien n'empêche donc de zinquer le fil de fer employé à une foule d'usages, et qui, loin de se rouiller, se
conservera maintenant pendant de bien longues années
sans doute. Ainsi, les cordes des ponts suspendus, les
conducteurs des paratonnerres pourront être faits en
fil de fer zingué. Nous en dirons autant des toiles métalliques employées pour fabriquer les tamis, les blu-
toirs, de celles qu'on applique à la construction des
lampes de sûreté. Dans ce dernier cas même, l'ouvrier
chargé dans les mines du soin de nettoyer les lampes
pourra, sans dépense sensible, être muni de tout ce qui
est nécessaire pour restaurer le zincage de temps en
temps sans démonter la lampe.

« Toutes les pièces de machines que leurs dimensions
trop fortes ou trop menues rendaient impropres au zincage à chaud seront, au contraire, susceptibles d'être
facilement zinquées par voie humide.

« La tôle la plus mince peut recevoir cet apprêt sans
devenir cassante, ce qui permet de produire des ar-
doises artificielles en tôle zinquée parfaitement applicable, et applicables avec une grande économie, à la
toiture des bâtiments.

« La commission a voulu s'assurer qu'on pouvait zin-

quer la fonte, et en particulier les boulets. Elle était
certaine que cette application exciterait tout l'intérêt
du ministère de la guerre et de celui de la marine surtout ; car les boulets s'altèrent si rapidement en mer,
que leurs dimensions en sont bientôt modifiées d'une
manière nuisible à la fois à la justesse du tir et à la durée des pièces. Elle dépose un boulet zinqué sur le bureau.

« Enfin, le zincage du fer et celui de la fonte sont
d'une grande importance pour l'architecture et les arts
d'imitation. Tout le monde sait avec quelle promptitude les clous, les barres de fer employées dans les con-
structions, s'oxydent et perdent conséquemment leur
ténacité, et tout le monde comprend à quel point il est
utile de préserver, à bon marché, toutes ces pièces de
fer disséminées dans l'épaisseur des murs d'un bâti-
ment, car elles sont destinées à lui donner une solidité
qui deviendra par là durable et susceptible d'être cal-
culée avec précision. De même, les grilles, les balus-
trades en fonte, recevant un zincage au lieu d'une pein-
ture qui exige de fréquents renouvellements, se trouveront ainsi bien mieux garanties de l'action de l'eau
et de l'air.

« Il est surtout à désirer que ces nouveaux moyens
soient mis à profit pour préserver les statues en fonte
dont on a récemment fait l'essai dans plusieurs de nos
monuments, et qui dans quelques cas ont subi l'application d'enduits ou peintures mal calculés sous le rapport de la science et d'un effet bien triste sous le rapport de l'art.

« Les procédés de M. de Ruolz pour le zincage peu-

vent s'appliquer non-seulement sur des objets petits et
libres, mais il serait possible encore d'en faire usage
pour des monuments en place et de grande dimension,
en prenant quelques précautions faciles à prévoir.

« Votre commission est loin d'avoir cherché à énu-
mérer ici toutes les applications que ce nouveau moyen
de zincage du fer est susceptible de présenter ; elle
s'est bornée aux plus essentielles, mais elles suffisent
bien pour faire apprécier à l'Académie toute la portée
des travaux de M. de Ruolz sur ce point.

« Avant de quitter ce sujet important, nous rappel-
lerons que M. Sorel d'un côté et M. Perrot de l'autre
étaient déjà parvenus à recouvrir le fer d'une couche
de zinc par le moyen de la pile, mais en faisant usage
toutefois de dissolutions différentes de celles que M. de
Ruolz a crues préférables et qui lui ont permis d'agir
avec économie, ce qui est ici le point vraiment important.

« MM. Sorel et Perrot avaient même annoncé, à
cette occasion, qu'ils s'occupaient du problème général de la fixation des métaux les uns sur les autres ;
espérons qu'en faisant connaître leurs procédés, ils
ajouteront à la perfection d'un art qui paraît déjà si
avancé.

« L'Académie verra avec le plus vif intérêt une industrie, destinée à se répandre sous toutes les formes
dans le monde, mettre à profit un instrument, la pile
de Volta, qui n'avait été jusqu'ici appliquée industriellement qu'aux travaux métallurgiques de notre confrère
M. Becquerel et aux procédés galvano-plastiques.

« Par la variété de ses applications, M. de Ruolz

donne à la pile une occasion de se multiplier et de se
répandre qui deviendra, on n'en peut douter, une
cause de perfectionnement très certaine, soit pour la
construction de cet appareil, soit pour les moyens de
le rendre économique.

« En terminant, votre commission se croit obligée
de déclarer que, forcée comme elle l'a été de limiter le
temps qu'elle pouvait consacrer à cet examen [1], puisqu'elle agissait comme commission pour les prix Montyon et qu'elle ne pouvait retarder plus longtemps
son Rapport, elle a dû se borner à tracer ici l'histoire
sommaire de ses expériences, sans prétendre à faire
une exposition systématique de l'état de la science sur
le point dont elle s'est occupée.

« Ce qu'elle a eu en vue, c'est l'application économique ; toutes ses recherches ont été tournées de ce côté :
c'était son devoir.

« Sous ce rapport, les expériences de M. de Ruolz
lui ont présenté un caractère de nouveauté très réel.
Leur utilité lui a paru digne de toute l'attention de l'A-
cadémie. Elle se plait à reconnaître, d'ailleurs, que
l'auteur a fait preuve, dans ce long travail, d'une pénétration remarquable et d'une persistance bien digne
d'être couronnée par un succès complet.

---

(1) M. Dumas, au nom de la Commission, déclare qu'il y a eu
nécessité de limiter le temps consacré à l'examen des nouveaux
procédés de dorure et d'argenture. Tout le monde comprendra, d'a-
près cela, pourquoi tous les éléments de la question n'ont pas été
examinés; pourquoi les procédés de M. de Ruolz ont seuls été particulièrement et isolément étudiés. Mais c'est là une raison de plus
pour qu'on ne prétende pas que le jugement académique était sans
appel, et qu'on nous excuse d'avoir essayé de faire rendre justice
plus complète à MM. Henri et Richard Elkington.

C. C.

« Elle vient donc vous demander avec confiance de décider que le Mémoire de M. de Ruolz soit admis à faire partie du *Recueil des Savants étrangers*.

« Mais elle vous demandera de plus, et cela dans des vues d'intérêt public faciles à comprendre, de décider qu'une copie du présent Rapport soit adressée à MM. les ministres de la guerre, de la marine, des finances, des travaux publics et de l'intérieur, qui pourront y trouver des renseignements de nature à intéresser les services dont la haute direction leur est confiée. »

Les conclusions de ce Rapport ont été adoptées.

RAPPORT

FAIT A L'ACADÉMIE DES SCIENCES DE SAINT-PÉTERSBOURG SUR LA
DORURE GALVANIQUE

PAR J.-H. JACOBI.

L'Académie se rappelle que M. Lenz et moi lui avons,
dans la séance du 12 août 1842, présenté de la part de
M. Briant plusieurs objets, la plupart de grandes dimensions, qui avaient été dorés par la voie galvanique.
Nous avons tous admiré l'uniformité et la beauté de
cette dorure, ainsi que la pureté et la chaleur de la
nuance et de la couleur, et personne n'a hésité à comparer ces dorures galvaniques aux plus beaux bronzes
dorés qu'on ait obtenus jusqu'à présent par la dorure
au feu et au mercure.

En laissant de côté les essais de M. de La Rive, puisqu'ils n'avaient pour but ni un principe scientifique
exact, ni une application pratique, on voit que l'art de
revêtir les surfaces métalliques d'une couche mince
d'un autre métal par voie galvanique ne date guère que

de l'époque la plus récente ; malgré cela, cette application importante et d'un si grand intérêt de la galvanoplastique, dont nous sommes redevables [1] à M. Elkington, a déjà pris un rang très distingué dans les arts et les professions techniques.

Le mérite de M. Elkington consiste principalement dans l'idée d'employer les composés du cyanogène et autres sels doubles qui ne sont pas décomposés par voie chimique par les métaux électro-positifs. Ces composés n'étaient pas, il est vrai, restés jusque-là inconnus aux chimistes, mais on ne leur avait pas reconnu d'applications industrielles. Dans les ouvrages de chimie, on donnait ordinairement comme une règle caractéristique que les métaux négatifs étaient précipités de leurs dissolutions par les métaux positifs, de façon que ces derniers pourraient être considérés en quelque sorte comme des réactifs pour reconnaître les premiers. Il faudra donc à l'avenir considérer beaucoup de cyanures et autres sels doubles comme présentant une exception à la règle générale qu'on avait posée.

C'est un principe fondamental de galvanoplastique, que le métal qui fait les fonctions de katode ne doit pas être attaqué chimiquement par la dissolution du métal qu'il s'agit de réduire, et qu'il ne doit y avoir décomposition que sous l'influence de l'action du courant galvanique et par voie électrolytique ; il se présente

(1) Ainsi, M. Jacobi proclame très nettement que c'est à M. Elkington que l'on doit l'application pratique de la pile à l'industrie de la dorure. Avant M. Elkington, en effet, il n'a été breveté ou décrit aucun bain qui puisse servir industriellement.   C. C.

ainsi deux moyens pour parvenir au but qu'on se propose. Le premier de ces moyens consiste à chercher à
amener les métaux positifs à un état électro-négatif
autre que celui qui leur est propre. Nous en avons un
exemple dans la passivité du fer qui n'est en état de
décomposer ni le nitrate d'argent ni celui de cuivre;
moi-même, je me suis servi dans mes recherches élec-
tro-métallurgiques du fer en place de platine pour
décomposer par voie électrolytique le nitrate d'argent.
L'argent se réduit à la surface du fer à l'état de magni-
fiques cristaux. J'ai réussi de même à recouvrir l'acier,
qui auparavant, d'après la méthode Schonbein, s'était
montré passif d'une couche parfaitement cohérente et
d'une épaisseur remarquable de cuivre.

L'autre moyen, en opposition en quelque sorte avec
le précédent, consiste au contraire à préparer certaines dissolutions métalliques qui résistent aux métaux positifs; c'est M. Elkington qui a proposé ce
moyen qui l'a conduit aux résultats les plus brillants
qu'on ait obtenus [1].

Le procédé de M. de La Rive peut être en quelque
sorte considéré comme un moyen mixte, par cette raison que le cuivre et l'argent se recouvrent déjà, indépendamment de toute action galvanique, d'une couche
plus ou moins solide d'or, comme c'était le cas dans
l'ancien procédé de dorer de M. Elkington par la voie
humide, sur lequel celui de M. de La Rive ne présente
aucun avantage.

Comme il est de mon devoir de suivre les développe-

____

(1) Ainsi les procédés de M. Elkington sont regardés, par M. Jacobi, comme extrêmement neufs et remarquables.   C. C.

ments que la galvanoplastique reçoit dans tous les pays, je n'ai pas hésité à répéter tous les procédés de dorure, qui sont mentionnés dans le Rapport que M. Dumas a fait à l'Académie des Sciences de Paris. Les résultats ne m'ayant rien présenté de nouveau [1], je n'ai pas cru devoir en entretenir en détail l'Académie; toutefois j'ai remarqué que tous les objets que j'avais dorés moi-même ou que j'avais reçus de quelques amateurs qui s'occupent avec zèle de ce sujet, ou ceux que le commissionnaire [2] de M. de Ruolz avait introduits ici, afin de chercher à y importer son procédé; que tous ces objets, dis-je, étaient de beaucoup inférieurs à ceux que M. Briant a mis sous les yeux de l'Académie. En conséquence, j'ai demandé à M. Briant si son procédé offrait quelque chose de particulier, et en quoi il consistait, et ce savant non-seulement n'a pas hésité à me donner, avec la plus grande libéralité, la description de ce procédé, mais en outre, pour lever quelques doutes que j'avais manifestés, il a répété toutes les expériences en ma présence.

Le procédé de M. Briant consiste simplement, d'abord à employer non pas le chlorure d'or sec, mais l'oxyde d'or dissous dans le cyanoferrure de potassium, en ajoutant à ce dernier un peu de potasse caustique, et

---

(1) Ainsi, M Jacobi ne connaissait pas *vaguement* les procédés de M. de Ruolz ; il avait, au contraire, répété tous les procédés que le Rapport de M. Dumas prête à ce dernier même avant qu'ils aient été brevetés.   C. C.

(2) Un homme de confiance envoyé par M. de Ruolz n'avait que des objets inférieurs ; nouvelle preuve que M. de Ruolz n'a jamais été habile dans la dorure, ce que nous savons bien, puisqu'il ne parvenait pas dans nos ateliers à résoudre les quelques difficultés qui se présentaient, et qu'il a dû aller à Birmingham examiner l'usine de MM. Elkington et y chercher des moyens de travail.   C. C.

ensuite à se servir non d'une batterie composée d'un grand nombre de couples, mais de la batterie simple de Daniell à un seul couple, et par conséquent à ne faire usage que d'un courant extrêmement faible dans la décomposition [1]. Il sera sans doute agréable à ceux

(1) M. Elkington avait aussi proposé de ne faire usage que d'un seul couple, et a employé aussi le cyanoferrure de potassium, mais préparé par un moyen qui lui est propre, et que nous avons indiqué en note à la page 195 du tome III de ce recueil.   F. M.

Cette note est de M. Malepeyre, rédacteur en chef du TECHNO-LOGISTE, recueil dans lequel nous avons puisé le Rapport de M. Jacobi. Au bas du Rapport de M. Dumas, M. Malepeyre avait mis la note suivante qu'il vient de viser et que nous croyons devoir reproduire.

Le cyanure de potassium est, il est vrai, un sel coûteux ([a]) ; mais M. Elkington emploie le ferrocyanure jaune, après lui avoir fait subir une préparation qui consiste à le mettre dans un creuset en certaine quantité à le faire calciner. Lorsque la calcination est arrivée au point voulu, on pile le sel et on obtient une poudre. Quand on veut s'en servir, on met une partie de cette poudre dans une certaine quantité d'eau pour la faire dissoudre ; on filtre ; la partie ferrugineuse reste sur le filtre, et le surplus sert à composer le bain de dorure. Comme on le voit, c'est du cyanure simple extrait du cyanoferrure jaune dont le prix est peu élevé. D'ailleurs ce bain est perpétuel, car, dit M. Elkington, il a duré six mois dans les applications en grand, et durera probablement encore un an et plus, de façon que la dépense pour cyanure simple de potassium est à peu près nulle.   M.

(a) Nous n'avons pas encore répondu à cet argument souvent employé par M. de Ruolz, relatif au prix élevé du cyanure simple. Au moment où notre industrie a commencé, le kilogramme de cyanure coûtait 80 fr.; peu de temps après, il tombait à 10 fr. Il en est toujours ainsi dans une industrie qui commence à employer des produits d'abord sans usages importants ; la demande qui en est faite amène l'industrie à les préparer en grand, et leur prix diminue rapidement dans une forte proportion. Du reste, on peut voir dans les calculs qui sont donnés par M. Truffaut (Document n° 1, p. 92), que le prix du kilogramme de cyanure de potassium était, dès 1842, tout-à-fait indifférent dans l'art de la dorure. Aujourd'hui cela est bien plus vrai encore. Nos bains servent, en effet, depuis huit années, sans avoir été refaits complétement. Cela a été une grande amélioration, à laquelle n'avait pas songé M. de Ruolz, qui détruisait ses bains en renouvelant incessamment la dépense,

qui s'intéressent à ce nouvel art d'avoir ici des détails plus précis sur la manipulation qu'exécute M. Briant, afin d'éviter les tâtonnements auxquels on est toujours exposé dans les essais avant de découvrir les proportions exactes, et c'est pour cela que je vais indiquer son mode d'opérer.

1) Huit zolotnik (34^{gr},1264) d'or sont dissous à la manière ordinaire dans l'eau régale et transformés par évaporation en chlorure d'or sec aussi exempt d'acide qu'il est possible. Ce chlorure est dissous dans 10 livres (4^{kil},095) d'eau chaude à laquelle on ajoute une demi-livre (0^{kil},205) de magnésie tamisée avec soin, mais telle qu'on la rencontre dans le commerce : en laissant digérer ce mélange à une douce chaleur, l'oxyde d'or se précipite uni à la magnésie.

2) Le précipité ainsi obtenu est séparé par le filtre ou par décantation suivant les circonstances, et bien lavé à l'eau pure. Cette opération terminée, on le fait digérer pendant quelque temps dans de l'acide nitrique

comme on peut le vérifier par son registre de laboratoire (Document n° 3). MM. Elkington nous ont appris à rendre les bains permanents. Mais aussi, maintenant, les proportions des sels combinés n'ont plus aucune importance. En analysant un de nos bains on y trouve du cyanoferrure, du cyanure simple, des carbonates, des formiates et beaucoup d'autres sels qui proviennent de réactions faciles à concevoir. Cela a été amené par le temps, et toutes les améliorations trouvées ne peuvent prévaloir contre l'invention primitive.

Nous ajouterons encore un mot, afin de repousser une objection qui pourrait nous être faite. Pourquoi, essaiera-t-on de dire, M. Elkington n'a-t-il pas inséré dans ses brevets son mode de préparation du cyanure simple par la calcination du prussiate jaune dont parle ici M. Malepeyre, et que M. Truffaut a indiqué dans sa réclamation à l'Académie? Par une raison bien simple, répondrons-nous : parce que c'est là un procédé connu de tous les chimistes, décrit dans tous les ouvrages, et sur lequel M. Elkington n'avait à élever aucune prétention.   C. C.

étendu (3 d'acide pour 40 d'eau), afin de lui enlever la magnésie. Le précipité ne renferme plus alors qu'un oxyde hydraté pur d'or qu'on jette sur un filtre et lave avec soin, jusqu'à ce que les eaux de lavage ne rougissent plus le papier de tournesol.

3) On prépare une dissolution d'une livre ($0^{kil.}$,409) de cyanoferrure de potassium et 24 zolotnik ($102^{gr.}$,379) de potasse caustique dans 10 liv. ($4^{kil.}$,095) d'eau, on y jette l'oxyde d'or qu'on a obtenu avec le filtre, et on fait bouillir le tout environ 20 minutes. L'oxyde d'or se dissout, et il se dépose au fond une petite portion d'oxyde de fer; la liqueur limpide jaune d'or qu'on laisse refroidir et qu'on filtre pour séparer sur le papier l'oxyde de fer qui retient une très faible proportion d'or est alors prête pour l'usage.

4) Les eaux de lavage qu'on obtient dans la préparation de l'oxyde d'or renferment encore un peu d'or qu'on peut en précipiter par le moyen ordinaire avec le sulfate de fer.

5). Les objets qu'on veut dorer ont besoin d'être décapés, curés avec soin et mis en rapport avec le zinc du couple simple de la batterie. On met en communication avec le pôle cuivre de cette batterie une plaque de platine qui, plongée dans la dissolution, remplit les fonctions d'anode.

M. Briant travaille tant en appliquant la chaleur qu'à la température ordinaire ; dans le premier cas l'opération marche plus rapidement, mais avec moins de certitude de succès. Une marche lente est dans la fabrication en grand plus avantageuse, attendu que pendant le travail on n'a pas besoin de surveiller les objets et qu'on peut se livrer à d'autres occupations. La quantité d'or précipité peut en général être consi-dérée comme proportionnelle à la durée de l'opération; on obtient au bout d'un temps très court une légère couche qui donne déjà aux objets l'aspect extérieur des dorures; mais pour une dorure galvanique durable et comparable à celle au mercure, il faut plusieurs heures. Lorsque la liqueur est épuisée, on n'a besoin que d'y redissoudre de nouvel oxyde d'or; dans ce cas on observe qu'il se précipite de nouveau un peu d'oxyde de fer, de façon, d'après M. Briant, que plus la liqueur est vieille, meilleure elle est.

Les objets dorés galvaniquement, d'après le procédé de M. Briant, n'ont besoin d'aucune autre manipula-tion; néanmoins on peut, si on veut, les nettoyer à la manière ordinaire avec la brosse et une eau de savon chaude, cas dans lequel ils ne laissent plus rien à dé-sirer sous le rapport de l'éclat et de la couleur.

Une bonne dorure galvanique supporte parfaitement bien l'action du brunissoir, ainsi que toutes les opéra-tions auxquelles on est dans l'usage de soumettre la dorure au mercure pour produire le mat ou l'aspect de l'or en coquille, l'or moulu ou une autre coloration en rouge. Donner aux bronzes le mat qu'on recherche est une des opérations les plus délicates de cette fabrica-tion. Quoique les méthodes et les manipulations qu'on emploie dans ce procédé soient parfaitement connues, il n'y a jusqu'à présent que les ouvriers de Paris qui sachent encore produire ce mat de la plus grande beauté. De plus, indépendamment des difficultés que présente cette opération, elle donne lieu à une perte

importante d'or, attendu que le mat consiste en une
sorte de corrosion qu'on produit par un faible dégagement de chlore au moyen de la combinaison de différents sels. Quoi qu'il en soit, on peut par la méthode
de M. Briant, et uniquement par voie galvanique, produire un beau mat comparable à ce qu'on prépare de
mieux à Paris, sans qu'il soit nécessaire d'avoir recours
à une opération additionnelle comme dans la dorure au
feu. Ce mat, en effet, se produit naturellement de lui-
même aussitôt que la couche d'or réduit a atteint
l'épaisseur convenable, et avec d'autant plus de beauté,
que la réduction s'est opérée sans application de chaleur et à la température ordinaire. M. Briant emploie
de plus pour cela un tour de main qui consiste, vers la
fin de l'opération, à étendre avec plus ou moins d'eau
la dissolution d'or, soit pour donner une couleur plus
rouge au mat, soit une plus grande blancheur et plus
de délicatesse.

Cette dernière opération est, dans tous les cas, fort remarquable et susceptible de diverses explications ; car
il n'est pas invraisemblable qu'on obtiendra le même
résultat, lorsqu'au lieu d'étendre la liqueur vers la fin
de l'opération, on se bornera à affaiblir le courant. Du
reste, ce sujet est encore trop nouveau pour nous pour
qu'on puisse avoir une opinion formée sur les divers
phénomènes qui se manifestent dans ces circonstances;
toutefois nous croyons qu'on doit encore tenir compte
des faits suivants. Quand les objets qu'on veut dorer
sont polis et ont de l'éclat, la dorure galvanique présente de même de l'éclat, et il faut plus de temps et
une couche plus épaisse pour produire le mat. Par

conséquent, dans la production de ce dernier, on facilite beaucoup l'opération, et on économise beaucoup l'or, lorsqu'on donne aux articles à dorer une surface mate au moyen du dérochage à l'eau seconde dont on se sert dans la dorure au mercure. On parviendrait peut-être aussi au même but en recouvrant préalablement les objets par la voie galvanique avec une couche mince de cuivre qui, comme on sait, quand on le traite convenablement, fournit un très beau mat granulé. Dans les deux cas, il est nécessaire, par des lavages soignés dans l'eau, à laquelle on peut ajouter d'abord un peu de potasse, d'enlever de la manière la plus complète tout l'acide qui pourrait adhérer à la surface. Quand les objets ont été ainsi préparés par l'un ou l'autre de ces moyens, la dorure est mate, même dès l'origine de la précipitation de l'or.

Comme les solutions dont on fait usage pour dorer ont une réaction alcaline, il faut être très attentif dans le choix des substances dont on enduit les endroits qui ne doivent pas être dorés ou qu'on doit traiter en réserve. M. Briant se sert pour cet objet d'un enduit ou couche de gypse qu'il plonge, quand il est sec, dans une dissolution alcoolique de résine laque.

Il est assez difficile encore de se prononcer sur l'économie que procurera la dorure galvanique. On sait que la dorure au feu, même en manipulant avec le plus de soin qu'il est possible, donne lieu à des pertes considérables. M. Chopin, fabricant de bronzes dorés à Saint-Pétersbourg, et auquel le procédé de M. Briant est bien connu, a devant moi manifesté l'opinion que l'introduction de ce procédé pourrait produire une économie en or de 20 à 25 p. 100. Du reste, la dorure galvanique ne le cédera certainement pas en durée à la dorure au feu, attendu que la première peut être considérée comme une sorte de placage. M. le docteur Penzholdt, de Dresde, a fait à ce sujet une expérience intéressante; il a dissous dans de l'acide nitrique une bande d'argent dorée des deux côtés par voie galvanique, et il lui est resté deux feuilles d'or excessivement minces, mais qu'on pouvait toutefois étendre encore sous le marteau. Dans la dorure au feu, il faut toujours une quantité assez notable d'or pour produire un recouvrement suffisant, et le fabricant est en quelque sorte forcé de donner aux articles une certaine solidité. La dorure galvanique, au contraire, permettant de déposer des lamelles infiniment minces de métal précieux, peut par conséquent donner plus aisément lieu à la fraude envers le public : aussi ne doit-on pas se dissimuler que l'introduction générale de la dorure galvanique dans la fabrication fera naître de graves questions, qu'il importera toutefois de résoudre promptement dans l'intérêt de la santé des ouvriers qui travaillent encore au mercure.

Je ne nierai pas, je ne mets pas en doute qu'on pourra, par d'autres combinaisons chimiques, parvenir à des résultats aussi parfaits que ceux qu'a obtenus M. Briant; et, si on trouve que, dans des conditions chimiques exactement identiques, les liqueurs préparées par des moyens différents et par conséquent, suivant le cas, un mode de préparation mérite la préférence, il ne faudra pas s'en étonner ou regarder le phénomène comme une anomalie. Au contraire, on pourra peut-être le consi-

dérer comme une sorte d'isomérie qui produirait dans
les molécules l'ordre suivant lequel se manifestent la
coloration ou le grain *a*; où l'on posséderait, relativement à l'état d'agrégation ou aux autres propriétés
physiques, le réactif le plus avantageux. Dans ce cas,
le phénomène s'expliquerait ainsi qu'il suit. Le métal
réduit galvaniquement de la dissolution de cyanure d'or
a un autre aspect, un autre état d'agrégation, suivant
que la solution est préparée par un moyen ou par un autre. C'est, en effet, ce qu'on observe dans la préparation
du pourpre de Cassius. Il arrive souvent que lorsque
la science est dans la nécessité de s'occuper de choses
de cette nature avec quelque attention, elle explique
alors et démontre les faits ; mais quant à présent, il est
difficile de se prononcer sur les avantages que peuvent
présenter les différentes méthodes. Du reste, j'ai ajouté
ces observations, afin de justifier en quelque sorte les
détails dans lesquels je suis entré ci-dessus.

Le procédé de M. Briant est, dans mon opinion, très
susceptible d'être appliqué en grand, d'une part,
parce que tout y est calculé pour éviter, autant qu'il
est possible, toute perte secondaire d'or, et de l'autre, parce qu'on n'y remarque aucune manipulation
chimique qui puisse porter atteinte à la santé, et qu'on
n'y emploie aucune substance nuisible. Il n'en est pas
de même du sulfure d'or que M. de Ruolz[1] a proposé,
et dont la préparation présente des inconvénients et
des désavantages. De même, il y a peu de profit à se

---

[1] M. Jacobi se prononce, comme on voit, contre l'emploi du sulfure d'or proposé par M. de Ruolz.   C. C.

servir du cyanure de potassium, ainsi que l'a proposé
M. Elkington [1]; puisque ce sel se décompose spontané-
ment par son contact à l'air ou son exposition à la lumière, et qu'il est plus difficile de se le procurer dans
le commerce que le cyanoferrure dont M. Briant fait
usage.

Si on prend en considération l'économie en métal
précieux que procurera la dorure galvanique, et plus
encore la conservation de la vie d'un si grand nombre
d'individus qui tombent frappés chaque année victimes
des besoins impérieux que réclament le luxe en objets
de décoration dorés au feu, on sentira tout l'intérêt
que présente ce nouvel art. Je demande donc que
les remerciements de l'Académie soient adressés à
M. Briant pour la communication de son excellent
procédé, et que copie de ce Rapport soit envoyée aux
ministres des finances et de l'intérieur, ainsi qu'au directeur des travaux publics.

(1) M. Jacobi avait évidemment été induit en erreur par le Rapport de M. Dumas relativement au brevet de M. Elkington; sans
cela il ne lui eût pas refusé le cyanoferrure de potassium ou prussiate jaune. Nous ferons remarquer que, malgré une connaissance
imparfaite des procédés de M. Elkington, M. Jacobi, jugeant saine-
ment la question de priorité si importante dans cette histoire, constate que M Elkington est le créateur de la nouvelle industrie de
la dorure galvanique.   C. C.

FIN.

TABLE DES MATIÈRES.

www.ingramcontent.com/pod-product-compliance
Lightning Source LLC
Chambersburg PA
CBHW061258030726
47595CB00001B/106